図説生物学30講
動物編3

発生の生物学
30講

■ 石原勝敏［著］

朝倉書店

はじめに

　生物が卵からいろいろな形と機能をもった成体になる過程は発生と呼ばれるが，ルー（W. Roux, 1850-1924）によって提唱された発生機構学の考え方（原因があるから結果を生じる，原因が異なれば結果も異なると考える）で発生のしくみを考えようとすれば，どんな原因でどんな結果が生じるかが定性的あるいは定量的に決定されない限り，発生の連続的な動的変動は理解できない．これまで個体の形成については，前成説が実験発生学の進歩によって後成説に変わり，その中で細胞の形態形成運動と細胞間の誘導が主導的な役割として考えられるようになり，それにかかわる細胞はそれぞれの形と機能に応じて物質代謝（エネルギー生成）が論じられ，生化学が発達した．

　1953年にはDNAの二重らせん構造が解明され，遺伝子の本体が明らかになると，分子生物学の急速な進歩をみることになり，生物学のあらゆる分野で遺伝子の発現と生命現象との関係が論じられるようになった．発生学も例外ではない．発生における形態形成や細胞・組織間の誘導も，遺伝子発現，つまりその結果として生じるタンパク質のしわざであることが明らかにされ，発生におけるさまざまな現象が分子遺伝学あるいは発生遺伝学の名で語られるようになった．

　そのために本書では，この発生学の進歩に沿って，発生の過程のプログラム化されたストーリーを発生機構学的な立場で解説しながら，どのような遺伝子がいつ発現し，それが組織や器官の形成にどのように関与するかを組み込んで考察した．さらに，その理解を助けるために，巻末に，本書に記述したすべての遺伝子などの特殊用語を各講ごとに解説したので，できるだけ利用して参考にしていただきたい．

　この用語解説は各講でその講にかかわる特異な現象だけを解説した部分もあるので，1つの用語が複数の講にわたって記載されている場合には，それらの解説を総合して用語の多面性を理解した上で，現象ごとの特異性を解釈してもらいたい．これらの用語の解説は，主として続いて引用した参考文献をもとに解説してあるが，筆者の未熟や不勉強もあり，不十分な記述も多々あろうかと思われる．読者の叱正をいただいて本書をよりよいものにするために今後の参考にしていきたいと願っている．

　従って，巻末の用語解説は本書の特徴ともいえるが，本文は「図説生物学30講」の中の一巻として既刊の「生命のしくみ30講」と同様な構成とした．本書はあくまで「生命のしくみ30講」の続編であり，「生命のしくみ30講」と併読していた

だければ，本書をより正しく把握するのに役立つと考えている．

　最後に，朝倉書店集部の方々には，図の書き方から本文の細部にわたるまで注意深く助言をいただき，長期にわたって辛抱強くお世話をいただきご協力くださったことを心から感謝申し上げる．

　2007年1月

　　　　　　　　　　　　　　　　　　　　　　　　　　　　　石　原　勝　敏

目　次

第 1 講　生命活動のはじまり……………………………………………………… 1
第 2 講　発生の基本原理…………………………………………………………… 7
第 3 講　生命をつなぐ生殖細胞…………………………………………………… 12
第 4 講　性の分化…………………………………………………………………… 18
第 5 講　精子形成…………………………………………………………………… 24
第 6 講　卵形成……………………………………………………………………… 30
第 7 講　受　精……………………………………………………………………… 36
第 8 講　いろいろな動物の受精…………………………………………………… 41
第 9 講　多精拒否…………………………………………………………………… 48
第 10 講　卵の極性…………………………………………………………………… 53
第 11 講　卵　割……………………………………………………………………… 60
第 12 講　卵割と分子制御…………………………………………………………… 65
第 13 講　胞胚の形成………………………………………………………………… 70
第 14 講　原腸胚形成………………………………………………………………… 75
第 15 講　胚葉の形成と誘導………………………………………………………… 83
第 16 講　神経胚の形成……………………………………………………………… 92
第 17 講　細胞接着と細胞間結合…………………………………………………… 97
第 18 講　胚の極性—Ⅰ……………………………………………………………… 104
第 19 講　胚の極性—Ⅱ……………………………………………………………… 110
第 20 講　左右非相称性……………………………………………………………… 116

第 21 講　表皮系・神経系の形成 …………………………………… 122
第 22 講　消化器官・呼吸器官の形成 ……………………………… 129
第 23 講　骨と腎臓の形成 …………………………………………… 134
第 24 講　生殖器官の形成 …………………………………………… 141
第 25 講　循環器官の形成 …………………………………………… 146
第 26 講　四肢の形成 ………………………………………………… 154
第 27 講　形づくりの細胞死 ………………………………………… 159
第 28 講　変　態 ……………………………………………………… 164
第 29 講　再　生 ……………………………………………………… 171
第 30 講　老化と寿命 ………………………………………………… 178

遺伝子，分泌因子などの用語解説 …………………………………… 185

参考文献 ………………………………………………………………… 201

索　引 …………………………………………………………………… 203

第1講

生命活動のはじまり

―テーマ―
◆ 生命はどこから生まれるか
◆ 生命の広がり
◆ 生命活動の分化

生命の誕生

地球上にいつどのようにして生命が誕生したかは，科学が進歩していない時代には，研究する手がかりもなく，現存する地球上の生物がどのようにして生じるかという課題が集中的に論じられた．古くは紀元前300年以上前のアリストテレス（Aristoteles）の自然発生説があり，それは19世紀後半になってからのパスツール（L.Pasteur）の自然発生説の否定の時代まで信じられていた．16～17世紀には，生命の活動は霊魂のしわざ（霊魂説）として生気論（生命現象はすべて霊魂のしわざ）や機械論（生物という複雑で精巧な機械を霊魂が動かす）を生んだ．やがて，あらためて地球上の生命の起源が論じられるようになったのは19世紀になってからである．その契機はオパーリン（A.P.Oparin）が提唱した新しい自然発生説であった．今からわずか100年あまり前のことである（表1.1）．

現在の太陽系ができたのが50億年前，最も古い生物の化石が32億年前に存在し

表1.1　生命誕生の研究

年代	人名	事項
紀元前320年	アリストテレス	自然発生説の提唱
紀元1651年	ハーベイ	卵原説（万物は卵から生ずる）
1674年	レーウェンフック	微生物の発見
1677年	レーウェンフック	精原説（精子が生命をもち卵は精子の栄養源となる）
1858年	フィルヒョー	細胞は細胞から（細胞分裂による）
1861年	パスツール	自然発生説の否定（微生物の）
1875年	ヘルトウィッヒ	ウニの受精による発生開始
1888年	ルー	発生機構学の概念
1900年	ドリーシュ	実験発生学の確立
1936年	オパーリン	新しい自然発生説の提唱

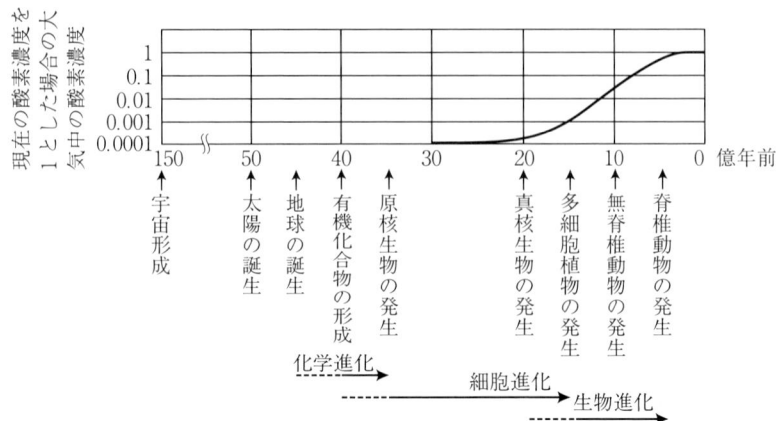

図 1.1 地球大気の酸素量の変化と進化

たと考えられ，その間のおよそ 20 億年の間に，無生物から生物が生まれた時期があった．太古の地球を取り巻く大気の成分は現在とは異なり，生命の誕生が可能な状態であったという．その時期には，長い時間をかけて有機化合物が形成され，やがて化学進化の末に細胞という生命が生成された，と考えられるようになった．

進化の過程は化学進化，細胞進化，生物進化に分けられているが，はじめに大気中の無機化合物からホルムアルデヒドとシアン化合物ができ，やがてアミノ酸や有機酸ができ，糖類やポリペプチドや核酸塩基もできるようになったと考えられている．

生物の細胞をつくる成分のもととして，最初に簡単なタンパク質がつくられ，その中の触媒作用のあるものの力を借りて，RNA ができ，それが DNA やタンパク質をつくる時期（RNA ワールド）があったと考えられる．やがて DNA は遺伝情報の担い手となり，タンパク質が酵素作用をもつようになると，それらが協同して細胞膜という境界膜をつくることによって，より強い協同作用を可能にし，原始的な細胞が出現したと考えられる．ここから細胞の進化がはじまる（図 1.1）．

生命（細胞）の概念

生命は細胞の中にあり，その成分の細胞膜でも核でも，細胞成分の何かが壊れて，生命が宿る細胞の条件を失うと，生命も失われる．そんな細胞がどのようにして個体を形成し，生命の広がりと機能の多様性を獲得していったかを，この分野の発展の歴史から探ってみよう．

細胞の概念がなかった時代（17 世紀）には，生命が宿る生物とは何なのかについて多くの論争を生んだ．イギリスのハーベイ（W.Harvey）は交尾した雌のシカだけが胎児を宿すことを観察し，すべての生物は卵から発生し，雄の精液は単に卵に発生の刺激を与えるものだと主張した．これを卵原説という．オランダのレー

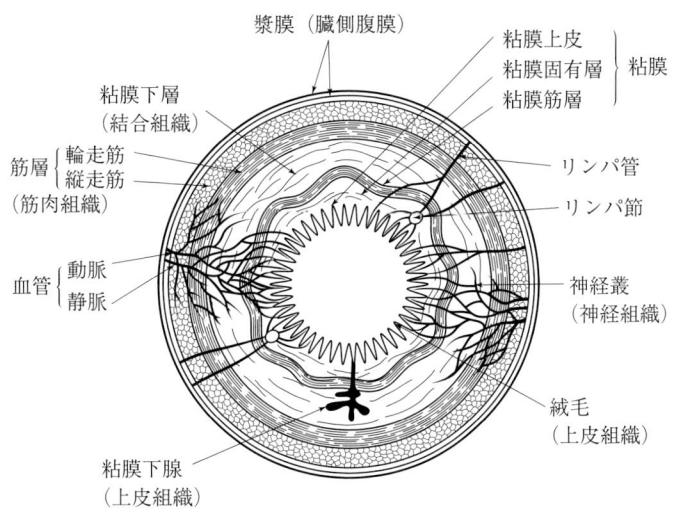

図 1.2 消化管の基本構造

ウェンフック（A.Leeuwenhoek）は自分が発明した顕微鏡を用いて精子を発見し，運動性のある精子こそ生物であり，卵は単に精子が成長するための栄養であると主張した．これを精原説という．この2つの説の中で前成説（卵あるいは精子の中にはじめから将来できるからだが縮小されて入っている）と後成説（個体の発生と共に後になって次第に複雑なからだがつくられる）の論争もあった．200年経ってドイツのヘルトウィッヒ（O.Hertwig）がウニの受精を観察し，卵の核と精子の核が合体することが受精であり，受精のよって生物の発生がはじまることを明らかにした．さらに19世紀になってドイツのフィルヒョー（R.R.C.Virchow）が細胞分裂を観察して「細胞は細胞から生じる」と述べて細胞の重要性を主唱した．

現在では，フィルヒョーが述べたように「細胞は細胞から生じる」という説はシュライデン（J.M.Schleiden，植物）とシュワン（T.M.H.Schwann，動物）の細胞説の確立もあって，一般的に信じられるようになった．細胞分裂によって細胞の数が増えると生命はその広がりを増すし，単細胞生物でも多細胞生物でも1つの個体としての全細胞の生命の統合総意がその生物の生命活動となって現れる．それがすべての生物の生命活動の基本原理である．

同じ生命活動を営む細胞が集まって組織を形成し，消化管が粘膜上皮と結合組織，筋肉組織，神経，血管などの集合体であるように，異なった生命活動を営む組織も同じ目的をもつ組織は集まって器官をつくり統合総意を形成する（図1.2）．このような器官の集合が個体であり，安定した生命の維持を図っている．

そこにはよくいわれる細胞の分化があり，細胞の形や機能の分業化による生命活動が個体の中で統合できれば，個体全体の生命維持のための分業化による活動ができる．

はじめ生命は空気中にあり，それが形をもっている個体に移って宿るのが生命活動を行う生物であると考えられていた．芸術家でもあり，生物学者でもあったレオナルド・ダ・ビンチ（Leonard da Vinci）は人の死体を解剖して，母体の胎内にある生命が形のできた胎児に宿り次代の生命を生み出すと考えた．

細胞の概念が明らかでなかった時代には生命と細胞の一体性すら論議の的となったが，やがて生物学の進歩は細胞あるいはその集合体の活動が生命そのものの活動であることを明らかにしていく．

生殖による生命の継承

この講で考察するのは卵から成体をつくる発生と呼ばれる分野である．卵がどうして複雑・精巧な個体になるのか，それを解明するのが発生学の課題である．

生命を確かに存続させるためには，生物個体の寿命が尽きる前に，生命を次代に受け継ぐことのできる卵や精子に伝えなければならない．しかし，卵や精子は減数分裂によって形成され，もとの細胞の半分（n）の遺伝子しかもっていないから，そのままではやがて生命を失う．だから，卵が生命をもっている24時間という短い時間のうちに，精子という父系のもう1つの細胞の生命と合体して，本来のその生物固有の遺伝子（$2n$）を得て，生物個体をつくるための活動を開始しなければならない．それが生殖であり，その結果，受精卵と呼ばれる完全な遺伝子セット（ゲノム）をもった新しい細胞を誕生させる．そこから種の遺伝形質が決定し，個体の形成がはじまる．

生命を存続させるために，最初に生命が宿るのは受精卵という1つの細胞である．雌雄の配偶子形成の後，生殖によって受精卵という細胞に宿った生命は分裂して細胞数を増やし胚葉に分かれ分化して組織の中に宿るようになり，それぞれに特有の機能を獲得する．やがて個体の機能を分業するために器官を形成し，多様な生命活動をはじめ，その全体の統一を図って個体の生命という広がりをみせる．それが生物であり，多様な生息環境に適応できる生命活動を可能にする．この全過程を発生という．しかし，受精卵の変化の中で，細胞分裂，誘導，形態形成，機能発現というような一見不思議なできごとが起こる．それがどうしてどのように起こるのかを理解しなければ，さまざまに分業化した生命活動の原動力を理解することができない．それがこれから学ぼうとする発生学である．

═══ Tea Time ═══

 近代発生学の幕開け

　生物学の始祖といわれるアリストテレスは紀元前300年以上前にすでに動物誌，動物発生論，動物部分論，霊魂論などを著わした．動物の発生については幅広く動物の発生を観察しているが，その発生は霊魂論に依存するものであった．しかし，それから2000年もの間，特別な生物学の進歩はみられず，馬の脚に爪が何本あるかも，実際に観察するのではなく，アリストテレスの著書で調べる状態であったという．15世紀になって，人体を解剖したダ・ビンチでさえも母親の霊魂が子に宿ると考えていた．

　アリストテレスから抜け出せたのは17世紀になってハーベイの血液循環説が出てからである．ファブリキオ（G. Fabricio）の静脈弁の発見に刺激され，逆流しない血液はどこで生じてどこに消えるのかという疑問を解くために多くの動物の心臓を細かく研究した．心臓はからだから切り離しても動くことを発見している．この観察から，血液は静脈から心臓を経て動脈へと一定方向に流れ，体内を環状に流れる絶えざる流動の状態にあり，静脈弁が逆流を防ぎ，心臓の律動的な収縮と拡張が血液を押し流すはたらきをしていると考えた．これを血液循環説というが，この説はこれまでの人智の及ばない霊魂思想を排除して科学の方法によって血液循環を解明しようとしたものであり，霊魂の呪縛から逃れた科学的な発想の気運を生み，しかも，当時の著名な哲学者デカルト（R. Descartes）によって広められ，近代生物学の幕開けとなった．

　ハーベイの血液循環説は発生学にも影響を与えたが，その近代化にはもう少しの時間を必要とした．生物の発生については前成説と後成説が論争の中にあり，その中に卵原説と精原説が交錯し，生命の営みについては生気論と機械論の論争があった．19世紀後半になって，観察と記載の発生学が実験発生学へと変質し，それが近代発生学を生む原動力となった．

　形と機能の因果関係に興味をもったドイツのルー（W. Roux）が，カエルの受精卵を使って細胞を針で刺すという有名な実験を行ったのは1882年のことである．2細胞期の1つの細胞を熱した針で刺すと，針をとった後でも約20％の卵は壊れず発生を続けた．針で刺した細胞は生きた細胞にくっついたまま死亡するが，生きている細胞は片方だけの半分の胞胚，原腸胚を経て一本の神経褶をもつ神経胚にまで発生した．これを半胚という．ルーは生き残った半胚は手術に影響されることなく独自に発生すると考えたのである（1888年）．動物の発生過程では複数の要因があり，それらの総合作用として1つの結果を生み，この結果が次に起こる現象の原因になる．原因を除けば結果は生じず，原因に変化を与えれば結果も変化する．ルーはこのような因果関係論を発生機構学と呼んだ．実験発生学のはじまりである．

　この実験結果はドイツのドリーシュ（H. A. E. Driesch）によるウニの卵を使っ

ての実験で否定されたが，その研究手法は実験発生学として取り入れられるようになり，発生学は飛躍的な発展を遂げることとなった．

# 第2講

発生の基本原理

―― テーマ ――
◆ 発生の道筋
◆ 発生の原動力は何か
◆ 発生の要因は何か

発生の不思議

　1つの細胞から複雑で精巧な形をしたからだができる過程は実に不思議である．もともと生物学は物理や化学と違って論理的にすっきり納得のいく理解ができないことが多い．それは生物学が生命の理解という特異な内容を伴う分野だからではないだろうか．特に生物学の中でも発生学は生命のしわざのせいか，きちんと整理して頭の中へ収納することが難しい分野である．

　からだを構成する細胞の中で，どうして卵や精子のような特別な細胞ができるのかも不思議であるし，それがどうして規則正しく分裂するのか，さらにその細胞が移動したり，ふくらみやへこみをつくって複雑な形になるのはどうしてか，しかもその形は動物の種類によって違うのである．

　逆にいうと，同じ種類の動物ならば，その形や機能は同じである．しかも大きさ，構造，プロポーションや寿命さえも似たようなものである．このような類似性をもちながら，しかも多様な生物を簡単に割り切って理解しろというほうが，難題のように思える．

　ヒトの上肢（手）と下肢（脚）を比較してみよう．上肢は上腕部，前腕部，手のひら（手根），指（先端に爪がある）でできている．下肢は大腿部，下腿部，足（足根），足指（先端に爪がある）でできている．上肢は肩（肩甲骨）から伸び，下肢は腰（骨盤）から伸びているが，その基本構造はほとんど同じである．上腕部も大腿部も1本の骨ででき，前腕部と下腿部は2本の骨ででき，手根は8個の骨，足根は7個の骨ででき，手の指も足指も5本に分かれており，共に先端に爪がある（図2.1）．

　これほどよく似た手足が一方は胸部（肩）から他方は腹部（腰）から伸びるのはどうしてだろう．一方は胸部に細胞が集まり，他方は腹部に細胞が集まり分化し

8　第2講　発生の基本原理

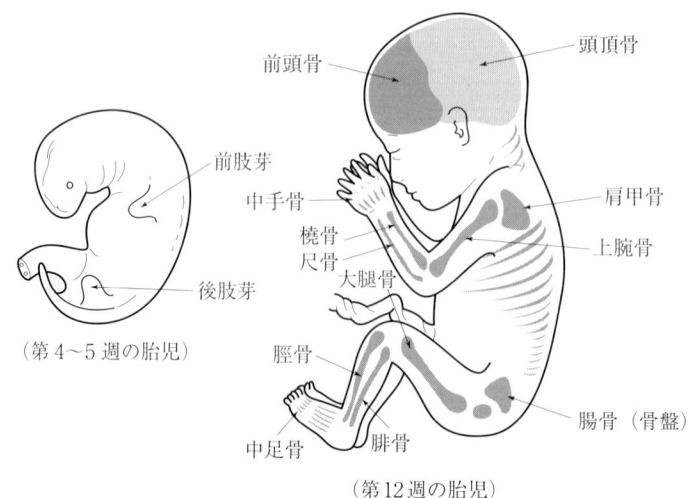

図 2.1　ヒトの手足の構成

て，それが手腕や脚をつくり，進化の結果いくつかの相違を生じている．この理由を簡単に理解するのは難しい．

　細胞がどんなものか，細胞の分化はどうして起こるのか，形をつくるのはどうしてか，機能はどうして備わるのかなど生物学の基本をしっかり頭に入れて，多面的にあれやこれやの知識を動員して考えないと，実際の理解は難しい．ところが生物学の全分野をある程度理解すると不思議に発生学がわかるようになってくる．発生の1つのできごとを理解しようとするときには自然にいろいろな知識が頭の中に浮かんできて，その協同作用や連鎖反応の結果を想定することによって，生物の発生の様子もなるほどと理解できるようである．しかし，今では誘導であるとか極性とか遺伝子発現であるとかややこしい分野の知識も引き出さなければならなくなっているから，それほど容易であるとは言い切れない．まずおおざっぱなところから考えていくことにしよう．

細胞から個体へ

　生物は受精卵という1つの細胞から出発して何兆個もの細胞をつくり，それぞれが分化して形と機能を分業して個体をつくる．生物である個体はもちろん生きているが，それを構成する1つ1つの細胞も生きている．

　細胞の数が増えると，卵から胚と呼ばれるようになり，やがて形態形成運動と呼ばれる細胞の大移動がはじまる．その結果，普通2つか3つの細胞群に分かれる．その細胞群は胚葉と呼ばれ，動物によって2胚葉（内胚葉，外胚葉）あるいは3胚葉（内・中・外胚葉）になる．

　各胚葉はそれぞれおおよその将来の発生方向が決まっているが，隣接する細胞に

```
雄の精子形成  ⟩ 受精（卵の活性化）→卵割
雌の卵形成
→細胞移動（形態形成運動）→胚葉形成（外・中・内胚葉）
→誘導→細胞分化→器官形成→個体形成
```

図 2.2 発生の大筋

よる誘導と呼ばれる特殊な現象によって，最終的な発生運命が決定される．その似たものどうしの集合体が組織である．しかし，その組織は同じ機能をもっていても胚のどの位置にあるかによって，次の分化の方向が違ってくる．同じ筋肉という組織でも，骨格筋（横紋筋）になるものもあり平滑筋になるものもある．

このような組織は器官をつくるために集まる．例えば，消化器官では，一層の上皮組織（粘膜上皮）の周りを結合組織と薄い平滑筋が囲み，その外側に比較的厚い疎性結合組織あり，この中に血管や神経，リンパ管が分布している．さらに，その外側に筋肉組織があり，内側に輪走筋，外側に縦走筋（いずれも平滑筋）があり，食物を移動させる蠕動運動を行う．最外層は漿膜と呼ばれ扁平上皮と疎性結合組織からなる膜が全体を覆って保護している（図 1.2）．

このようにして，細胞の移動・集合によって組織が形成され，さらに，分化と形態形成運動によって器官が形成され，個体へと発展するわけであるが，このような形態形成を支配するのが誘導と遺伝子発現である．これは発生過程の中で最も難解な現象で，講をあらためて解説することとし，発生の大筋を図 2.2 のようにまとめておく．

発生と遺伝子発現

発生の途上では，上記のような変化が連続的に起こるが，この現象を起こす基本となるのは，個々の細胞の形と機能を決定する遺伝子の発現である．卵や胚の特定の場所で，細胞どうしの情報伝達や環境からの情報に従って遺伝子が発現する．

この時に起こる遺伝子発現は多くの遺伝子が関与し，昆虫では，極性決定遺伝子群，体節決定遺伝子群，ホメオティック遺伝子群，構造遺伝子群と区分けされる多数の遺伝子の発現が，この順序で，場所と発現順序と時間の推移に伴って起こる．これらの遺伝子の発現はからだ全体の形などを決めるのでパターン形成と呼んでいる．

立体的な細胞の方向性には，頭尾（前後），背腹，左右の 3 つの方向性があり，これを極性という（図 26.1）．通常は未受精の卵でも，カエルの卵の動物極，植物極のように，1 つの極性が決まっている．ショウジョウバエの卵のように，はじめ（未受精卵）から 3 つの極性が決まっているものもある（図 10.1；10.2；10.3；10.4）．このような極性に従って，卵の中の卵黄や細胞質の部分的な分布の差が生じ，将来

のからだの極性を決定することになり，からだの部分的な形や機能の差を生じる．

　極性決定遺伝子は卵が形成される過程で環境や位置の差に影響されて発現し，発生初期の個体の頭尾，背腹の方向を決定し，次いで体節決定遺伝子によって体節の特徴が決定される．この遺伝子産物（タンパク質）によってホメオテック遺伝子が発現し，より細かい体節構造が決定する．このようなパターンの決定に従って，からだの各部位では，さらに細かい個々の遺伝子の発現が起こる．例えば，外胚葉の神経域ではいくつかの神経形成遺伝子が発現し，中胚葉では筋肉形成にかかわる遺伝子が発現することになる．

　こうして各部の形，構造が作られ，機能を発現するようになる．これらの遺伝子は遺伝子群と呼ばれるほど多数の遺伝子が関与しており，さらに1つ1つの遺伝子の発現には，基本転写因子や転写調節因子などのRNA合成の調節因子を合成する遺伝子もかかわっており，それがタンパク質合成を起こすのだから，実際の形質発現は単純ではない．

　さらに遺伝子の発現は連鎖的であり，1つの遺伝子の発現はそれに先行する遺伝子の発現やそのときどきに情報として入ってくる新しい刺激や環境要因に支配され，刻々と変化する．遺伝子の発現と呼応して発生過程が時間を追って進行するのでなければ，正常に機能する個体を形成するわけにはいかない．しかも，連鎖的な遺伝子発現において上位の遺伝子の発現ほど生命あるいは個体の形成に与える影響は大きい．A→B→Cが連鎖的であるとすれば，Aの変異はB，Cの発現に影響を与えるが，Bの変異はCの発現に影響を与えるだけである．

Tea Time

 **ヘッケルの生物発生原則**

　ダーウィン（E.Darwin）の進化論に傾倒していたヘッケル（E.H.P.A.Haeckel）は動物の初期発生の類似性や相同器官の形成などを研究し，個体発生は系統発生（進化）の縮図である（個体発生は系統発生を繰り返す）と考え，大胆な仮説をたてた．ヘッケルは生物進化の祖先として自然発生による原始的な有機体の出現を想定した．まず最初につくられた分子の複合体は不定形で無核の原形質塊を形成するとして，これをモネラと呼んだ（核という形態をとらない細菌などの原核細胞に相当する）．このアメーバ状のモネラの1つあるいはいくつかが集まってすべての生物は進化すると考え，この仮定のもとに動植物を含めた生物全体の系統樹を設定した．モネラが代を重ねて遺伝し環境に適応していくうちに各個体の生理的機能の差によって進化の差を生じ，系統発生を生むという考えに基づいてつくられたものである．この系統発生と同じ様式で単に時間的に短縮されたものが個体発生であると

し，これを生物発生原則と呼んだ（1866年）．

　個体発生ではモネラに相当する無核の段階をモネラと呼んだ．モネラから未分割卵，桑実胚，胞胚，杯状胚（原腸陥入の初期），原腸胚に至る個体発生を行うと考えた．モネラは，ヘルトウィッヒ（ヘッケルの弟子．雌雄の核の合体が受精であり，それが発生開始の原動力であるとする）によって否定されたが，その他の発生段階はおおむね今日でも使われている用語である．生物発生原則は個体発生の種々の変化により系統発生の生じる過程が詳しく研究された結果，誤りも指摘され多くの批判を受けたが，その大筋は認められている．

第3講

生命をつなぐ生殖細胞

テーマ
◆ 生殖細胞とはなにか
◆ 生殖細胞はいつどこにできるか
◆ 生殖細胞はどのように変わるか

生殖細胞は必要か

　からだの細胞の中で卵や精子となり，生殖が可能な特殊な細胞を生殖細胞というが，生殖細胞には，成長・分化に伴っていろいろな段階がある．生殖とは生物が同じ種類の，つまり同じ遺伝子をもつ個体をつくり次世代に生命をつなぐことであるが，そのために特殊な分化をする細胞が生殖細胞である．

　生殖には無性生殖と有性生殖がある（図3.1）．無性生殖でも，胞子のように，親個体とは異なった分化をして新しい子孫細胞をつくる細胞は生殖細胞（胚細胞）であるが，出芽や二分法や植物の栄養生殖のように親個体が分離して新個体をつくるような場合の細胞は特に生殖細胞とは呼ばない．

　有性生殖の場合には雌雄の別があり，性細胞ともいう雌雄の配偶子が生殖細胞で

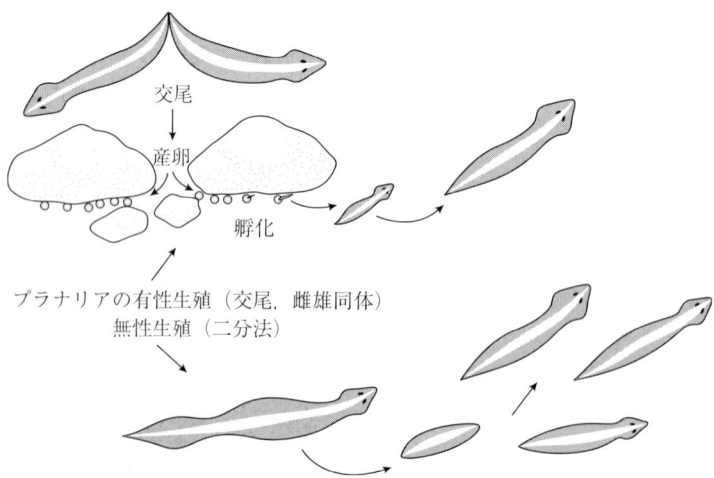

図 3.1 プラナリアの生殖（Boolootian and Stiles, 1976 より）

ある．この場合には形態や機能の分化があり，完熟したものは雌では卵，雄では精子という．最初に体細胞とは異った分化がみられるが雌雄の差はみられない細胞を始原生殖細胞といい，雌雄の個体の体内で成熟が進むにつれて，雌では卵原細胞，卵母細胞，卵，雄では精原細胞，精母細胞，精細胞，精子と変化し，区別して呼ばれるようになる．

　生物の中には，昆虫のように単為生殖をするものがある．雄の精子とは関係なく，雌の卵が何かの刺激で単独で新しい個体を生じる場合を単為生殖といっている．雄の精子は十分な細胞質をもっていないために単為生殖を行うことができないのが普通である．最近は人工的に単為生殖が可能になり，人為単為生殖と呼ばれている．これにもいろいろな方法があり，さまざまな刺激を加えることによって雄の関与なしで卵を単独で発生させ新個体に育てる方法で，核移植などによる単為生殖もある．ということになると，子孫を残すには雌あるいは卵だけあればよくて，雄あるいは精子はいらないことになる．

　しかし，単為生殖の特徴は母親の生殖細胞の遺伝子と同じ遺伝子の新個体しか生じることはなく，雌雄の遺伝子の合体による遺伝子の融合がない．従って，単為生殖は卵形成における減数分裂の際の卵の染色体の交叉による卵の遺伝子の範囲内での変異は起こるが，雌雄の遺伝子の合体による変異がないから，それだけ遺伝的変異が少ない．それは環境への適応性や進化への影響を与える．子孫を残すことができない場合もある．従って，卵あるいは卵の細胞質がどんなはたらきをしているかを調べるには卵だけあればよいが，種の多様性を考えたり，将来の種の維持や進化を考える時には，雌雄の性の二形による有性生殖が最も有利であり，地球上での繁栄のために優れた生殖法といえる．

生殖細胞と体細胞の違い

　からだを構成する細胞の中で生殖細胞以外のすべての細胞を体細胞という．細胞は単細胞の受精卵から出発して分裂によって細胞数が増え，それぞれの細胞が分化して大きく2つの細胞群に分かれる．生殖細胞（雌の卵と雄の精子）と体細胞である（図3.2）．

　発生を開始する受精卵は未分化の細胞で，ずっと後になって多細胞に細分されてから分化の方向が決まる多様な分化能をもった，いわゆる全能の細胞である．これを幹細胞という．幹細胞は体細胞分裂によって細胞数が増えるにつれて，細胞内やからだの中での隣接する細胞との相対関係や位置などに影響を受けて(誘導されて)徐々に分化の方向（発生運命）が決まる．細胞移動などによって位置関係が変わるとさらに変化することもあるので，細胞分化はからだが完成するまで続く．

　個体が死ぬときは細胞も死ぬ．あるいは，細胞が死ぬから個体が死ぬ．このとき

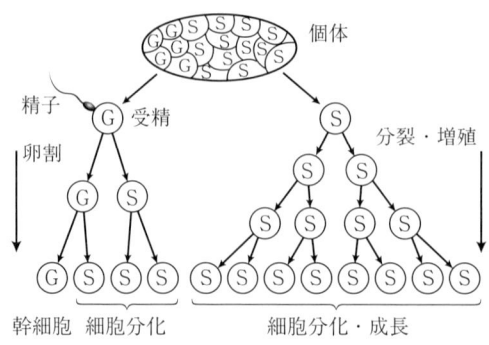

図 3.2 体細胞と生殖細胞
Ⓢ は体細胞，Ⓖ は生殖細胞（幹細胞）．

死ぬ細胞は体細胞である．つまり個体の死と運命を共にするのが体細胞である．その前に，個体の生存中に個体から離れて，運よく受精すれば生を永らえ次世代に生命を伝える細胞がある．これが卵あるいは精子という生殖細胞である．生殖細胞は多数つくられるが，最終的には，ヒトは女性で約500個の卵ができ，男性では無限といえるほどの精子を形成するのに，受精によって生命を次代に伝えるのは数個であろう．

生殖細胞は特殊な分化をすると述べたが，その最大の特徴は成熟の過程で減数分裂という，染色体つまり遺伝子を半分にする能力をもっていることである．生殖細胞は生殖巣（卵巣と精巣）に移動し，その特殊な環境の中で性ホルモンの影響を受けて育つ．減数分裂によって染色体数が半減するが，種のすべての遺伝子を保持したまま幹細胞として未分化状態を維持し，卵が精子に出会って受精という幸運に恵まれると，染色体数はもとに戻り，発生を開始して生命を次代に継ぐことができる．受精がどれほど幸運なできごとかは，例えば，ヒトの1つの卵に1億の精子を送り込んでも，卵に入り受精できるのは先着の1つの精子だけであることからもわかる．

生殖細胞の起源

動物の成体の生殖細胞は生殖巣（卵巣か精巣）に含まれているが，それが通常の体細胞との区別ができて生殖細胞ができるのは，からだができる途上のいつなのか，そしてどのようにしてできるのだろうか．

受精卵が何回か分裂して，いくつかの細胞に分かれたとき，体細胞と生殖細胞の区別ができる．卵が分裂して細胞数が増えていく途上で，細胞質に含まれている特殊な因子の作用で，生殖細胞になる運命が決められる．ヒトでは，祖母の胎内で胎児（母親）が成長する間に，その発生初期に胎児内で次代の生殖細胞（子）が分化する．

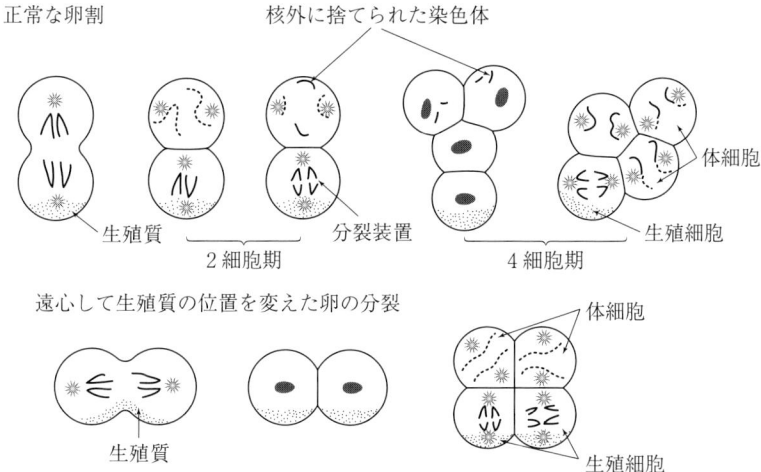

図 3.3 ウマノカイチュウの生殖質と卵割（Gilbert, 1997-2003 より）

　線虫類や昆虫類などの無脊椎動物では，卵の一部に生殖質と呼ばれる細胞質が偏って分布している．それが卵の細胞分裂によって，卵が区分けされ細胞数が増えると，生殖質を含む細胞と含まない細胞ができる．前者が生殖細胞になり，後者が体細胞になる．

　線虫の仲間であるウマノカイチュウには染色体数 $2n$（2倍体）が2の種と4の種があり，染色体数が少ないので染色体の行動を追跡しやすい．この卵の細胞分裂では2回目以降の分裂で，植物極側の生殖質を含む細胞を除いた細胞では，分裂の際，染色体の一部を核外に捨てる染色体削減と呼ばれる現象が起こる．生殖質が含まれている植物極側の細胞では染色体削減が起こらず，すべての染色体を保持している．これが生殖細胞である．図3.3に示すように，実験的に遠心によって分裂装置の位置を変え，2つの細胞が生殖質を含むようにすると，2つの細胞とも染色体削減を起こさず，生殖細胞が増える．生殖質が染色体削減を抑え，減数分裂を可能にし，すべての遺伝子を保持して生殖細胞になり，子孫へ受け渡している．

　昆虫類では受精前の成熟卵で，卵の頭尾（前後），背腹，左右が決まっており，卵の後部に生殖質があり極細胞質と呼んでいる．ショウジョウバエでは，受精後卵の中心部で核分裂が進み，9回目の核分裂の後で核は表層部に移行し，卵表層で細胞質分裂が起こり一挙に多細胞になる（表割という）．その時，後部に移動した核は極細胞質を含んだ細胞になり極細胞と呼ばれ，生殖細胞（始原生殖細胞）になり，他の細胞が体細胞になる（図10.4）．

　両生類も卵の植物極側に生殖質が分布している．生殖質は塩基性色素によく染まり，電子顕微鏡で観察すると，RNAを含む顆粒，ミトコンドリア，リボソームなどを含む電子密度の高い部分である．生殖質を含む細胞は植物極近くにあるが，発生が進むにつれて，始原生殖細胞は動物極寄りの背側に移動し，最終的には，生殖

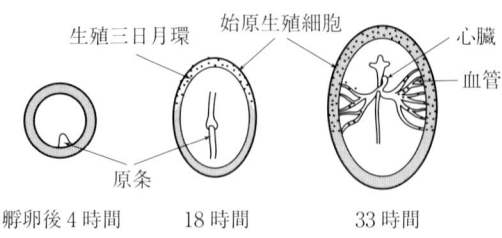

図 3.4 ニワトリ胚の始原生殖細胞の移動 (Nieuwkoop and Sutasurya, 1979 より)

隆起（後の生殖巣）が形成される頃，その中に入って卵あるいは精子になる．

　鳥類や哺乳類では，生殖質といえるものは見つかっていない．形態的に区別できる始原生殖細胞が見つかるのは発生がかなり進んでからである．ニワトリ（図 3.4）では孵卵後 20 時間頃，ヒトでは受精後第 4 週 22〜25 日頃には胚と呼ばれるようになっているが，始原生殖細胞は卵黄嚢の上部に見出されるようになり，移動して胚内に入り，遅れて形成される生殖隆起（中胚葉の突起で将来生殖巣になる，つまり雄ならば精巣，雌ならば卵巣になる部分，第 24 講参照）に入る．

　始原生殖細胞は卵になるか，精子になるか決定していない細胞である．生殖隆起に入り，それが卵巣になれば，そのホルモンの影響で卵になり，生殖隆起が精巣になれば，精子になる．発生の初期に雌の始原生殖細胞を雄の精巣に移植すると精子になり，その逆もあることが知られている．生殖隆起に入れなかった始原生殖細胞は退化する．

━━━━━━ Tea Time ━━━━━━

始原生殖細胞の移動

　始原生殖細胞は減数分裂をする能力をもっているが，卵巣か精巣（はじめは生殖隆起）に入ってホルモンの影響を受けなければ生殖細胞になることはできない．

　鳥類の場合には始原生殖細胞が血流に乗って生殖隆起へ移動することがシモン（D. Simon）によって証明されている．

　シモンは胚を卵殻から取り出し，始原生殖細胞が集まる生殖三日月環を取り除いた胚と正常な胚とを並べて培養する（並体結合という）と，始原生殖細胞は正常な胚と始原生殖細胞を取り除いた胚の両方の生殖隆起に移行することを見出した．この結果は一緒に培養した 2 つの胚の血流が交流した時にみられるもので，生殖細胞が血流に乗って移動することを示している．

　さらに，正常なアヒルの胚と生殖隆起を取り除いたニワトリの胚とを並体結合すると，アヒルとニワトリの両方の始原生殖細胞がアヒルの生殖隆起に集まった．ま

た，紫外線照射で始原生殖細胞を壊したニワトリの胚の静脈に七面鳥の始原生殖細胞を注入すると，この生殖細胞はニワトリの生殖隆起に集まり増殖することも知られており，鳥類では種を問わず始原生殖細胞が血流に乗って生殖隆起に集まることが明らかにされている．

　哺乳類では，このような血流による生殖細胞の移動ではなく，むしろ生殖細胞自体のアメーバ運動によって移動すると考えられている．

第4講

性 の 分 化

テーマ
◆ 動物の性はどうして決まるか
◆ 性に支配される生殖器官
◆ 生殖器管を支配する遺伝子とホルモン

動物による性の違い

　生物進化の途中で，後世に子孫を残す最善の方法として雌雄の性（性の二形性）が生じた．しかし，現在でも，下等動物には雌雄の性が明らかでなく無性生殖を行い，かつ有性生殖も行う種がある．原生動物，中生動物，海綿動物，腔腸動物など数多い．原生動物でもゾウリムシなどは同種の中にシンゲンといってペアをつくり有性生殖を行いうるグループが決まっているものもある．しかも雌雄同体や雌雄異体もあり，かなり複雑である．しかし，雌雄の性の二形性が生殖法として最も有利であり，多くの動物で雌雄の差が明らかである．

　性の分化の過程は動物によって違うが，いろいろな遺伝子がはたらいて性の基本形が決まると，性ホルモンなどさまざまな因子がはたらいて，性に対応する器官・機能の発現がみられる．動物による違いは環境要因が性の分化に影響を与えるか否かにかかっており，環境に左右される動物では，その影響で遺伝子が発現し，場合によっては性転換が可能である．下等動物によくみられるが，魚類や両生類の幼生でも飼育水に含まれるホルモンによって性転換がみられる．環境に左右されない動物では，遺伝子の発現が先行する．次いで遺伝子に支配されて生殖器官が分化し，雌雄で異なった機能が発現することになる．

ショウジョウバエなどの性の分化

　ショウジョウバエはXY型の性染色体をもつが，Y染色体は性決定に関与しない．ショウジョウバエは通常，2倍体の常染色体（2A）に対して1つか2つのX染色体をもっている．XO：2AかXY：2AあるいはXX：2Aである．前二者が雄，後者が雌である．XYは確かに雄であるが，それはXが少ないためで，XOも不妊では

表 4.1 ショウジョウバエの染色体構成と性

染色体構成	X/A 比	性
XXX2A	1.5	雌
XXXX3A	1.33	雌
XXXX4A	1.0	雌
XXX3A	1.0	雌
XX2A	1.0	雌
X A	1.0	雌
XX3A	0.67	間性
X2A	0.5	雄
X3A	0.33	雄

A：基本数（半数体，単数体）の常染色体，配偶子の常染色体．
X：X 染色体．

あるが雄である．Y は精子形成に必要である．つまり，1X：2A は雄，2X：2A は雌になる．X：A の比が1以上であれば雌，0.5以下であれば雄，その中間の時は間性になる．しかし，XO のように Y のない雄は成体になっても精子をつくれず不妊である．X：A の比は次に挙げる性決定遺伝子に伝えられ，どの遺伝子が発現するかによって性が決まる（表4.1）．

ショウジョウバエでは性決定に関与するいろいろな遺伝子がある．*Sxl*, *tra*, *ix*, *dsx* などで，雌では X 染色体→*Sxl*→*tra*→*dsx* の連鎖的な発現がみられる．X 染色体にコードされている転写因子（活性化因子）は *Sxl* 遺伝子を活性化する．一方，常染色体にコードされている転写因子（抑制因子）は *Sxl* 遺伝子を抑制する．2倍体（2A）に対して X 染色体が1つだと，抑制因子が優勢で *Sxl* は不活性で *tra* が不活性になり，*dsx* が発現して雄になる．X 染色体が2つだと活性化因子が優勢で *Sxl* が活性化され，*tra* が発現し，*dsx* と *tra* の両方が発現し雌になる．*dsx* 遺伝子は雌雄両方の発現に必要で，もし変異が起きて *dsx* が発現しなければ雌雄が逆転したり，*ix* が発現すれば間性になる．正常ならば *tra* と *dsx* の両方の発現で雌になり，

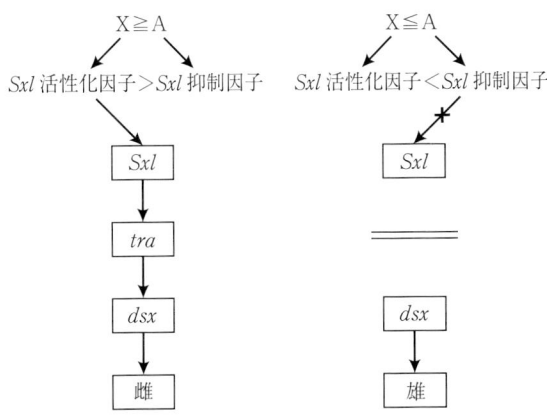

図 4.1 ショウジョウバエの性分化遺伝子の発現

dsx だけの発現で雄になる（図 4.1）．

　線虫の一種 *C. elegans* のような雌雄同体種は無脊椎動物ではよくみられる．1個体に卵巣と精巣の両方をもっている動物である．これは同一個体内の場所による生殖細胞の遺伝子発現が違うためであり（図 5.2），経時的雌雄同体種の場合には，同じ個体が時期によって雄であったり雌であったりする．ある時期は雄で次の時期は雌になるというように遺伝子の発現が変化する．

　甲殻類のハマトビムシやダンゴムシの雄では，雄性ホルモンをつくる造雄腺が発達するが，造雄腺の発達や造雄腺の移植で，雌でも卵巣が退化して精巣が発達し精子をつくる雄になる．逆に雄の造雄腺を除去すると卵をつくる雌になる．これは性がホルモンに影響される例であるが，脊椎動物の性も最終的にはホルモンが性を支配する．

脊椎動物の性分化

　脊椎動物の性も一次的には遺伝子によって決定されるが，ホルモンが強く影響し，魚類や両性類では性転換が容易である．鳥類や哺乳類では遺伝子で決定された性に従って精巣か卵巣がつくられ，それが分泌するホルモンによって性の表現形がつくられるが性転換は容易ではない．未熟な幼体の生殖腺の移植・除去によってある程度可能な場合もある．

　魚類の性分化は性ホルモン依存性で，始原生殖細胞が雌の卵巣に入れば卵になり，雄の精巣に入れば精子になる．成体でも雌性ホルモン中で飼育すると雌に性転換して卵を生むようになり，雄性ホルモン中で飼育すると精子をつくる（機能的）雄になる例が多く知られている．

　両生類でも，幼生（オタマジャクシ）を性ホルモン中で飼育すると，ホルモンの性に従って性転換が起こる．これは雄性ホルモンのテストステロンを雌性ホルモンのエストロゲンに変えるアロマターゼをホルモンが活性化するためである．エストロゲン合成の阻害剤を与えると，雌にはなれない．しかし，両生類では雌性ホルモンによる雌への性転換は比較的容易であるが，雄性ホルモンによる雄への転換は容易ではない．ところが，未熟な精巣を未熟な雌に移植すると，卵巣は精巣に変わり精子をつくるようになるから，成熟の度合いによって影響が異なるらしい．しかし，このようなホルモンによる性転換は可能でも遺伝子を変化させることはできない．つまり，性の決定の基本は遺伝子によるものであるが，最終的に発現される性はホルモンが支配している．

哺乳類の性の分化

　哺乳類はすべて性染色体によって性が決まる．ヒトの場合には 2 段階で成人の性

が決まる．性染色体の遺伝子による性の決定（一次性徴）と生殖腺の性ホルモンによる性の分化（二次性徴）である．性染色体が XX であれば女性となり，XY であれば男性である．従って減数分裂によって，女性の卵はすべて1つずつのX染色体をもっている．男性の精子には2通りあって，X染色体をもつ精子とY染色体をもつ精子とができる．X染色体をもつ精子と受精した卵はXXとなり，卵巣をつくり女性となる．Y染色体をもつ精子と受精した卵はXYとなり精巣をつくり男性となる．

　Y染色体は精巣をつくる遺伝子をもっており，この遺伝子は胎児の未分化生殖腺を精巣にする．X染色体がいくつあってもY染色体が1つあれば男性となる．逆にX染色体が1つだけのXO型（ターナー症候群）の場合には，卵巣ができて女性となる．しかし，完全な女性としては2つのX染色体が必要で，1つの場合には卵巣の卵胞細胞が発達しないので不妊である．このような第一の性分化――一次性徴の分化は遺伝子によるが，これは雌雄の生殖腺ができるまでで，それに続く第二の性分化――二次性徴の形成がある．男性には精巣，陰茎，精嚢，輸精管，前立腺がある．女性には卵巣，膣，子宮頸，子宮，輸卵管，乳腺がある．また，男女の体形があり，声帯軟骨や筋肉の違いがある．このような二次性徴は生殖腺から分泌されるホルモンによって決定される．しかし，生殖腺がないと女性化が起こる．例えば，ウサギの胎児で生殖腺が分化する前に未分化生殖腺を除去すると，XX 型か XY 型かに関係なく，そのウサギは輸卵管，子宮，膣をもつ雌になり，陰茎などの雄の構造ができない．

　ヒトではY染色体の短腕の先端に，223個のアミノ酸からなる転写因子をつくる遺伝子部位が発見され，精巣決定領域であることが証明された．Y染色体の性決定領域という意味で，SRY と名づけられた．マウスでも同様の遺伝子が発見され，XX 型でも SRY があれば精巣をもつ雄であるし，XY 型でも SRY がなければ雌であることがわかった（図4.2）．しかも，SRY 遺伝子が発現するのは精巣が分化する直前から分化している間だけで，精巣が分化し終わるとすぐに発現が止まることがわかった．つまり，精巣の分化期に精巣ができれば，その後，精巣の分泌するホルモンによって男性（雄）が分化する．精巣ができないと女性生殖器が分化する．

　しかし，Y染色体の SRY だけでは不十分で，常染色体にある $SOX9$ という遺伝子が精巣を誘導できることがわかり，$SOX9$ は広く脊椎動物で作用しており，SRY は哺乳類だけで，哺乳類では SRY は $SOX9$ を活性化するスィッチをオンにすることで $SOX9$ が精巣形成にはたらくと考えられている．さらに，FGF9やSF1（ステロイド産生因子）がライディッヒ細胞やセルトリ細胞の分化を促進することが知られ，いろいろな遺伝子が精巣形成に関与している．

　X染色体の短腕には SRY 遺伝子の発現を阻害する因子をつくる遺伝子（$DAX1$）

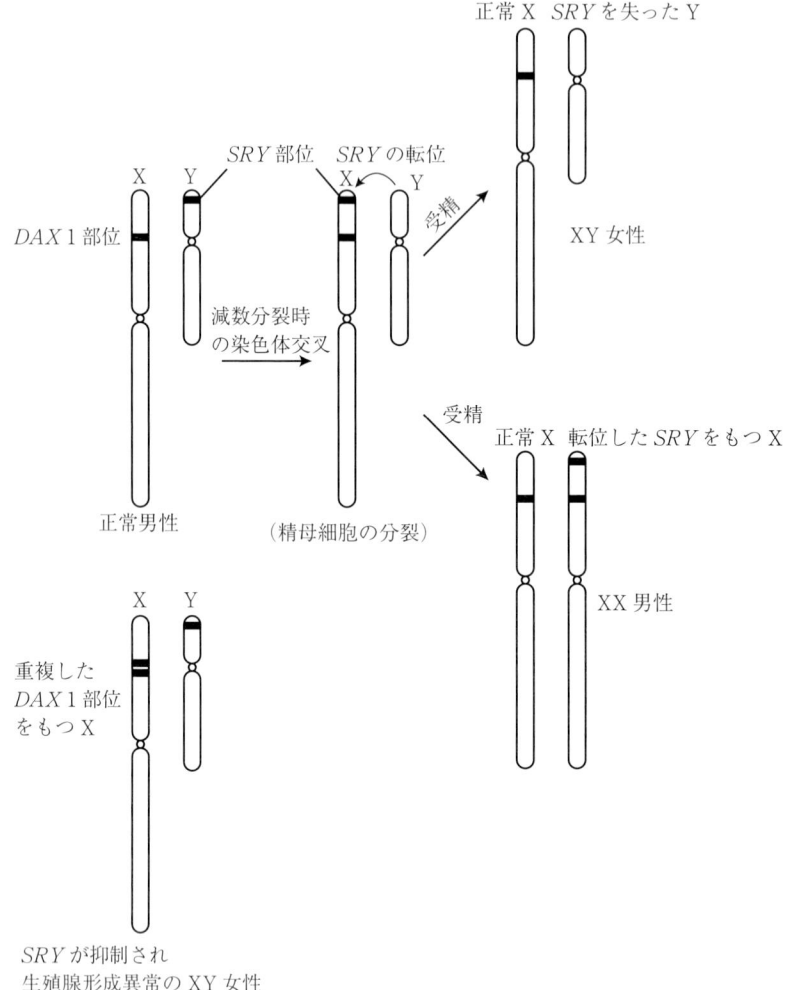

図 4.2 哺乳類性決定にかかわる遺伝子

があることが知られ，DAX1がSRYやSOX9と拮抗作用をもち，これらを抑制することでSF1などを調節し，精巣形成を阻害し，卵巣形成にはたらいていると考えられている．それはXYの性染色体を正常にもちながら，X染色体にDAX1部位が二重に重複して存在するために女性になる例が多く見出されたためである．DAX1はWnt4に活性化され，SRYがなく，DAX1とWnt4の存在がヒトの一次女性化を決定しているものと考えられる．

　二次性徴の分化については雌雄・男女によって異なる生殖腺の形成の講（第5,6講）で述べる．なお，遺伝子名は欧文で書かれており，その説明は巻末の用語解説を参照されたい．

=== Tea Time ===

　**環境に支配される性分化**

　爬虫類の中には性染色体の明らかでないものがある．多くのヘビやトカゲの性は性染色体で決まるが，カメやワニの中には孵卵中の温度で性が決まるものがある．アリゲータの中には，30℃以下では雌になり30℃以上だと雄になるものがある．クロコダイルには30℃付近ですべて雄になり，それ以上や以下では雌になるという種がある．ウミガメでも30℃以下で雄，30℃以上で雌になることが知られている．これはテストステロン（雄性ホルモン）をエストロゲン（雌性ホルモン）に変えるアロマターゼという酵素が温度依存的に変化することによる．

　最近，環境汚染などで問題にされたPCB（ポリ塩化ビフェニール）などもアロマターゼの活性に影響を与え，動物の性を変化させることが知られている．

　ボネリアやアワブネガイなどの中に，幼生が岩などに着床する際に，雌の隣には雄というように生育場所によって性が決まるものや，それが群生して1グループの性が決まる動物もいる．カキも1グループが同性になり，環境変化や，あるいは次の繁殖期には性が逆転することが知られている．

第5講

精 子 形 成

> ─テーマ─
> ◆ 減数分裂の意味
> ◆ 精子形成がどこで起こるか
> ◆ 精子形成の特徴

始原生殖細胞から精子まで

　未分化の始原生殖細胞は胚の生殖隆起に入り，それが遺伝的な性の影響を受けて発達し，雄では精巣と呼ばれるようになると，性との関係で精原細胞と呼ばれる．はじめは遺伝子の支配のもとで発達するが，やがて精巣の雄性ホルモンの影響を受けて精原細胞は分裂し数を増し，栄養を蓄えて成長し肥大する．これを一次精母細胞という．核相は体細胞と同じだから$2n$である．ヒトのような哺乳類は胎生であり，始原生殖細胞が精巣の中で精原細胞になり，分裂して数を増やすところまでは胎児および成長期の幼児の時代に行われ，精原細胞が本格的に分裂・肥大するのは脳下垂体から多量の生殖腺刺激ホルモンが分泌される思春期になってからである．

　思春期以降には，一次精母細胞はDNA合成を行い，DNAを倍加（$2n×2$：核相は$2n$だがDNA量は2倍）して，2回の分裂つまり減数分裂（成熟分裂ともいう）に入る．1回目の第一減数分裂で核相は$n×2$となり，細胞は二次精母細胞と呼ばれる．次の第二減数分裂で核相はnとなり，細胞は精細胞と呼ばれる．この細胞は減数分裂を完了した細胞であるが，細胞はまだ丸い．ここから著しい形態変化を起こして動物特有の精子になる．この過程を精子変態という．精子形成では，2回の分裂で1個の精原細胞から4個の精子ができる（図5.1）．

　しかし，線虫の C. elegans のような雌雄同体の場合には精子になる細胞と卵になる細胞の区別が必要である．1つの生殖巣の中で精子形成と卵形成が起こるが，生殖巣の両末端に1つの分裂しない細胞（末端細胞）があって，長い繊維を伸ばしている（図5.2）．これに接触する末端細胞に近い細胞は delta 遺伝子の産物Deltaタンパクと同類のLAG-2タンパクが細胞膜にあり，その影響で，体細胞分裂をして生殖細胞の数を増すが，減数分裂はしない．この細胞は将来生殖細胞になる幹細胞

である．まず生殖巣の中の末端細胞から少し離れた場所の細胞には Delta タンパクの受容体である Notch と同類の GLP-1 タンパクがあり，減数分裂に入り，はじめに精子を形成する．この末端細胞から離れた細胞では *fem* 遺伝子がはたらいて *fog* 遺伝子を活性化し精子形成が起こる．やがて時間が経って生殖腺が成長すると，末端細胞に近い細胞では *fem* 遺伝子が抑制されるようになり *fog* 遺伝子が活性化されず卵形成が起こる．こうして1つの生殖巣の中のやや離れた場所で，はじめ精子形

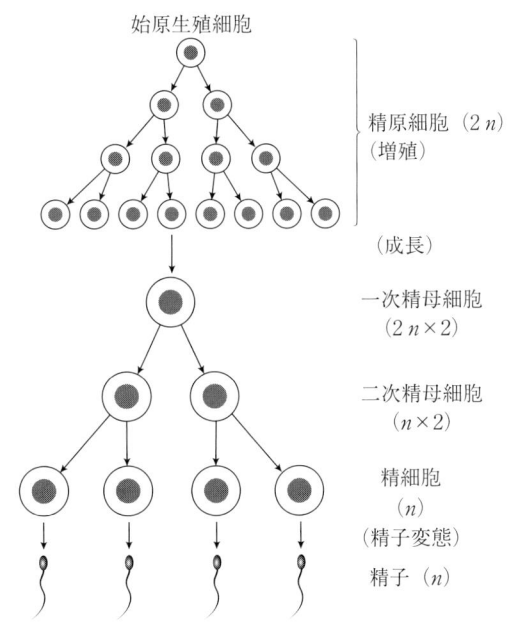

図 5.1 精子形成の概念図

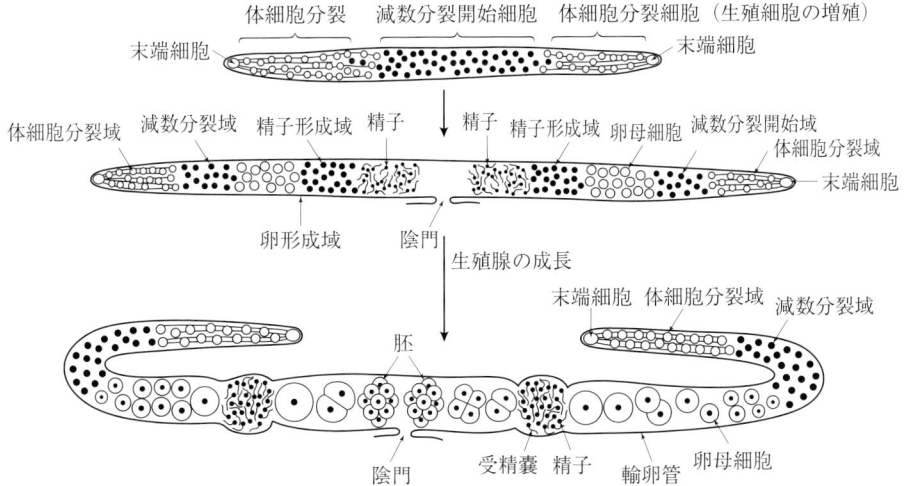

図 5.2 線虫 *C. elegans*（雌雄同体種）の生殖腺の成長と生殖細胞（卵，精子）の分化（Gilbert, 1997-2003 より）

成が，遅れて卵形成が起こり，卵が受精嚢を通る時に主として自家受精（同一個体の精子と卵の受精）で，まれに他家受精（他個体間の受精）が起こり，胚が形成される．

減数分裂と遺伝子の配分

哺乳類の体細胞の核相は $2n$($2A + XX$ あるいは $2A + XY$)である．減数分裂では，これが DNA 合成によって $2n×2$ となり，第一分裂で $n×2$ となり第二分裂で単相の n（$A + X$ あるいは $A + Y$）になる．第一分裂では同種の遺伝形質を担う父系と母系の染色体，つまり相同染色体（AA, XX, XY など）が対になって接着する．こ

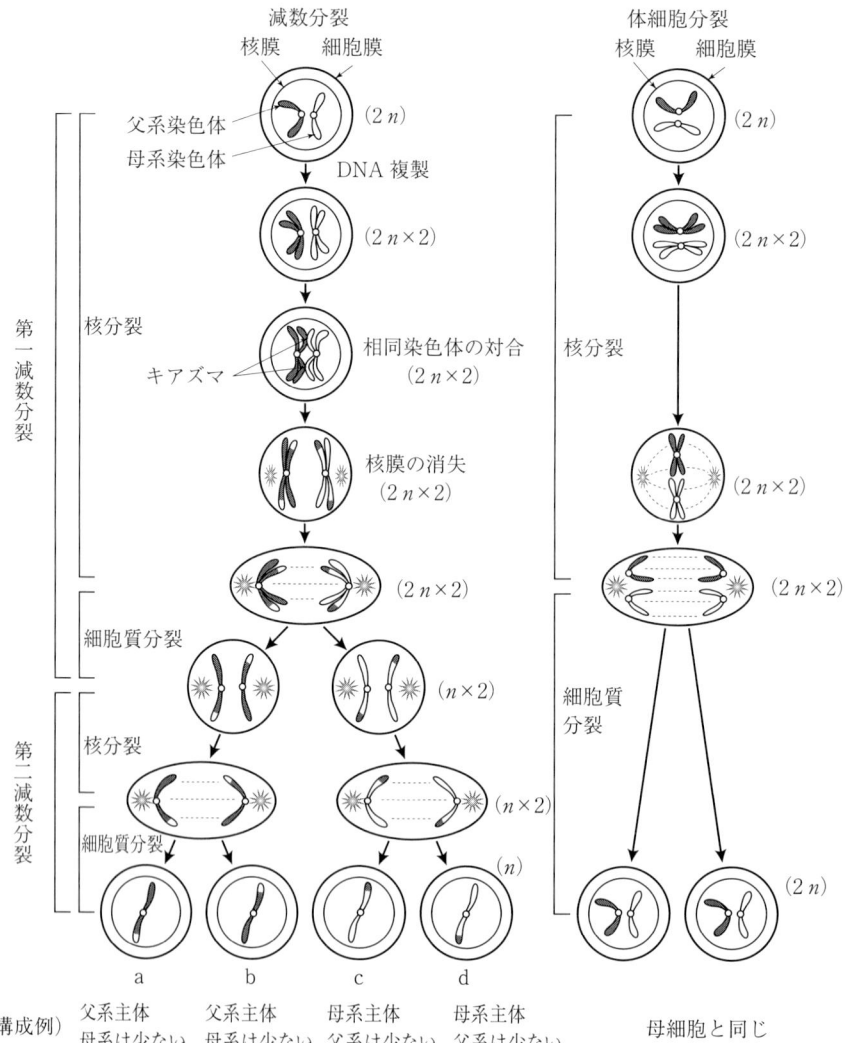

図5.3 減数分裂と体細胞分裂の比較
（ ）内は核相で，（$2n×2$）は染色体は $2n$ で，DNA 量が2倍であることを示す．

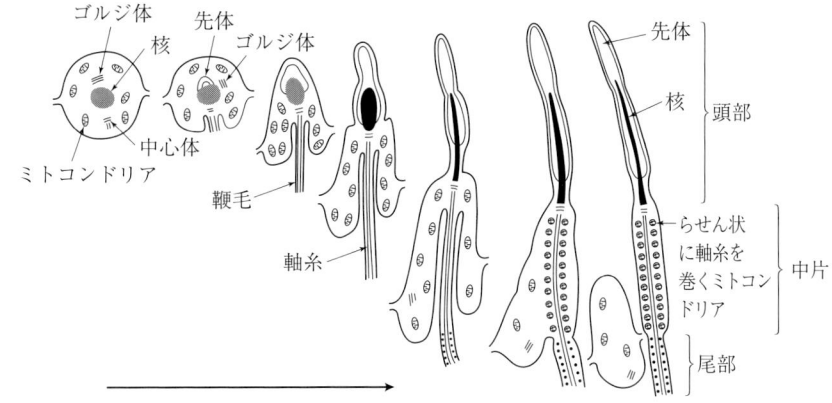

図 5.4 ヒトの精子形成の断面模式図（Fawcett, et al., 1971 より）
頭部，中片，尾部を形成し，細胞質を捨てる．

れを対合という．対合は減数分裂に特有の現象で，この時，相同染色体どうしの間で交叉（乗り換え）が起こる．体細胞分裂では相同染色体は DNA 量が 2 倍になるだけで縦に並び，父系の遺伝子と母系の遺伝子が共に分かれて 2 つの細胞をつくり $2n$ のままである．対合が起こるような接着状態はできない．

減数分裂では，第一分裂の対合の際の交叉（この部分をキアズマという）によって DNA の部分的な交換が起こり，できる配偶子は父系の遺伝子と母系の遺伝子を親と異なるさまざまな割合で含むことになり，子孫の多様性を生じる．この多様性は進化にも影響を与えることになる（図 5.3）．

減数分裂の第二分裂では，2 倍になっている DNA が縦裂して染色体が離れて，別々の細胞に分かれるから，1 つの精原細胞から核相が n の精細胞が 4 つできる．これは丸い細胞であるが，大きな形態変化が起きて，精子を形成する．

精 子 変 態

丸い 4 つの精細胞は，核，中心体，ゴルジ体，ミトコンドリアなどを残して大部分の細胞質を捨てて形態変化を起こす．精子の頭部では，ゴルジ体が発達して先体をつくり，尾部では中心体が発達して運動器官の鞭毛の軸糸をつくる．頭部に続く中片にはミトコンドリアが集まって，動物種により軸糸を囲むドーナツ状の一本のミトコンドリアや数個の，あるいは哺乳類のようならせん状にくっついた長いミトコンドリアを形成して運動のためのエネルギー供給源となる（図 5.4）．

精原細胞や精母細胞は N- カドヘリンや酵素タンパクなどで，精巣内のセルトリ細胞に結合し，栄養などの供給を受けて育つ．また，生殖細胞どうしは細胞間橋で連絡しており，同調的に多くの精子が同時につくられる．

このような精子形成はホルモンの支配を受けて進行する．

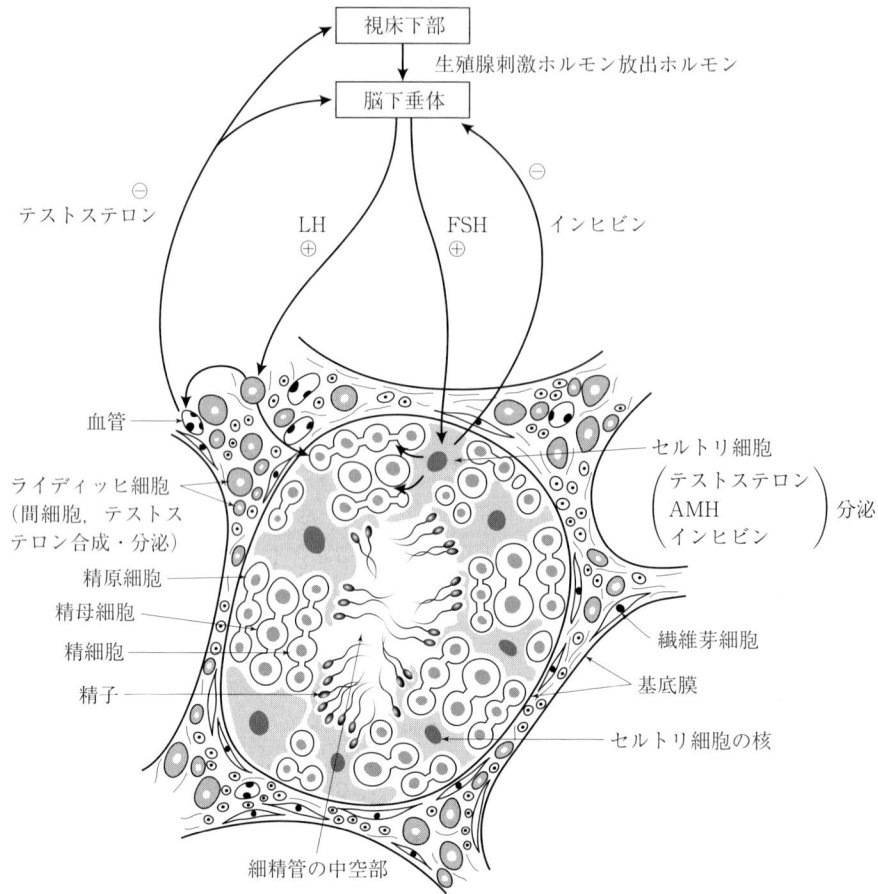

図 5.5 細精管での精子形成とホルモンとの関係（断面模式図：Bloom and Fawcett, 1975 より）

精子形成とホルモン

　精子形成は一次的には性決定遺伝子によって決定されるが，精子の成長・形成は思春期になって多量に分泌される雄性（男性）ホルモンによって支配されている．

　精巣は精子をつくる細精管の集まりで，細精管は血管や繊維芽細胞やライディッヒ細胞と呼ばれる間細胞などに囲まれている．細精管の内部には大きなセルトリ細胞があり，精原細胞や精母細胞などの生殖細胞を取り巻いて，栄養や遺伝情報を送っている．細精管の中央は中空の精子の通路である．

　遺伝的に決められた性に従った生殖細胞の発達は，雄ならば精子の発達は精原細胞までで，それ以上は発達しない．その後の精母細胞の発達には脳下垂体からの指令が必要である．脳下垂体から2つの生殖腺刺激ホルモン（濾胞刺激ホルモン：FSHと黄体形成ホルモン：LH）が分泌されると，精巣ではFSHはセルトリ細胞を刺激して雄性ホルモン（テストステロン）やミュラー管抑制因子（AMH）な

どを分泌させるが，この時セルトリ細胞は同時に脳下垂体のFSHの産生と分泌をフィードバック的に抑制するインヒビンを分泌して，脳下垂体のFSH分泌量を調節している．LHはライディッヒ細胞を刺激してさらに雄性ホルモンを分泌させる（図5.5）．哺乳類の雄性ホルモンであるテストステロンの刺激によってさまざまな遺伝子の発現が誘発される．例えば，思春期における多量の精子形成の開始は精原細胞でBMP 8bが合成され，それが蓄積して一定量以上になることによる．その遺伝子産物（酵素タンパク）の作用で，減数分裂と精子変態が進行する．つまり減数分裂によって一次精母細胞，二次精母細胞，精細胞が形成され，精子変態によって精子が形成される．雄では，輸卵管に分化する予定のミュラー管はAMHによって退化する．例えばネズミなどの哺乳類で，実験的に脳下垂体を除去すると精子はできないが，代わりにFSHとLHを与えるか，あるいはテストステロンを与えると，精子は形成される．

この精子は減数分裂後に発現するプロタミン遺伝子によってつくられたプロタミン（塩基性タンパク質）が酸性のDNAと結合することで遺伝子発現が抑制され，受精するまで形態形成のための遺伝子が発現することはない．

━━━━━━━━━━━━━━ Tea Time ━━━━━━━━━━━━━━

精子形成と温度

クジラ類，ゾウ類，モグラ類などを除いて，多くの哺乳類の精巣は体腔内で形成されて胎児の発生の途上で下降し陰嚢に入る．これが睾丸である．体腔内は体温が高いが，体温より低い温度でないと精子形成は起きない．

精子形成には多くの遺伝子が関係する．この遺伝子の中には，始原生殖細胞をつくる遺伝子や精原細胞，精母細胞，精細胞，精子変態を経て精子をつくる遺伝子やDNAと結合していたヒストンがプロタミンに置き換わるなど，あるいは遺伝子発現のための転写因子などが関係し，これらが完全に機能してはじめて精子が形成される．

実験的に精巣を腹腔内に引き上げると，精細胞などは死滅して精原細胞だけが精巣の精細管に残る．この精巣を精嚢の中に戻すと再び精子形成が起こって精子ができる．だから遺伝子支配によってつくられる精原細胞までは腹腔内でできるが，雄性ホルモンなどが関係する精母細胞形成以降の精子形成には体温より低い温度が精子形成に関与する遺伝子発現の最適条件であるように考えられる．

第6講

卵形成

テーマ
- ◆ 卵はどこでどうしてできるか
- ◆ 卵形成の特徴
- ◆ 卵形成を支配する因子

卵の特徴

　精子が父系の遺伝子を，卵が母系の遺伝子をもっているという意味で，子に伝える遺伝子を担っているという点では精子も卵も同じである．だが精子は父系の遺伝子をもち卵に発生を開始させる原動力を与えることだけで，受精後の卵の発生の順序や形態形成やそのための遺伝子発現などの鍵を握っているのは卵の細胞質である．

　精子は精子変態の際に細胞質のほとんどを捨てるが，卵は母親の形質のすべてを保存し，さらに栄養を蓄えるだけでなく，卵形成の時期にRNAやタンパク質を合成して初期発生に備える．

　卵形成は始原生殖細胞——卵原細胞——一次卵母細胞——二次卵母細胞——卵（卵細胞）の順に進むが，精子が1つの精原細胞から減数分裂の結果4つの精子ができるのに比べて，卵形成では，1つの卵原細胞から減数分裂の際に極体を形成して核を捨て1つの卵しか形成しない．この卵に精子が侵入して受精が成立する時期は動物によって違い，卵形成のさまざまな時期に精子侵入が起こり，動物によって異なる特定の時期以外には精子は卵に進入できない（図6.1）．卵は実験的に人工賦活（精子進入がなく卵だけで発生）が可能であるのもこの辺に理由があるのかもしれない．

卵巣内での変化

　卵形成の過程は基本的には精子形成と同様である．遺伝的に雌の幼体あるいは胎児の生殖隆起に入った始原生殖細胞は，幼体の生殖隆起が卵巣に成長するのに伴って，卵原細胞になる．図6.1にみるように，卵原細胞は成長した卵巣の中で育って卵母細胞になり，減数分裂を行って卵になるが，受精前に完全な卵（核相 n）になっ

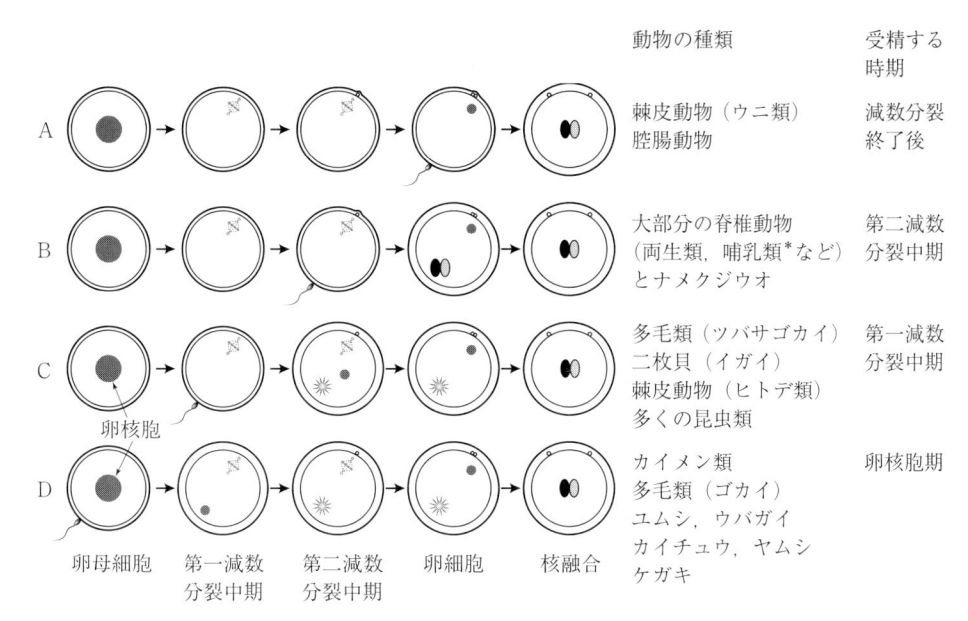

	卵母細胞	第一減数分裂中期	第二減数分裂中期	卵細胞	核融合	動物の種類	受精する時期
A						棘皮動物（ウニ類）腔腸動物	減数分裂終了後
B						大部分の脊椎動物（両生類，哺乳類*など）とナメクジウオ	第二減数分裂中期
C						多毛類（ツバサゴカイ）二枚貝（イガイ）棘皮動物（ヒトデ類）多くの昆虫類	第一減数分裂中期
D	卵核胞					カイメン類　多毛類（ゴカイ）ユムシ，ウバガイカイチュウ，ヤムシケガキ	卵核胞期

図 6.1 いろいろな動物の卵形成と精子侵入の時期（石原，1998 b を改変）
*キツネ，イヌ，ウマは卵核胞期という報告がある．

て排卵または産卵されるのは，ウニ類と一部の腔腸動物だけで，多くの動物では，卵母細胞の時期に排卵され，精子が卵に進入することが刺激になって減数分裂を完了し，次いで卵内で成熟した精子の核と合体して受精が成立する．

　ヒトなどの哺乳類のように胎生の動物では，精子形成の場合と同様に，始原生殖細胞が卵原細胞になり，一部の一次卵母細胞ができるまでは，母体（祖母）の胎内，胎児（母）の卵巣内で起こり，卵原細胞の分裂・増殖が進み，妊娠 7 ヶ月目の胎児は約 700 万個の生殖細胞（卵原細胞あるいは初期一次卵母細胞（第一減数分裂前期で減数分裂を停止した卵母細胞））を含んでいるといわれている．その中の約 500 個の卵原細胞あるいは初期卵母細胞が胎児の卵巣に残り，このまま生殖細胞の分化は一時中断する．つまり排卵する卵の数は胎児の時期に決まっている．本格的に卵母細胞が成長・成熟するのは出産された女児が思春期になってからである．従って，生殖細胞が成長するのは祖母の胎内にある胎児の時期と胎児が成人して思春期を迎えた後のできごとである（表 6.1）.

　卵原細胞は分裂して増殖し数を増やし，周囲の濾胞細胞や保育細胞から栄養を取り入れて大きくなり，卵母細胞と呼ばれる．染色体も倍加して核も大きくなり卵核胞と呼ばれる．やがて減数分裂を行うことは精原細胞と同じであるが，この時分裂した卵母細胞の一方の細胞は細胞質をもたない極体として分離する．2 回の分裂で残った 1 つの大きな細胞が核相 n の卵細胞であり，いわゆる卵である（図 6.2）.

　卵の減数分裂は精子が侵入しないと最終的な卵にならず，個体が成長してホルモン分泌が活発になる成体または親個体になるまで減数分裂の途中で停止しているの

第6講 卵形成

表 6.1 ヒトの胚, 胎児, 成体内での生殖細胞の経時的変化

発生に伴う呼称	妊娠後の日数 (胎児, 子の年齢)	生殖細胞の位置	生殖細胞の状態	母体と生殖細胞の関係
胚	4週	卵黄嚢上皮	始原生殖細胞	祖母の胎内
	6週	生殖隆起	卵原細胞	
	8週	未分化卵巣 (性分化)		
胎児	10週	未熟卵巣	一次卵母細胞	
			細糸期	
			↓	
			合糸期	
	20週		↓	
			太糸期	
			↓	
			複糸期	
	30週			
出産 ←				
	40週	成熟卵巣		
前思春期				
	12〜14年		移動期	母の胎内
			↓	
			第一減数分裂	
			第一極体 二次卵母細胞	
				繰り返し起こる
成熟期			排卵 ← 第二減数分裂中期	
			精子侵入 →	
			第二減数分裂	
			第二極体 成熟卵	
			↓ ← 受精	
			受精卵 (核の合体)	
	45〜55年		↓	
			胚	
			↓	
			胎児	
閉経期				

で, 精子形成と比べて卵形成の時間は長いことになる. 例えば哺乳類の精子形成は約2ヶ月であるが, 卵形成は, ヒトでは思春期を迎える10年から閉経するまでの50年の歳月がかかることになる. カエルでも卵形成は1年から3年である. この過程はホルモンなどによって調節されている.

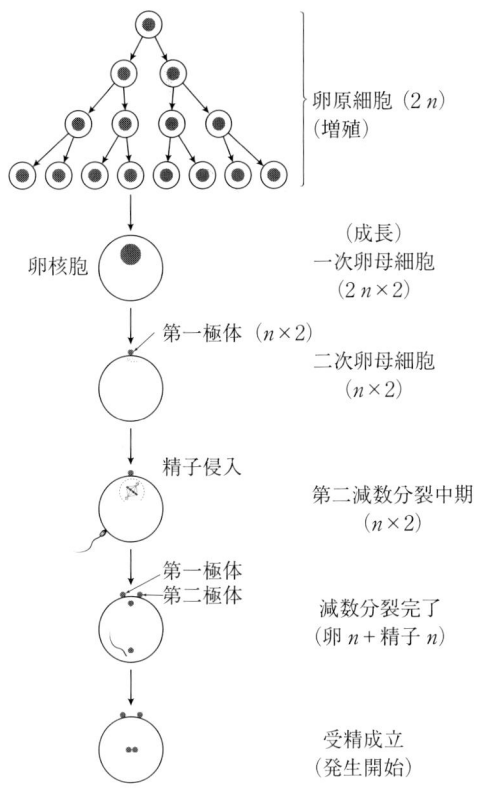

図 6.2 卵形成の概念図

卵形成にかかわる因子

　卵形成をコントロールする主要な因子は成熟誘起因子（MIS），分裂停止因子（CSF），成熟促進因子（分裂促進因子，MPF）である．これに精子形成を含め細胞分裂を調節する細胞周期のサイクリンなども関与する．

　卵原細胞（$2n$）が卵黄などの栄養を摂取して成長した初期一次卵母細胞（$2n$）はDNAを倍加してDNA量が$2n×2$となる．通常，この状態で卵の発達は停止するが，カエルなどの両生類は個体が成長して脳下垂体から生殖腺刺激ホルモンが分泌されると，これに卵巣の濾胞細胞が反応しプロゲステロン（MIS）を分泌する．その刺激で排卵が起こり，卵母細胞は輸卵管の中で第一減数分裂を開始するが，MISは卵母細胞の表面にはたらいて卵内にMPFをつくらせ，MPFは卵母細胞を第二減数分裂中期まで進行させるが，同時にCSFの合成も誘起し第二分裂中期で停止させ，この状態で産卵し，水中に出てそこで受精が起こる．ヒトのような哺乳類では，第二減数分裂中期で排卵が起こり，ここで精子と出会って受精が起こる．受精しなかった卵母細胞は減数分裂を完了することなく退化する．受精すると，精子は卵内で成熟し，卵は減数分裂を完了し，卵内で両核の合体が起き真の意味の受

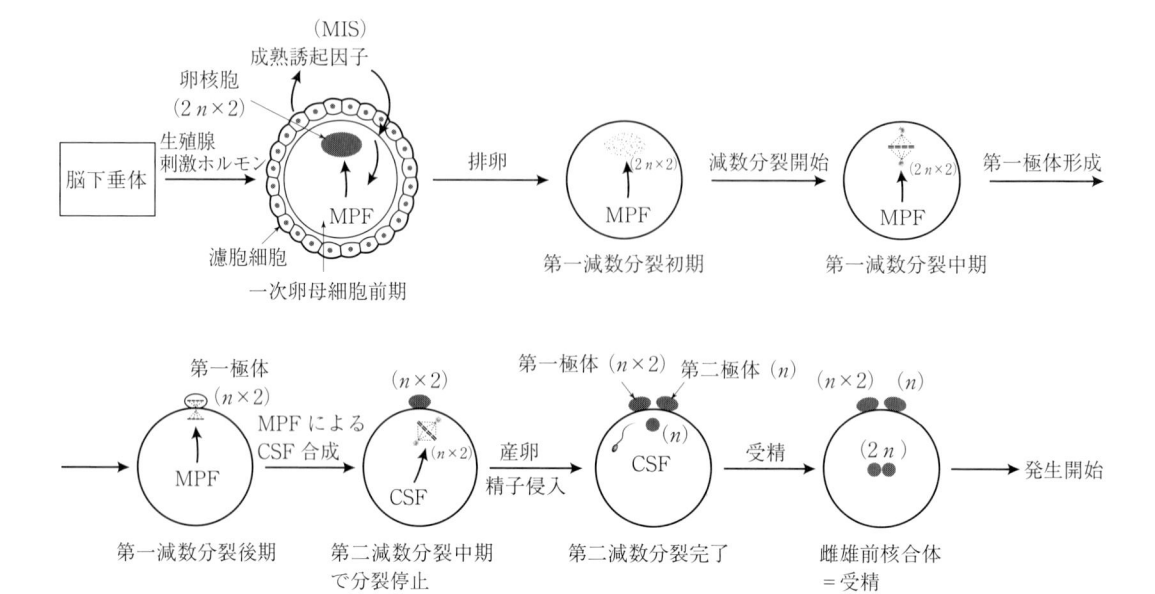

図 6.3 両生類の卵の減数分裂とそれにかかわる因子（MIS, MIF, CSF, 精子；石原，1998bを改変）

精が成立する（図6.3）．

　成熟誘起因子（MIS）は動物によって異なり，ヒトデでは神経が分泌する生殖腺刺激物質の作用で卵巣や濾胞細胞から分泌される1-メチルアデニンで，ナマズでは生殖腺刺激ホルモンが副腎皮質にはたらきコーチゾン，コーチゾルを分泌させ，メダカやマスでは卵巣にはたらきプロゲステロンを分泌させ，カエルでは副腎皮質にはたらきプロゲステロンやコーチゾンなどを分泌させ，それらがMISとして作用するらしい．しかし哺乳類では何がMISとしてはたらくかよくわかっていない．いずれにしてもMISが卵表にはたらくのは動物に共通であるらしい．卵内に注入しても無効である．つまり卵表にはたらき卵内で成熟促進因子（MPF）をつくらせる．

　MPFは動物に共通の細胞分裂を中期まで進行させるタンパク質で，サイクリンとCdc2キナーゼという2つのタンパク質の複合体である．核膜を崩壊させ，分裂装置をつくって細胞分裂を進行させるが，同時にCSF（分裂停止因子）の合成も誘起するため，できたCSFによって細胞分裂は中期（減数分裂では第二減数分裂中期）で停止する．両生類ではこの時期に産卵され，哺乳類ではこの時期に排卵される．

　CSFは*c-mos*と呼ばれるガン遺伝子の産物で，卵母細胞には*c-mos*のmRNAの形で蓄えられており，MPFの刺激で翻訳（合成）され，そのタンパク質（CSF）が細胞分裂を止める．CSFは精子侵入の刺激で活性化されるタンパク質分解酵素の作用で分解され消失し，精子侵入によって中期以降の第二減数分裂が進行し，核相nの卵細胞ができ，卵内の精子由来の核と合体することができる．

================================ **Tea Time** ================================

卵の肥大成長

　卵原細胞は肥大成長して卵母細胞になるが，この肥大の原因は昆虫類などでは脂肪体，両生類や哺乳類では，肝臓から送られる栄養の摂取である．雌では雌性ホルモンであるエストロゲンが分泌されると，肝臓細胞のエストロゲン受容体がこれを受容し，ビテロゲニン遺伝子の発現が起こり，リンタンパク質であるビテロゲニンを合成する．ビテロゲニンは血流に乗って運ばれ卵母細胞に取り込まれて主要な栄養源となる．この時，卵母細胞は第一減数分裂前期であり，ビテロゲニン受容体を合成する遺伝子がはたらいて合成され卵母細胞膜に分布しているので，ビテロゲニンは特異的に卵母細胞に取り込まれる．取り込まれたビテロゲニンは特異的タンパク質分解酵素によってホスビチン（リンタンパク質）とリポビテリン（リン脂質・タンパク質複合体）に分解される．

　これらが主体となり，タンパク質，脂質，糖質，リン酸などの無機塩類，各種ビタミンを含む卵黄が蓄積され，さらに第一減数分裂前期（初期一次卵母細胞）では核内でランプブラシ染色体を形成し，mRNA の合成も盛んで，核も肥大し卵核胞と呼ばれる．細胞質ではタンパク質や脂質の合成も盛んで，後々の細胞分裂に備えている．タンパク質などはやや動物極寄りに偏り，卵黄は植物極寄りに偏って分布する（図 6.4）．

　卵核胞と呼ばれる核は減数分裂の途中で分裂停止の状態で動物極の直下に局在し，分裂が開始されると，染色体の半分が極体として動物極の近くに放出される．

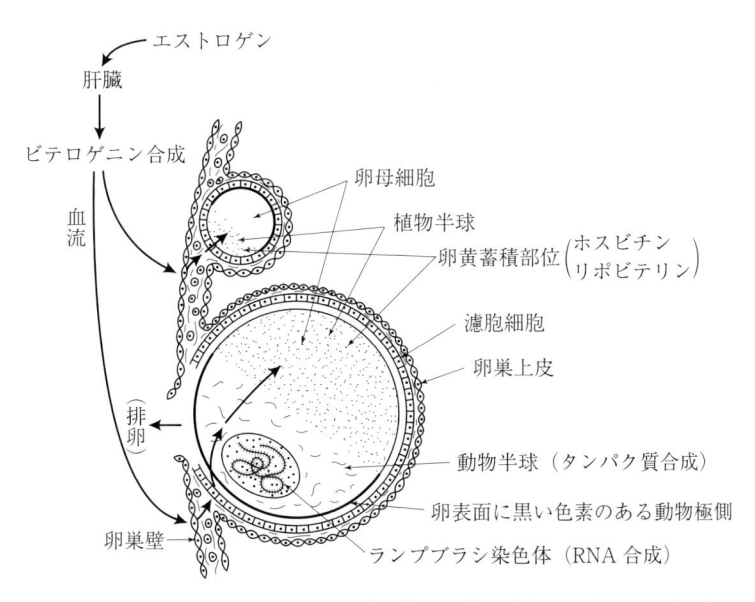

図 6.4　両生類の卵母細胞の肥大（卵母細胞の向きは一定していない）

第7講

受　精

> ─テーマ─
> ◆ 発生の開始の条件
> ◆ 受精による卵の活性化

受精とは

　生物個体の細胞の中で，世代を継いで生き続けることができる細胞は生殖細胞である．特に完熟した生殖細胞，つまり，卵と精子である．しかし，受精可能な完熟度は動物によって異なっている．それでも，この完熟した卵と精子は動物によって定まった時期に受精するのでなければ死滅してしまう（図6.1）．普通，卵の寿命は1～2日であるし，精子は数日しか生きていない．その間に運動できる精子は生命をかけて卵を探し求め，運動性のない卵はひたすら精子との出会いを待っている．

　受精とは，現象的には，卵と精子が合体することであるが，単に卵と精子が出会って共存すれば受精するかといえば，それほど単純ではない．受精の本質は精子が同種の卵を確認して複雑な過程を経て卵内に入り，卵の核と精子の核が合体するまでの過程である．この過程を経て卵は発生を開始することができ，発生の道筋の主導権は卵が握っている．

　受精は発生開始のための最も普通にみられる手段であるが，受精だけが発生開始の手段ではない．アリマキやハチのような昆虫は単為生殖を行うし，ウニ類，両生類，魚類などの卵は機械的刺激，熱刺激，科学的，電気的刺激によって，人工的に発生を開始することができる．

　受精は2つの意義をもち，1つは父系の遺伝子と母系の遺伝子を子孫に伝える手段であり，種の多様性に寄与する．他の1つは単為生殖にみられるように，卵細胞質の活性化によって発生の原動力を与えることである．受精によって卵形成の途中で止まっている減数分裂を再開させたり，DNA合成，タンパク質合成，エネルギー合成などの物質代謝を活性化したり，中心体を活性化して細胞分裂（卵割）が可能な状態をつくることなどは発生開始に不可欠である．

自然に起こる受精では，1つの卵に1つの精子しか入れない．卵に対して精子の数が多すぎる場合（多精という）には，卵の細胞分裂が異常になり死亡する．この多精を防ぐために，動物の卵はそれぞれ多精拒否の機構を備えている．これは卵内に2つ以上の精子の侵入を防ぐ機構であるが，この他に，イモリのような有尾両生類や鳥類などでは自然状態で1つの卵に複数の精子が入るものがある．これらの種では卵内に精子が入った後で，1つの精子だけを残し他の精子を死滅させる機構を備えている．1つの卵の核には1つの精子の核だけが合体するのが受精の鉄則である．

卵と精子の出会い

動物の受精には，体内受精と体外受精とがあるが，昆虫類や甲殻類のように，雌の体内に交尾によって受け取った精子を蓄える受精嚢があって，排卵の際に卵が受精嚢を通過する際，精子を受けて受精する動物があるが（図5.2），多くの場合，卵と精子は離れており，出会いのチャンスが必要である．

植物のスギナの精子がリンゴ酸に対して走化性を示すことが知られているように，動物でも，雌雄の個体がそれぞれ体外に卵・精子を放出し，精子の走化性によって卵に近づくものがある．腔腸動物のヒドロ虫類やクラゲ，軟体動物，ウニ類，原索動物のホヤ類などの中に，このような例がある．ウニでは，卵のゼリー層に高分子物質と共に含まれる低分子のペプチドに対して精子が走化性を示す（表7.1）．この場合，同種の卵ゼリー成分に種特異的な走化性を示す．他種の成分に対しては感受性を示さないことが多い．

しかし，多くの動物では，繁殖期を限定したり，親個体が近づいて放卵・放精を同時に行ったり，交尾することなどによって，雌雄の配偶子の出会いのチャンスがつくられている．しかし，最終的な卵と精子の出会いは偶然である．体外受精を行う動物では生息場所が限定されており，繁殖期には雌雄が近づいて，放卵・放精の時期を同時にしたり，抱接（カエル）と呼ばれる姿勢をとり，卵と精子の放出を同

表7.1 ウニの精子活性化ペプチド（Suzuki, et al., 1987 より）

物質名	ウニ名	構造（アミノ酸配列）
speract （スペラクト）	H. pulcherrimus （バフンウニ）	Gly・Phe・Asp・Leu・Asn・Gly・Gly・Gly・Val・Gly
	S. purpuratus （アメリカムラサキウニ）	Gly・Phe・Asp・Leu・Thr・Gly・Gly・Gly・Val・Gly
	A. crassispina （ムラサキウニ）	Gly・Phe・Asp・Leu・Ser・Gly・Gly・Gly・Val・Gly
	L. pictus （ホンウニ目）	Phe・Asp・Leu・Thr・Gly・Gly・Gly・Val・Gln
	〃	Gly・Phe・Asp・Leu・Thr・Gly・Gly・Gly・Val・Gln
resact （レザクト）	A. punctulata （アルバシア目）	Cys・Val・Thr・Gly・Ala・Pro・Gly・Cys・Val・* * Gly・Gly・Gly・Arg・Leu-NH$_2$
mosact （モザクト）	C. japonicus （タコノマクラ）	Asp・Ser・Asp・Ser・Ala・Gln・Asn・Leu・Ile・Gly
	〃	Asp・Ser・Asp・Ser・Ala・His・Leu・Ile・Gly
	〃	Asp・Ser・Asp・Ser・Ala・Phe・Leu・Ile・Gly

時にするというのが精一杯で，後は精子の努力に任せられる．

体内受精の場合には，イモリのように，求愛行動の結果，雄が放出した精子塊を雌が拾い採り貯精嚢に蓄える例もあるが（図7.1），多くの場合は交尾を行って，雌性生殖管内に放出された精子が試行錯誤を繰り返し，卵を探し求める．30 μm の精子の大きさ（長い尾を含めた全長）を考えれば数 cm の輸卵管はかなり長い．1 ml の精液に1～3億含まれる精子も，卵に達するものはわずかで数百にすぎない．運動能力のない卵は輸卵管の蠕動運動で多少移動するものの，多くは輸卵管の入り口でひたすら精子と出会う幸運を待っている．

受精をめざす精子の道

卵に到達する精子の数は放出量の0.1％以下である．その中で卵内に入ることができるのは最初に卵に到達した1個だけである．しかも，卵に達した精子は卵の膜を通って卵内に進入しなければならない．微小注射器で精子を注入したのでは，特に精子の前処理をしない限り，受精せず，つまり発生を開始しないことがわかっているから，精子は卵の外側から，それぞれの動物に特有の過程を経て卵内に貫入しなければ，卵は発生を開始することができない．通常の受精でみられる卵と精子の

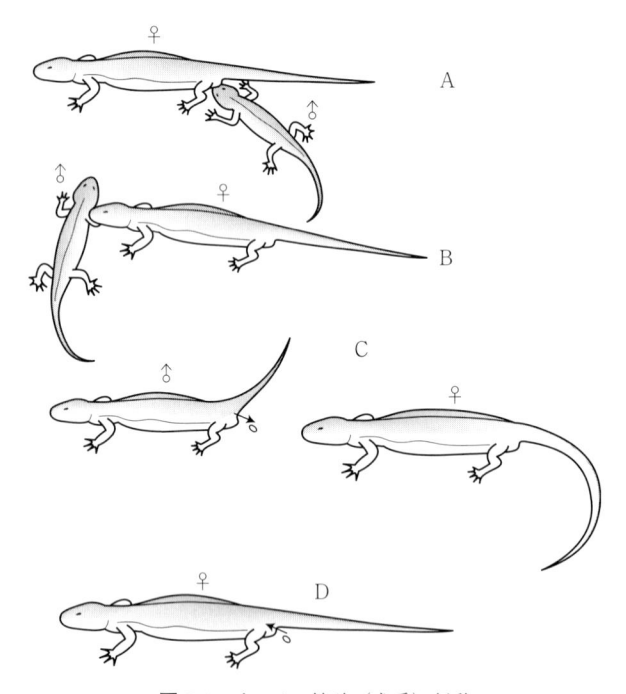

図 7.1 イモリの繁殖（求愛）行動
雄（♂）が雌（♀）の匂いで雌雄を判別し（A），雌ならば前に出て求愛行動をする．雌は求愛を受け入れ雄の頸部を押して精包の放出を促す（B）．雄は精包を放出し（C），雌がそれを確認し，総排出腔に取り込み（D），貯精嚢に蓄える．

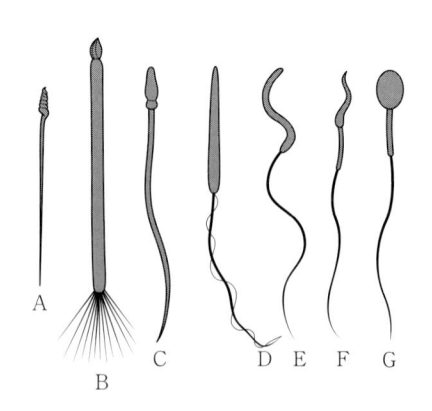

図 7.2 いろいろな精子（石原，1986を改変）
A：ヒメタニシの正形精子．B：ヒメタニシの異形精子．C：ウニ．D：ヒキガエル．E：アフリカツメガエル．F：ニワトリ．G：ヒト．

合体への道筋は次のようである．
(1) 射出精子の運動能の獲得
(2) 卵の分泌物への走化性による卵への接近
(3) 先体反応
(4) 卵の外膜（卵膜）への精子の種特異的結合
(5) 精子の卵膜通過
(6) 精子と卵の細胞膜の融合
(7) 精子の卵内侵入

　通常，精巣内にある精子は運動能をもっていない．それが輸精管を通過する間や直接体外に放出されて，精巣とは異なった環境に置かれてはじめて活発な運動をはじめる．海産生物や水生生物が海水や淡水中に放出された場合や，哺乳類の精子が雌性生殖器官に射出されて，活発な運動をはじめるのはそのよい例である．

　精子は水中に放出されることによってNaの侵入やKの放出などによって精子細胞内のCa量の増大を引き起こし，鞭毛運動を活発化させ，精子の運動を促進させる．一方，卵は多量の卵外ゼリー物質に包まれており，その成分にレザクトとかスペラクトとか呼ばれる，種によって異なるオリゴペプチドを含み（表7.1），それを海水中に溶解・拡散し，精子の走化性を刺激して種特異的に精子を引き寄せる．さらにゼリー物質によって種特異的に精子の先体反応を誘起し，ライシンと呼ばれる加水分解酵素を放出させ，ゼリー物質を溶かして卵に接近し卵膜との種特異的な結合を可能にする．つまり，ここまでで三重の異種精子の防除反応を行っている．

―――――――――― Tea Time ――――――――――

精子の構造

　精子形成の講（第5講）で省略した精子の構造に触れないと精子の受精への道のりが明らかにならない．カイチュウやエビの仲間などには運動性のない精子もいるが，多くの精子は長い尾部をもち運動性をもっている．ウニや哺乳類の精子にみられる代表的な精子は頭部と中片と尾部とからなり，頭部には先体あるいは先体胞と核があり，中片には中心体とミトコンドリアと軸糸があり，尾部は長い軸糸が伸びたものである（図7.2）．

　頭部の先体は加水分解酵素や卵膜に結合するタンパク質などを含み，卵への接近や結合に関与する．核は父系の遺伝子を卵内に持ち込むためのものである．中片の頭部に近い部分には中心体（2つの中心粒）があり，その一方からチューブリンというタンパク質でできた微小管が伸びて軸糸を形成している．中心体に続いてエネルギー形成を担っているミトコンドリアがある．ミトコンドリアは中片に数個点在するものもあるし，ウニのように融合して軸糸を取り巻くドーナツのような形をし

たものから，哺乳類の精子のように多くのミトコンドリアが集ってらせん状に軸糸を取り巻くものもある．軸糸を形成する微小管にはシングレット微小管，ダブレット微小管，トリプレット微小管があり，いずれも 13 本の素繊維が管状に並んだシングレット微小管が二重にあるいは三重に並んだもので，卵割の講（第 11 講）で述べることになる．

　この尾部は鞭毛と呼ぶが，哺乳類の精子のように回転運動をする精子の尾部には 9 本の周辺束繊維がある．波状運動で前進する精子にはこれがない．また，軟体動物の腹足類のタニシなどには正形精子の他に頭部の核を欠いた大型で強い運動性を示す精子があり，正形精子に対して異形精子と呼ばれている．受精に関与するのは正形精子だけである（図 7.2）．

第8講

いろいろな動物の受精

> **― テーマ ―**
> ◆ 動物による受精の違い
> ◆ 単精受精と多精受精

　受精の意義は父系遺伝子の卵への持ち込みと卵細胞質の活性化である．人工的にはもちろんだが，3倍体の染色体をもつギンブナのように，精子は単に外から発生の刺激を与えるだけで卵内に入らないものもある．1つの卵には1つの精子しか入らない単精受精をするものや，昆虫類，軟骨魚類，有尾両生類，爬虫類，鳥類のように，1つの卵に多数の精子が入る生理的多精と呼ばれるものもある．このような受精の様相の違いを知るには1つ1つの受精の実際を観察するしかない．

ウニの受精

　海水中に放出された精子は走化性によって卵に接近し，卵の外層を通過して卵と接触しなければならない．ウニの卵には最外層に透明で厚いゼリー層がある．ゼリー層は卵が海水中に産卵されると，少しずつ溶けて重要な生理作用を行う．ゼリー層の内側には卵膜があり，その最内層の膜が細胞膜である．精子の細胞膜は卵の最内層の細胞膜と融合して，少なくとも核と中心体を卵内に送り込まなければならない（図8.1）．

　精子は尾部の活発な運動によって卵に近づき，溶け出したゼリー物質によって，活性化と先体反応を引き起こす．ゼリー物質はシアル酸とタンパク質の複合体，フコース硫酸とタンパク質の複合体とオリゴペプチドの三者で構成されている．精子の活性化は前述のオリゴペプチドで精子内のHイオンを流出させることによって，精子内のpHを上昇させ，cAMPやcGMPの増加によって精子の呼吸と運動性を増大させる．

　先体反応はCaとゼリーのフコース硫酸タンパク質複合体によって引き起こされ，精子先体の引き金層が破れて先体胞が露出し先体突起が伸びるという精子頭部の形態変化である．露出した先体胞には，バインディンと呼ばれる分子量30 kDaのタ

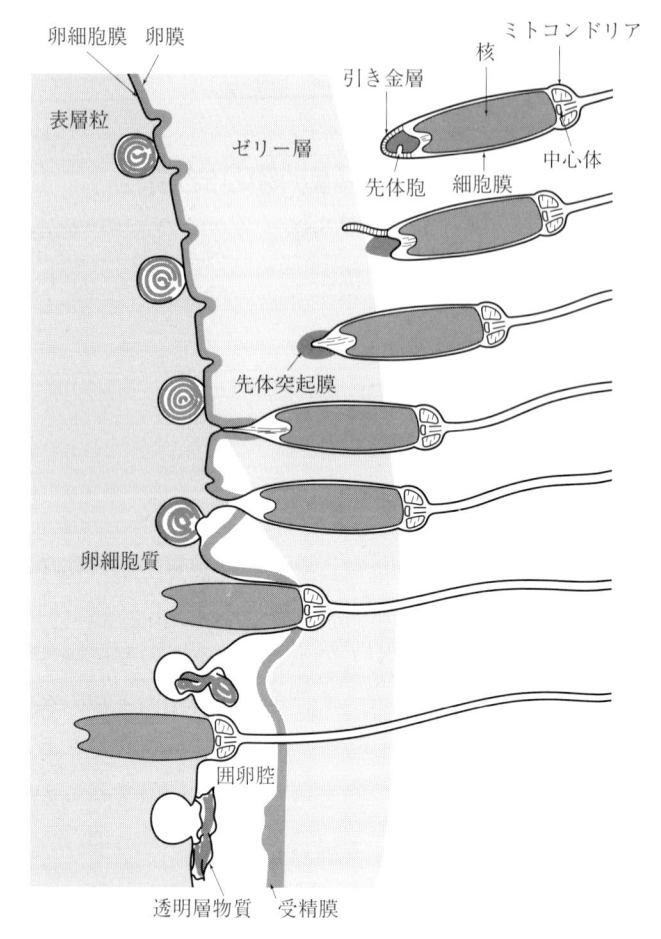

図8.1 ウニの受精のプロセス（石原，1998bを改変）

ンパク質があり，これが伸びた先体突起を包む．バインディンはゼリー層を通過後，卵膜に達して，ここで卵膜の種特異的な受容体と結合することによって同種の卵と精子の結合が成立する（図8.2上）．その後で，非特異的な卵と精子の細胞膜どうしの膜融合が起こり，精子の内容，特に，父系の核と中心体が卵内へ侵入する．これが契機となって卵は活性化され，卵の雌性前核，精子の雄性前核ができ，精子の中心体が発達した星状体糸によって両核が引き寄せられ，卵の中央で合体し受精が成立する．

魚類の受精

硬骨魚類の精子には先体がないのが特徴である．従って先体反応はない．精子は球形の頭部と，ミトコンドリアのある短い中片と長い尾部からできている．卵はコリオンと呼ばれる比較的硬い卵膜に包まれている．卵膜の動物極側には1つの精子がやっと通れる程度の小さな孔があいていて卵門と呼ばれる．卵膜の中の卵細胞で

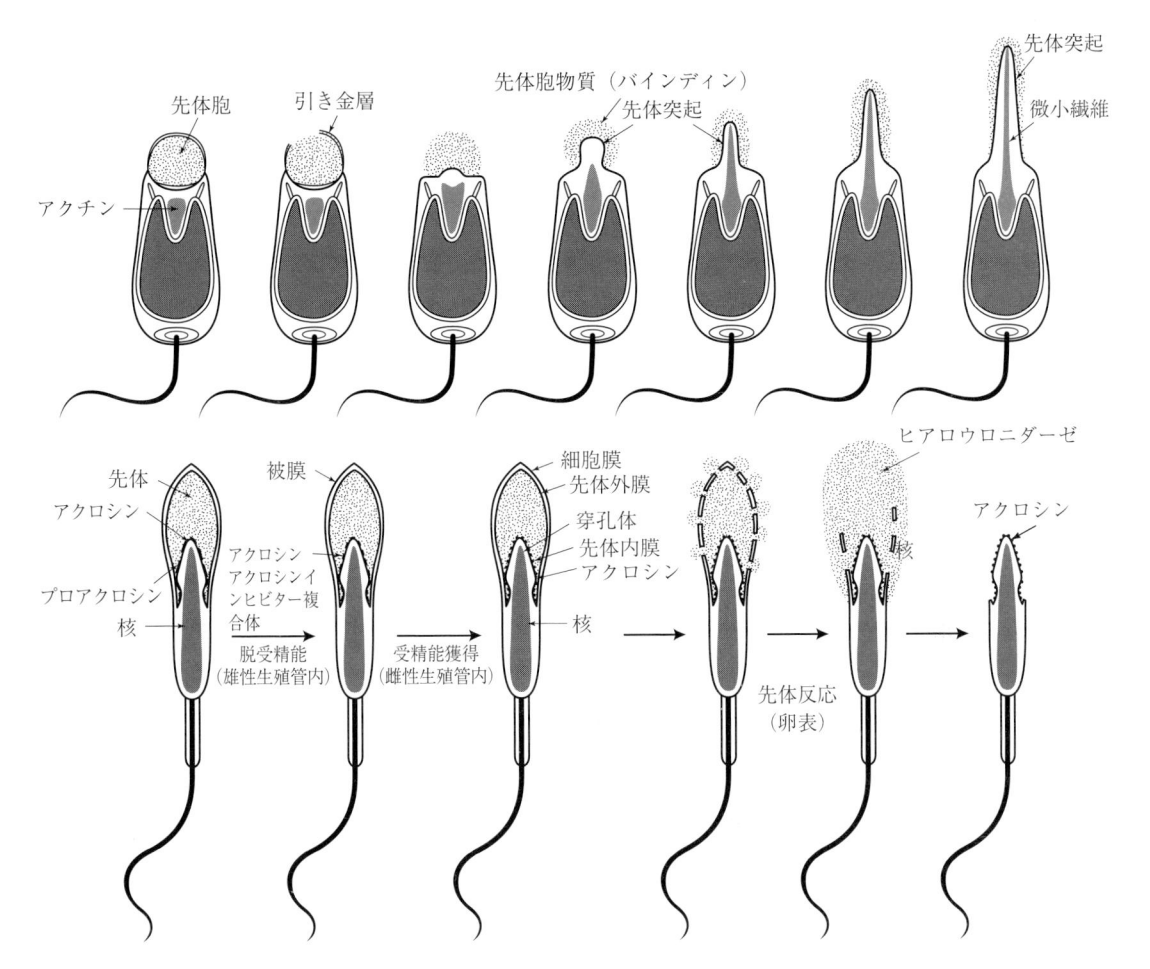

図 8.2 精子の先体反応（上：ウニ精子の先体反応，下：哺乳類精子の変化）
ウニは先体突起が伸び，バインディンが露出する．哺乳類では先体が胞状化し，アクロシンが露出する．（ ）内に精子が変化する生殖管の部位を示してあるので留意すること．

は，細胞膜のすぐ内側の全面に細胞質があり，その表層に表層胞と油滴が分布しており，内部は卵黄で占められている．

　最初に卵に到達した精子が卵門を通って卵細胞膜に達すると，精子の細胞膜と卵の細胞膜の融合が起こる．1つの精子が入ると，卵膜が膨潤し卵門が小さくなると共に，表層胞の崩壊によって卵膜と細胞膜の間に表層胞物質が放出され，囲卵腔が形成される．卵門に突出した細胞質突起は卵門に栓をした形でとり残されるので，2番目以降の精子は入れなくなってしまう（図8.3）．結果として，動物極側から1個の精子だけが卵に入ることになるが，実験的に卵膜を除去して精子を与えると，卵のどこからでも多くの精子が入ってしまい，その後の卵割がうまくいかず卵は死滅する．

　自然状態では，卵内に入った1つの精子の頭部はふくらんで雄性前核となり，卵

の核は減数分裂を終了して雌性前核になる．精子の貫入で細胞質は動物極に集まる．この部分を胚盤というが，この胚盤の中心で雌雄の前核が融合し，受精の過程が終了する．

両生類の受精

カエルのような無尾両生類とイモリやサンショウウオのような有尾両生類が代表的な両生類であるが，無尾両生類では1つの卵に1つの精子しか入らない単精受精であり，有尾両生類では1つの卵に多数の精子が入り，生理的に多精になるのが特徴である．これが両者の大きな相違点である．有尾両生類の多精については後で触れ，ここでは無尾両生類について述べる．

カエルの卵はゼリー層によって包まれており，種によってその形状には，卵塊をつくるもの，紐状のものなどの違いがある．このゼリー層は受精の不可欠要素であり，ゼリー除去卵や，産卵後に水を吸ってゼリー層が膨潤した卵は受精しない．

排卵直後の卵は大きな卵核胞をもっており，減数分裂前期の状態にある．この未熟卵は輸卵管を通っている間にプロゲステロン（MIS）の影響で卵内にMPFを生じ減数分裂が進行するが，第二減数分裂中期になるとCSFの影響で減数分裂は中断し，輸卵管の中で卵膜の成熟とゼリー層の分泌が起こり，ゼリー層に包まれて子宮にたまる．子宮卵は繁殖期に雄との抱接によって産卵し，その時，放精によって精子の進入が起こり，精子進入に伴うCaの放出によってCSFが失活し，減数分裂が再開される．減数分裂完了後，雌雄の前核の合体が起こり受精が成立する．

受精には精子の先体反応が必要である．先体反応では精子先端部の先体が壊れ，その内部の卵細胞膜と融合できる精子の細胞膜が露出する．カエル精子の先体反応は卵ゼリー層の最内層で起こる．そこに先体反応に必要なCaイオンなどと先体反応誘起物質が含まれているからである．子宮内のゼリー層は多量の塩分を含んでいて精子は進入できないが，卵が水中に放出されると，産卵直後のゼリー層は膨潤しはじめ1〜2分後には塩類は拡散してCa濃度は1〜5 mMに薄くなる．この濃度が最適濃度で受精のチャンスである．さらに時間が経つとCa濃度は0.1 mM以下になり受精できない．カエルが水中で産卵する必要性はここにある．

先体反応後，精子が卵内に入ると，細胞質から放出されるCaイオンによってタンパク質分解酸素が活性化される．この酵素によるサイクリンBの分解でCSFが失活し減数分裂が再開され，その完了によって卵内で待機していた雄性前核と合体できるようになり受精が成立する．

ヒトの受精

ヒト（哺乳類も）の射精された精子には受精能力がない．射出精子は女性生殖器

官内に入ってはじめて受精能力を獲得（受精能獲得）し，さらに先体反応を行って卵を包む膜を通過することができるようになり，受精する．このような精子の受精能力にかかわる課題が，長い間，体外受精や試験管内人工授精ができなかった理由である．

　射出精子は女性生殖器官（膣，子宮，輸卵管）を通過中に受精能を獲得するが，精子を輸卵管の抽出液や分泌液に入れてやれば，受精するようになる．この時，精子に重要な変化が起こることが知られている．

　男性の精子は精巣から副精巣を経て精管（輸精管）を通過中に分泌物の糖タンパク質に包まれて反応性を失い，受精に不可欠な先体反応などを起こすことができなくなる．この糖タンパク質は受精抑制因子あるいは受精能破壊因子と呼ばれている．さらに，精子の先体に含まれるアクロシンと呼ばれるタンパク質分解酵素（ほとんどはプロアクロシンと呼ばれる前躯体で不活性である．10％程度がアクロシンになっている）は，輸精管内でアクロシン－アクロシンインヒビターという複合体

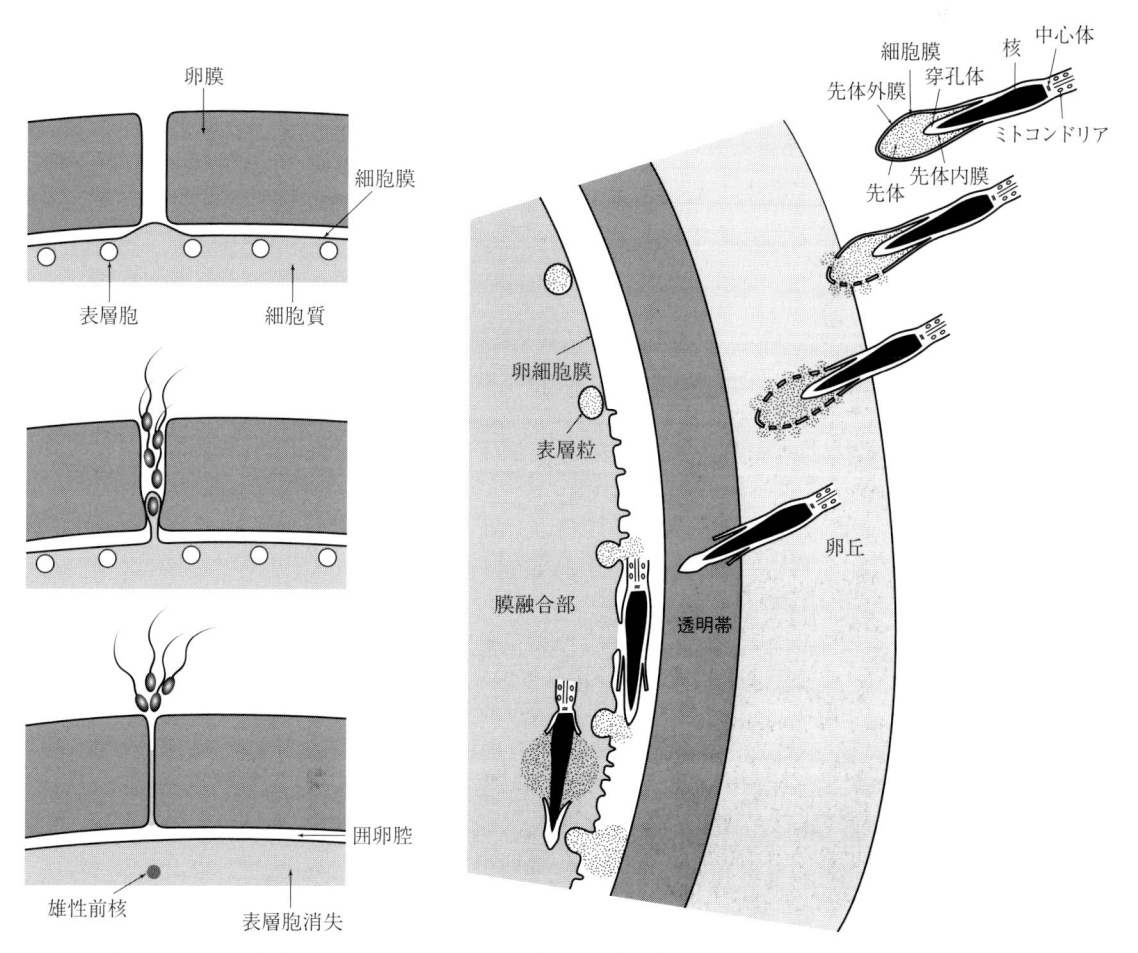

図 8.3 サケの受精概念図　　　　　　　　　**図 8.4** 哺乳類の受精のプロセス（石原，1998bを改変）

が形成され，不活性な形に変えられる．こうして射出精子は完全に受精能力のない状態にされる．これを脱受精能という．この精子が女性の生殖器官の中で受精できる状態に変えられる過程を精子の受精能獲得という（図8.2下）．

　受精能獲得の生化学的な本質は何だろう．精子は精嚢の分泌物（精子の栄養物）と前立腺の分泌物（アルカリ性の精子活性化物質）に浮遊した形（精液）で射出される．精液は弱アルカリ性（pH 7.2〜7.6）で，精子の活動に重要な役割をもっている．

　精液が射出される女性の膣内は酸性（pH 3.5〜4）である．射出された精子はpH 3.5付近の酸性で被膜（受精抑制物質）が除去され，アクロシン-アクロシンインヒビターの複合体は分離され活性のあるアクロシンになる．さらに，精液によって中和され，pHが5.3くらいになるとプロアクロシンが分解されて活性のあるアクロシンに変化する．さらに中和が進んでpHが中性付近になると精子は活発に運動できるようになる（精子はpH 6以下ではあまり運動性がない）．このような精子の被膜の除去とアクロシンの活性化と運動性の獲得が受精能獲得であり，これによって精子は卵と出会って先体反応を起こすことができるようになる．

　精子の先端には先体がある．その中にヒアロウロニダーゼとアクロシンという酵素がある．受精能を獲得した精子は卵に近づくと，先体の先端部にCaが結合し，先体膜の膜透過性が変化して外液が進入し，先体は膨潤してところどころに孔があいて次第に膜が破れる．これを胞状化というが，その結果，先体内のヒアロウロニダーゼが外に放出され先体膜は消失する．先体内膜に局在するアクロシンが露出することにもなる．このような精子の変化を先体反応という（図8.2下）．

　卵は透明帯と呼ばれるタンパク質性の卵膜に包まれ，その外側をヒアロウロン酸の基質に埋もれた濾胞細胞に囲まれた形（卵丘と呼ばれる）で排卵される．この卵が精子と出会うと，まず，精子は先体反応を起こし，ヒアロウロニダーゼによってヒアロウロン酸の基質が溶かされ（卵丘崩壊），卵の透明帯が露出することになり，先体反応を起こした精子先端のアクロシンというタンパク質分解酵素によって透明帯が溶かされ，精子の通路ができる．

　卵に接着した精子は卵に横付けになり，精子側面の細胞膜と卵の細胞膜が自動的に融合し，精子核などが卵内に取り込まれる．これによって卵細胞質は活性化され，卵核は減数分裂を再開し核相nの雌性前核となり，精子核は膨潤して雄性前核になり，やがて合体して受精が成立する（図8.4）．

　しかし，最近哺乳類の受精の研究は飛躍的に発展し，ノックアウトマウスなどを使っての研究（巻末の用語解説参照）では，受精でのアクロシンやヒアロウロニダーゼの必要性が定着していない．もう少し研究が進み，定着した結果が得られるまで，研究の推移を見守りたい．

Tea Time

ヒトの受精と精子数

哺乳類では，交尾の際に射出される精子の数はラット，マウス，ウサギなどでは5000万〜6000万程度であるが，ヒトでは1億〜3億，ウシで30億，ブタでは80億といわれている．ところが，どの動物でも，受精部位である輸卵管膨大部に達する精子数は200〜500程度である．男性の不妊症の1つに精子数の問題がある．ヒトでは，射出精子数が1 ml 当たり2000万個以上であれば受精可能であるが，それ以下では受精できないとされている．輸卵管膨大部に達する精子数が少ないためである．人工的（実験的）には1つの卵に1つの受精能を獲得した精子を注入すれば受精可能であるのに不思議である．

これは射出精子の中には運動性のない精子，異常精子や受精能獲得が不十分な精子が含まれているためと考えられる．また卵と精子の出会いの時間的制約もある．ヒトの精子の受精能獲得には，実験的に5時間から30時間必要であることが知られ，また射出精子が膣から輸卵管膨大部に達する時間は30分から1時間であり，しかも精子の受精能は24時間から長くても4日と考えられている．これに対して，卵の生存期間は24時間以内で，通常排卵後12時間以内で受精することが知られている．

このような精子と卵の違いを解決し，受精のチャンスを高めるしくみが女性の輸卵管に備えられている．排卵される卵を待つために，輸卵管の膨大部に精子の貯蔵部（待機部位）があるのである．従って，卵を待っている精子は，健全に生存する，選ばれた精鋭であるといえる．

第9講

多 精 拒 否

─テーマ─
◆ 速い多精拒否はどうして起こるか
◆ 動物による多精拒否の違い
◆ 生理的多精の場合の正常受精

単精受精における多精拒否

　受精は卵と精子の合体によって，1つの雌性前核（減数分裂を完了した卵の核）と1つの雄性前核（卵の中で活性化され膨潤した精子の核）が合体し，母系の遺伝子と父系の遺伝子が子孫に伝えられる．そのために環形動物，棘皮動物，硬骨魚類，無尾両生類，哺乳類などでは1つの卵に侵入する精子の数は1つに限られている．1つの卵に何千もの精子が押し寄せても，1つの精子しか卵に入れないように特殊な機構がはたらく．このような受精を単精受精といい，2つ以上の精子の侵入を防ぐ機構を多精拒否機構という．

　ウニでは1 mlに100万の濃い精子液に1つの卵を入れても1つの精子しか入れない．ウニの卵は1秒以内に成立する電気的な速い不完全多精拒否と，1分を要して成立する遅い完全な多精拒否の2つの機構がある．

　ウニでは，受精すると，受精膜が形成されるので受精の成否を判別することができる．ウニの未受精卵に電極を入れ膜電位を測ると，$-60 \sim -80$ mVの電位をもっているが，精子を加えると，3～30秒以内に活動電位と呼ぶ脱分極（電位が＋に逆転）が起こり，電位は$+5 \sim +10$ mVに上がる．これは精子進入の刺激で膜透過性が変化しNaイオンが卵内に流入するためである．精子を加えて膜電位が0 mVを超えて＋になった卵では多精になることはない．-20 mV以下にしか達しなかった卵では，時には第二の精子が入り多精がみられる．逆に人工的に＋5 mVの電位を与えた未受精卵では，精子を与えても受精は成立せず，人工的電位を-10 mV以下に下げると受精し，受精膜形成が起こる（図9.1）．つまり，膜電位が＋になることが精子の侵入を防いでいる．精子を加えてから卵に到達するまでの時間を考えると，最初に卵に到達した精子が極めて短い時間の間に卵の全表面に膜電位の変化を

起こさせ，2番目以降の精子の侵入を防いでいることがわかる．

これは電気的な速い多精拒否といわれているが，不完全である．精子に起こる電位の変化が少なかったり，1番目と2番目の精子進入の時間的な差が少なかったりすると，多精になる．これに続いてさらに，完全で酵素的な遅い多精拒否機構がはたらく．精子を加えてから1分くらいかかって成立する．遅い多精拒否は卵の細胞膜直下にある表層粒の崩壊に起因するものである．

ウニの卵は細胞膜に包まれ，それと密着して卵膜があり，その外側にゼリー層がある（図8.1）．受精の際には，卵細胞膜と精子細胞膜が融合して精子核が卵内に入ると，その刺激で卵内の小胞体がCaイオンを放出し，これが表層粒を崩壊させる．表層粒の含有物は卵外に出たり，卵膜と卵細胞膜の間に出て囲卵腔の形成にはたらき，あるいは受精膜の形成にあずかる．表層粒は，いくつかの酵素や卵膜に付着し受精膜を形成するタンパク質などを含んでいる．

はじめの精子の進入によって表層粒から出るプロテアーゼ（タンパク質分解酵素）という酵素は卵膜と精子の結合を切断し，卵内に入った1つの精子以外の精子を分離する．表層粒から出るペルオキシダーゼという酵素は受精膜形成に関与する膜構

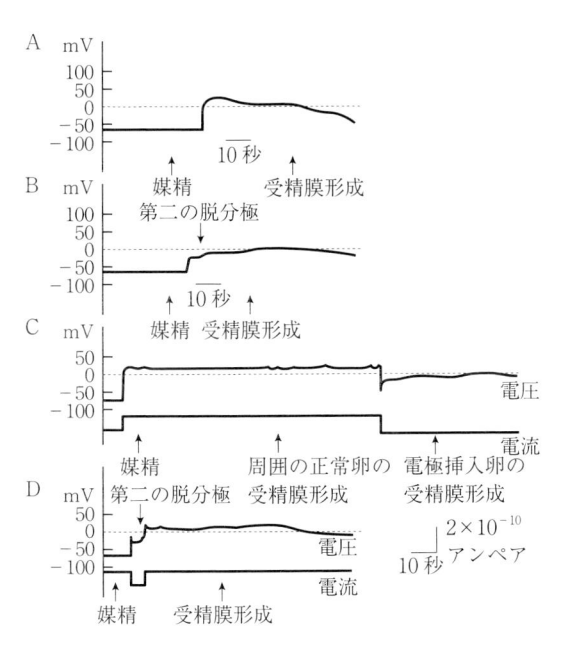

図9.1 ウニ卵受精時の活動電位の変化（Jaffe, 1976 より）
A：媒精後15秒ぐらいで短時間のうちに$-70\,\mathrm{mV}$から$+10\,\mathrm{mV}$まで脱分極が起こり単精となる．B：脱分極が0に達しないほど小さいと第二の精子が入り，多精となる．C：逆に卵に電流を流して$+10\,\mathrm{mV}$の電圧を与えておくと，精子は入らず，電流を切ると精子が入る．D：逆に精子が入った後でも電圧を下げると再び精子が入り，多精となる．

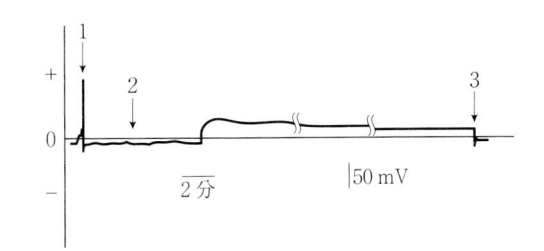

図9.2 ヒキガエル卵の受精電位（Iwao, et al., 1981 より）
1：電極挿入，2：媒精，3：電極除去．

成タンパク質のチロシン残基間の架橋により,受精膜の膜タンパク質を硬化させる.こうして卵膜が卵から離れて受精膜が形成されると囲卵腔に海水が進入して,卵から同心円的に離れた受精膜が形成される.つまり,精子侵入後1分以上経つと,化学的変化によって精子侵入の不可能な硬い受精膜が形成され,同時に卵と精子の結合も切断され,物理的にも2番目以降の精子は完全に卵外に疎外される.これが遅い完全多精拒否機構である.

　カエルの場合には,基本的にはウニと同じであるが,少し様子が違う.ヒョウガエルでは,未受精卵の膜電位は$-28\,\mathrm{mV}$で,受精の際に1秒以内に$+8\,\mathrm{mV}$まで電位が上がり,次いでゆっくりと$+17\,\mathrm{mV}$に達し,21分間持続する.この電位の上昇によって多精は起きなくなるから,時間はかかるがウニと同様に,膜電位の上昇が多精拒否機構としてはたらいている.この現象はツメガエルやヒキガエルでも同じである(図9.2).しかし,カエルの場合には,受精に際して精子の進入点から同心円的に伝わるCaイオンの増加が起こるが,これに対応して,やはり同心円的に卵細胞膜上のClチャネルが解放され,Clイオンの透過性が高くなる.そのために,淡水中のカエルの卵ではNaイオンが流入するのではなく,卵内のClイオンが卵外に流出することが膜電位を上昇させる原因となる.また,カエルの場合にも,表層粒崩壊に伴って起こる受精膜形成によって,遅い完全多精拒否機構がはたらくことが知られている.

　魚類では前述したように,卵の卵門は1個の精子が通れる程度の小さな孔で,1つの精子が入ると,卵膜の膨潤によって卵門はさらに小さくなり,表層胞の崩壊によって卵膜と細胞膜の間に表層胞物質が放出され囲卵腔が形成される.さらに,卵門に突出した細胞質突起は卵門に栓をした形でとり残されるので,2番目以降の精子は入れなくなる.つまり,魚類の多精拒否は卵門の物理的変化によって行われている(図8.3).

　哺乳類(ヒトを含む)の卵膜は透明帯と呼ばれるタンパク性の厚い膜である.哺乳類では,他の動物と同様に,最初の精子と卵との膜融合がはじまると,卵表層の表層粒の崩壊がはじまる.表層粒の崩壊によって放出される物質の中にプロテアーゼとペルオキシダーゼという酵素がある.プロテアーゼは卵を包む透明帯の精子受容体を切断し,精子が透明帯に結合できなくなる.一方,ペルオキシダーゼはウニ卵の場合と同様に,透明帯を硬化させ物理的に精子を貫入できなくしてしまう.透明帯のこの変化は透明帯反応と呼ばれ,実験的には表層粒崩壊後10〜20分以内に精子は卵に貫入できなくなる.卵細胞膜も徐々に変化して40分後には完全に精子が入れなくなるが,自然状態では,卵に到達した精子はゆっくりした運動で卵細胞に接近するので,10〜20分程度の透明帯反応で十分に多精を拒否できるものと考えられる.

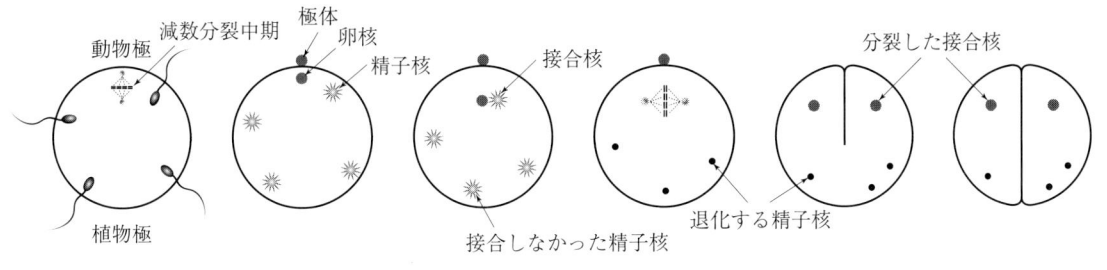

図9.3 4つの精子が入ったイモリの卵内での核の行動（岩尾，1989を改変）

生理的多精

　昆虫類，軟骨魚類，有尾両生類，鳥類などでは，受精の際，1つの卵に多数の精子が入る現象がみられ，生理的多精と呼ばれる．多精の場合でも，卵の雌性前核と合体するのは1つの精子に由来する雄性前核だけで，他の精子由来の核は退化する．このような多精受精をする動物では，卵細胞膜は多精拒否機構をもっておらず，卵に進入したすべての精子核は膨潤して雄性前核を形成し，中心体も発達して星状体を形成するが，雌性前核と合体した前核以外の中心体が複製されることなく，雄性前核と共に退化する．従って，生理的多精になる動物の多精拒否は細胞内で行われる．

　この機構の解明はまだ確立されておらず，いくつかの仮説があるが，卵の切断実験などから，雌雄の前核が合体した接合核ができる動物極側に，分裂期を誘導するMPFなどの細胞周期を維持する活性化因子が局在すると考えられ，この接合核から他の精子核の発達を抑制する因子が出ると考えられる（図9.3）．退化する精子核はDNase（DNA分解酵素）やプロテアーゼ（タンパク質分解酵素）などの攻撃を受けるのであろうが，このような退化のしくみもわかっていない．

=========== Tea Time ===========

受精した精子の役割

　卵内に入った精子の成分の中で最も重要なものは核と中心体である．核は父系の遺伝子を伝えるために必要であることは当然であるが，精子の中心体は雌雄の前核の合体のために必要であるだけでなく，受精に続く細胞分裂の星状体や紡錘体の形成に欠かせない．

　精子の中心体は卵の中に入ると星状体をつくり，それが伸びて卵の前核に接着してこれを引き寄せ，卵の中央部で卵の雌性前核と精子の雄性前核とを合体させる．こうして真の受精に成功すると，中心体は複製されて2つになり中心体と紡錘体を

つくり，卵を2つに分け2細胞期の胚になる．しかし，もし2つの精子が1つの卵に入り多精になると，2つの中心体が複製され4つの中心体ができ，卵は一度に4つに分かれて，いきなり4細胞期の胚になる．これに続く分裂は不規則になり，胚は死滅する．また星状体は分裂の位置を決めるのにも重要である（図11.4）．

　前述した単為生殖の場合には，精子なしで卵だけが刺激を与えられて発生するものである．確かに多くの無脊椎動物やいくつかの脊椎動物は精子の関与なしに発生するが，哺乳類の場合には，それほど簡単でない．マウスの卵を人工刺激で活性化すると第二極体の形成が抑制される．この卵は発生して，ある程度の器官形成までは進むが発生は続かない．妊娠期の約半分の10日か11日目には死んでしまう．この事実は雌雄の核の重要性を示している．

第10講

卵 の 極 性

テーマ
- ◆ 未受精卵に極性があるか
- ◆ 極性はどうしてできるか
- ◆ 卵の動植物極性は発生に影響するか

動植物極性

極性とはからだ全体（図26.1参照），あるいは細胞，卵にみられる方向性をもった連続的な量的・質的な変化で，方向性のある勾配とも表現される．精子には頭，尾があり，運動方向があるので当然極性をもっているが，この方向性がどうしてできるかは明確でないので，ここでは卵の極性について述べる．

動物の卵は完全な球形，点対称の回転体にみえる．しかし，卵原細胞の時期はそうであっても，成熟した卵は点対称性がくずれ，動物極，植物極があり，それを結ぶ動植物極軸（卵軸）に対して放射相称（線対称）になっている．動物極側にはタンパク質などの多い無構造の細胞質が集まり，植物極側には脂質などの多い卵黄物質が集まっている．この卵が受精し，発生が進むにつれて左右相称になり，頭尾，前後（背腹），左右の3つの方向性＝極性をもつが，高等動物になると，特に体内の左右相称性が逆にくずれてしまう．

カエルの卵は色素が多く卵表に色がついているので，動物極，植物極がよくわかる．卵表の半分くらいの黒い部分の中心が動物極で，残りの白い部分の中心が植物極である（図10.1）．動物極側には細胞質が多く，活発な活動がみられ，植物極側には栄養となる卵黄が多いことからこの名がついた．動物極と植物極とを結ぶ線が動植物極軸＝卵軸である．この動植物極軸の方向に沿って，動物極に近いほど物質代謝が盛んで植物極に近いほど低調である．卵軸に沿って物質の量的・質的な分布の違いや活性の差がみられる．このような勾配ともいえるものを極性，卵では動植物極性という．

発生が進むと，一般に動物極側が頭部になり，植物極側が尾部になる．このように，卵の時期に動植物極性ができており，卵の構成成分はこの極性に沿って規則正

54　第10講　卵 の 極 性

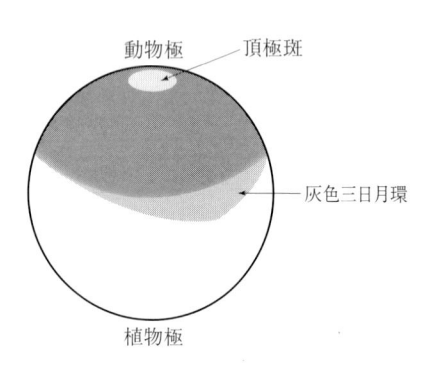

図10.1　アフリカツメガエルの受精卵

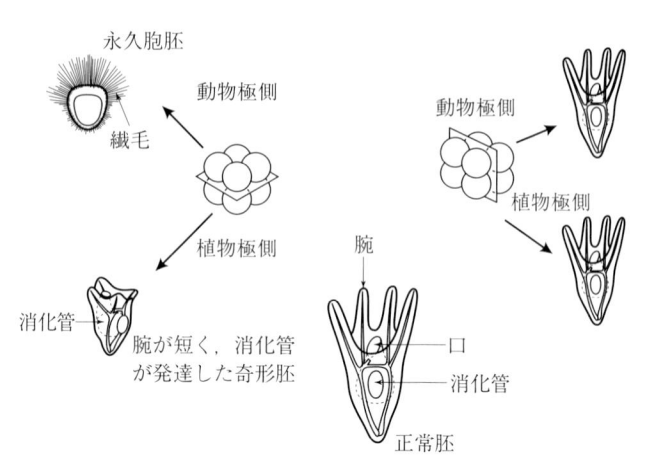

図10.2　ウニの8細胞期の胚を二分した場合の胚の発生
右側：左右に二分した場合は，小さいが細胞数1/2の2匹の正常胚になる．
左側：動物極側と植物極側を二分するように上下に二分した場合には動物極側は永久胞胚になり，これ以上発生は進まない．植物極側は消化管が発達した奇形胚になる．

しく配置され，後でできるからだの頭部→尾部の方向性を決めている．両生類では，実験的に親の肝臓から卵に送られる卵黄の材料になる物質に蛍光色素をつけビデオカメラで観察すると，卵黄物質は濾胞細胞を経て卵内に入り，自動的に植物極側に移動する．逆にタンパク質などは動物極側に移動し，極性に従って分布することが観察されている（図6.4）．あらかじめ卵には卵軸ができていて，母親から卵へ送り込まれた遺伝子産物（RNAやタンパク質）の配置や分布が違うということである．このような母性遺伝子産物の分布の相違はやがて卵の遺伝子の発現に影響を与え，後になってからだの方向性や各部の遺伝子による形・構造・機能の形成を支配することになる．

　ウニの卵では，卵を縦に二分する，あるいは2細胞期に割球を分けると，それぞれ小さいながら完全な幼生になるが，卵を横に二分する，あるいは8細胞期に動物極側と植物極側（上下）に分けると，それぞれ奇形になる（図10.2）．従って，卵の左右は等しく全能性をもつが，動物極側と植物極側は明らかに将来の発生運命が違うのである．

　しかし，例外もある．多くの動物では，細胞質の分布などで動物極，植物極が名づけられ，動物極に極体が放出される．ところが，ホヤなどでは極体が放出される動物極は後で腹側前方になり，植物極は背側後方になる．ショウジョウバエなどの昆虫では，極体は放出されず，卵内にとどまり退化する．昆虫では動物極，植物極の区別はせず，頭部と尾部を前極，後極と呼んでいる．

　魚類の産卵前の卵は，植物極側が卵巣壁に付着し，産卵（排卵）の際，卵巣壁が

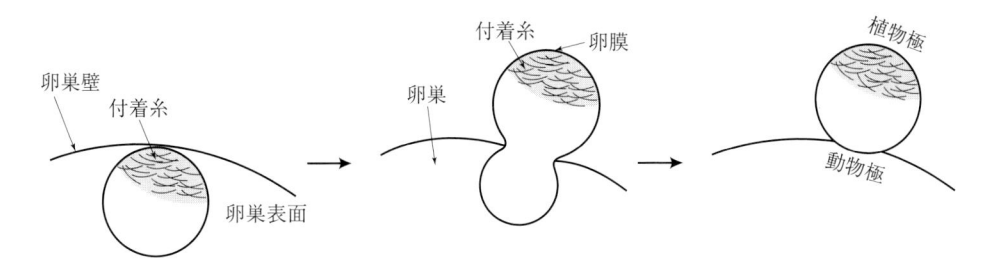

図10.3 メダカの卵巣（断面）において卵が植物極側から排卵される様子

破れて卵の植物極側から卵巣を抜け出る（図10.3）．ウニの卵も植物極が卵巣壁に付着しているといわれる．卵巣内でゼリー物質が分泌され卵のゼリー層を形成し，その動物極にゼリー孔があり未受精卵の動植物極を区別できるが，その因果関係は明らかでない．ナマコでは逆に動物極が卵巣壁に付着している．

卵の極性は後のからだの形成の基盤となるため重要であるが，極性ができてから卵巣に付着するのか，卵巣壁に付着した後から，その方向によって極性ができるのかは明白でない．

両生類では，色素の分布によって動物極側が黒く植物極側が白く，観察しやすいが，卵巣壁と極性との関連はみられない．極性をもつカエルの胚の中で分化する始原生殖細胞にも生殖質の偏りがある．成熟卵では，植物極側の皮層にアクチビン分子やVg1と呼ばれる遺伝子の産物が局在していることが知られ，物質分子の分布からも極性があることは明白である．胚の極性がそのまま子孫の生殖細胞の極性になる可能性がある．しかし，今のところそれを証明できる実験技法はない．

ヒトのような哺乳類の卵では動植物極性は区別されていない．人工的な一卵性双生体の形成をみても，胚盤胞期の胚でも，これを二等分することによって双生体が得られ，この時，二等分の切断面の方向に規則性はないから，極性はかなり遅くなってから決まることになる．

昆虫卵の動植物極性と遺伝子

昆虫の場合には，卵巣内での卵の位置，方向が極性を決定しているようである（図10.4）．ショウジョウバエの卵巣は卵巣小管の束である．卵巣小管には濾胞細胞で囲まれた卵室が一列に並び，その中で卵原細胞が4回の不完全な細胞分裂を行い，細胞間連絡でつながった16個の細胞がある．その中の1つが卵室の後部（基部）に移動し卵母細胞になり，残りの15個は前部に集まって栄養を供給する哺育細胞になる．卵母細胞は細胞間連絡によって哺育細胞から栄養を送られる入り口が前部で，前極といい，後部を後極という．これが動物極，植物極に相当する．受精の際には，精子は卵門を通って前極から入り，前極が将来頭部になり，後極が尾部になる．

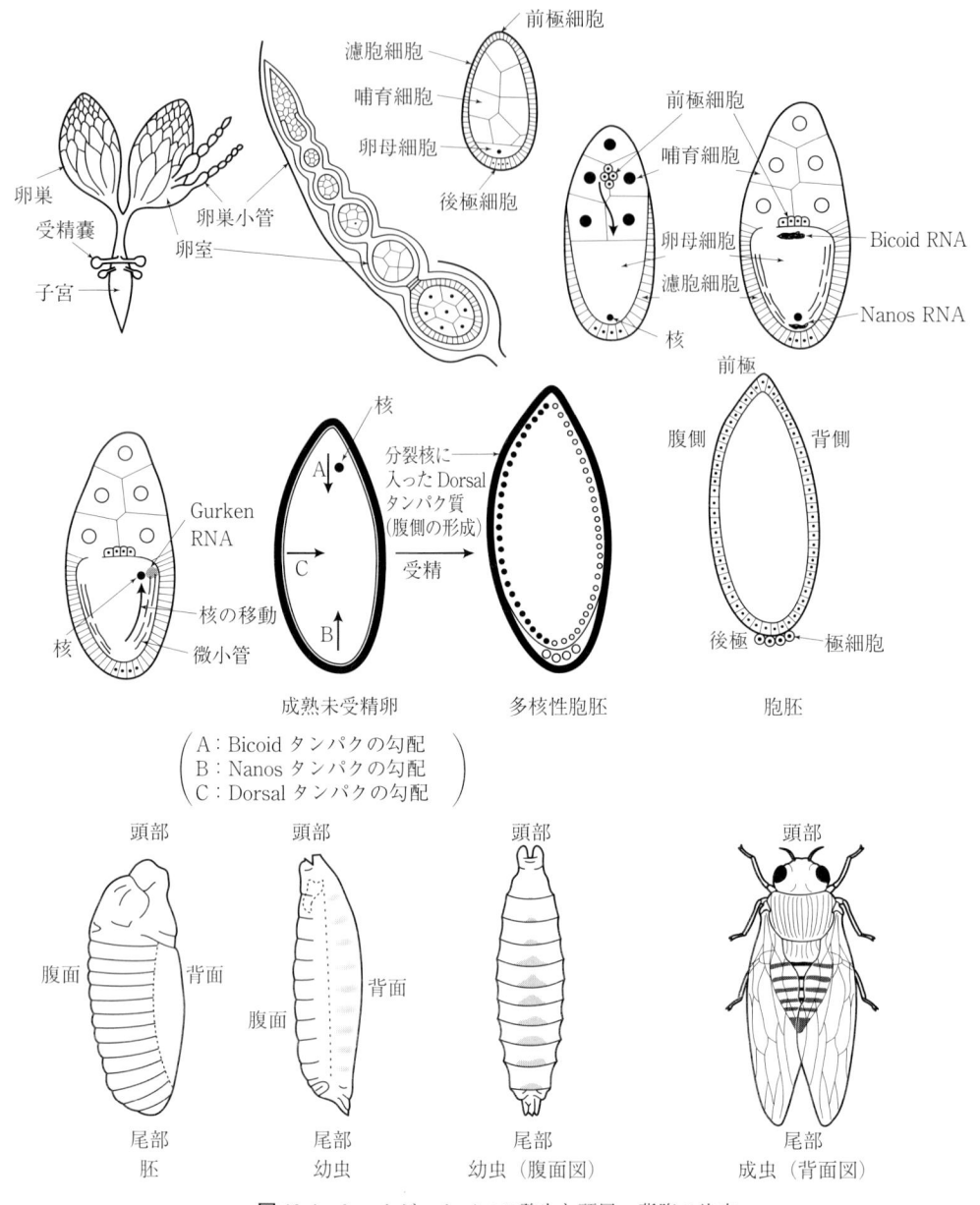

図10.4 ショウジョウバエの発生と頭尾，背腹の決定

　このような細胞の位置関係は母親の遺伝子産物の分布を決定し，極性をつくる．*bicoid*という母性遺伝子の産物であるBicoid RNAは哺育細胞から送られて卵母細胞の前極に入り，そこにある結合タンパク質によってトラップされ，卵の先端部に局在する．一方，*nanos*という母性遺伝子産物のNanos RNAは卵母細胞の前極から入るが，細胞内を通って後部まで移動し，そこにある結合タンパク質に結合して集まり，後極に局在する．これらのRNAは受精後の核分裂の初期に翻訳を開始し，それぞれタンパク質を合成する．その後，タンパク質は卵内に拡散していくが，

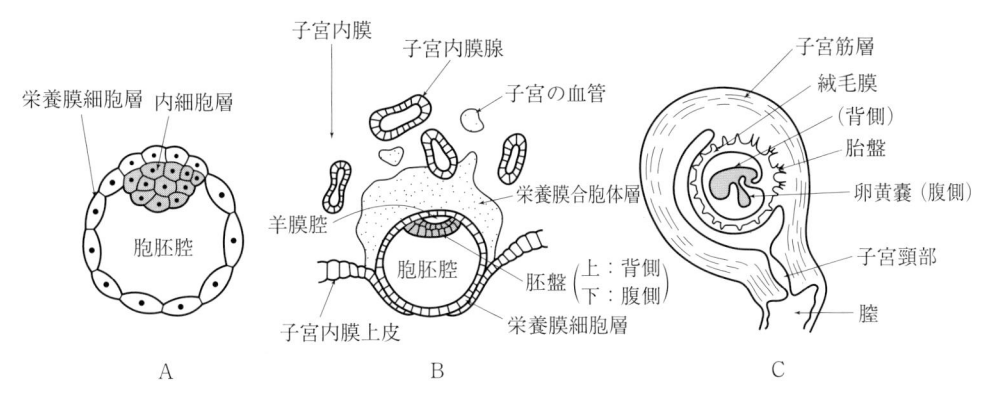

図 10.5 ヒトの胚（胎児）形成と背腹極性の関係
A：受精後 6 日目の胚盤胞期．B：受精後 8 日目の胚の着床直後の胚盤後期．
C：受精後 1 ヶ月の胎児の位置．

Bicoid タンパク質は前極に濃く，後極に向かうにつれて薄くなる勾配を形成する．逆に Nanos タンパク質は後極に濃く，前極に薄い勾配を形成する．このような 2 つのタンパク質の相反する方向の濃度勾配が，将来のすべての遺伝子の連鎖的発現の基盤となる．Bicoid タンパク質の濃いほど頭部構造を，Nanos タンパク質の濃いほど尾部構造を形成する．

このような昆虫の極性の形成は RNA の移動・局在に起因し，結合タンパク質の分布に依存するから，卵母細胞の卵巣小管の中での卵母細胞の位置・方向が極性あるいは結合タンパク質の分布を決定づけている可能性が高い．

背 腹 極 性

鳥類や哺乳類の動植物極性に相当する極性は他の動物と違う．最初にできる極性は背腹極性である．鳥類の卵はいわゆる卵形で，中に球形の卵黄がある．これが卵細胞である．卵黄の表面中央に細胞質があり，卵を長軸を横にして静置すると，卵黄が重いので下になり，中央のわずかな細胞質の部分が上になる．ここで細胞分裂が起こりからだが形成されるので，胚盤と呼ばれる．この上部が背側になり，その反対側の下部卵黄側が腹側になる．頭尾（前後）極性はもっと後になってできる．

鳥類の卵の背腹極性は卵巣の中で決定しており，背側に細胞質が蓄積し，腹側に多量の卵黄が蓄積する．この背腹極性は胚盤の上側と下側の pH の差によって決まるという．胚盤のすぐ上には卵白アルブミンがあり，弱アルカリ（pH 9.5）である．胚盤の下側（卵黄側）は弱酸性（pH 6.5）で，この差が背腹の方向性を決めていると考えられている．

哺乳類も鳥類と同じような考え方をされている．鳥類は基本的には胚盤と卵黄との位置関係が背腹極性を決めているわけであるが，哺乳類では，卵の分裂（卵割）が進んで，胚盤（内細胞層）ができ胚盤胞腔（胞胚腔）が形成される頃（胚盤胞後

期), 胚盤と胚盤胞腔との位置関係が背腹極性を決めているように考えられる（図10.5). 頭尾極性（前後極性）はさらに発生が進んでから決定される. しかし, 受精卵の時期には, 第一卵割, 第二卵割は規則的な細胞分裂であるから, 卵に動植物極性があるようである. この卵割も次第に規則性を失って極性も消滅するようである.

両生類の背腹極性は受精の際の精子の進入部位によって決まる. 受精の際, 精子は卵の動物半球に入る. 未受精卵は動植物極軸を中心とする放射相称の卵であるが, 精子が侵入した部位が腹側になり, その反対側が背側になる. 多精受精をするイモリでも実験的に卵に1つの精子を与えると, 精子侵入部位が腹側になる. これは両生類に特有の表層回転によって起こる. 精子の侵入によって卵の表層が精子侵入側に約30°回転するという特異な現象が起こるのである. この部分は発見者の名にちなんでニューコープセンターと呼ばれる. ニューコープセンターはオーガナイザー

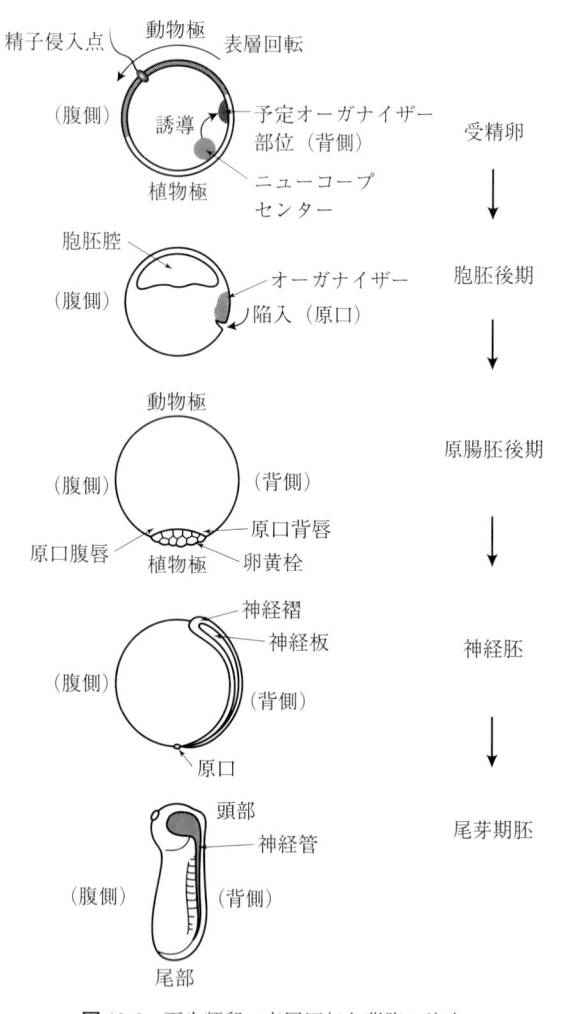

図 10.6 両生類卵の表層回転と背腹の決定

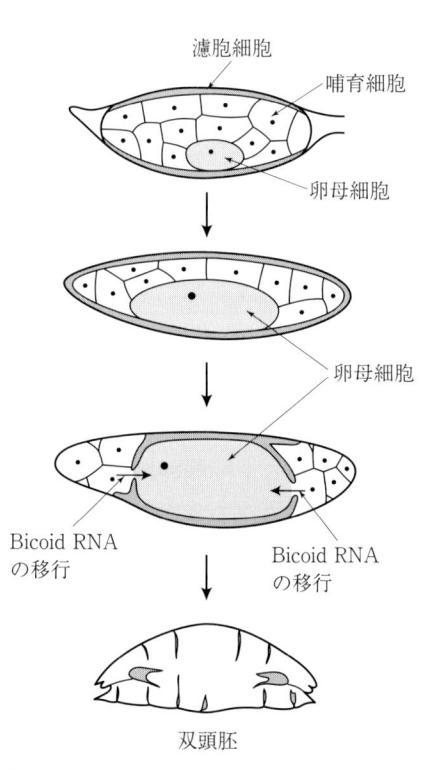

図 10.7 ショウジョウバエの *dicephalic* 遺伝子の欠損による卵母細胞形成と奇形胚形成（Lohs-Schardin, 1982 より）

を誘導する部位である（図10.6）．

　こうして受精と表層回転ではじまる遺伝子発現を誘導するタンパク質活性化の連鎖反応によってニューコープセンターの形成とオーガナイザーの誘導を導くことになり，精子侵入点の反対側を背側にすることによって背腹極性ができる（第15講参照）．

　ショウジョウバエなどの卵は受精前に頭尾軸と背腹軸の両方が決まっている特異な例である．頭尾軸についてはすでに述べたが，背腹軸の決定には卵母細胞の核が重要な役割を果たす．卵母細胞の核は細胞の後部にあるが，細胞周辺の微小管の配列に従って移動する．核が移動して偏ったほうが背側になる．それは母性遺伝子の産物である Gurken RNA が核の周りに集まっており核の移動と共に移動する．移動先で Gurken RNA は Gurken タンパク質を合成し，これが遺伝子発現を阻害する．卵にはやはり母性遺伝子の *dorsal* 遺伝子（背側化遺伝子）の RNA があるが，受精後合成される Dorsal タンパク質は胚が多核細胞になった時，Gurken タンパク質の影響で背側には入れず，腹側の核に入って転写調節因子としてはたらき遺伝子発現を活性化する．*dorsal* 遺伝子は腹側をつくる遺伝子ということができるが，この遺伝子の欠損で腹側も背側化するので，この名がついた．こうしてみると，昆虫の背腹極性の根源は核の偏りということができる（図10.4）．

━━━━━━━━━━━━━━━ **Tea Time** ━━━━━━━━━━━━━━━

ショウジョウバエの頭尾軸の変異

　先に昆虫の極性のところで，卵の先端部に Bicoid RNA が入るから，ここが前極（頭部）になると述べた．それは次のような事実を知れば理解できると思う．

　ショウジョウバエの突然変異で，*dicephalic* という遺伝子の欠損がある．この遺伝子の欠損で双頭胚になる．*dicephalic* 遺伝子が欠損している個体（親）の卵室では，卵形成の際に16個の卵原細胞の中央の細胞が卵母細胞になり，残りの15個の細胞が哺育細胞になる．哺育細胞は卵母細胞の前後に8個と7個あるいは9個と6個というような比で分かれてしまう．その結果，哺育細胞から送られる Bicoid RNA は細胞間橋を通って卵の両端に送られ，その両端で蓄積し，そこで Bicoid タンパク質を合成するから，この胚は両端が頭部になり，腹部，尾部を欠く．ショウジョウバエではいろいろな遺伝子の変異で双頭胚ができることが知られているが，いずれの場合もこのような胚は生き永らえることはできない（図10.7）．このような現象は正しい極性あるいは軸性ができて，その勾配に従った秩序ある個体の形成が必要であることを物語っている．

第11講

卵　割

> ─テーマ─
> ◆ なぜ卵割は必要か
> ◆ 卵割のしくみと特徴
> ◆ 卵割の際の細胞周期

卵割の意義と特徴

　卵が受精すると，それを契機に細胞分裂がはじまる．これを卵割といい，できた細胞を割球と呼ぶ．卵割した卵は胚と呼ばれるようになる．受精卵は単細胞であり，動物極，植物極があって卵の構成成分は均質ではなく，物質成分の分布が場所によって異なっていることはすでに述べた．このような物質成分の違いを仕切りをつくって区分けし，混合しないようにするのが卵割である．

　これを卵の区画化と呼び，隣接する細胞は似通ってはいるが，少しずつ違った細胞が連続的に並ぶことになる．これを極性といい，その重要性はすでに述べた．このように細胞が区画化されることによる細胞間の類似や相違が，発生に伴う細胞分化を可能にする．各細胞の核に含まれる遺伝子は同じであるが，核を取り巻く細胞質の相違は遺伝子発現の相違を導く．それがさまざまな多様性をもつ細胞，組織，器官をつくる不可欠な要因となって，秩序ある機能を営む個体を形成することができる．

　卵割の特徴は周期的な細胞周期と呼ばれる規則性に従って分裂するが，細胞成長を伴わないことである．そのため卵割の度に細胞数は多くなるが，細胞（割球）は小さくなり胚全体の大きさは変わらない．さらに卵割の速度も速い．通常の体細胞は分裂した細胞がもとの大きさに戻る細胞成長に8～24時間もかかるのが普通であるが，細胞成長のない卵割は30～60分程度で進行する．

　体細胞の細胞分裂は細胞周期に従って起こる（図11.1）．繰り返して行われる細胞分裂の1回の時間的経過を細胞周期という．顕微鏡的に核の変化が認められる分裂期と形態的な変化が認められない間期（休止期）に大別される．間期には形態的な変化はみえないが，DNA合成やタンパク合成など主要な生化学的な活動が行わ

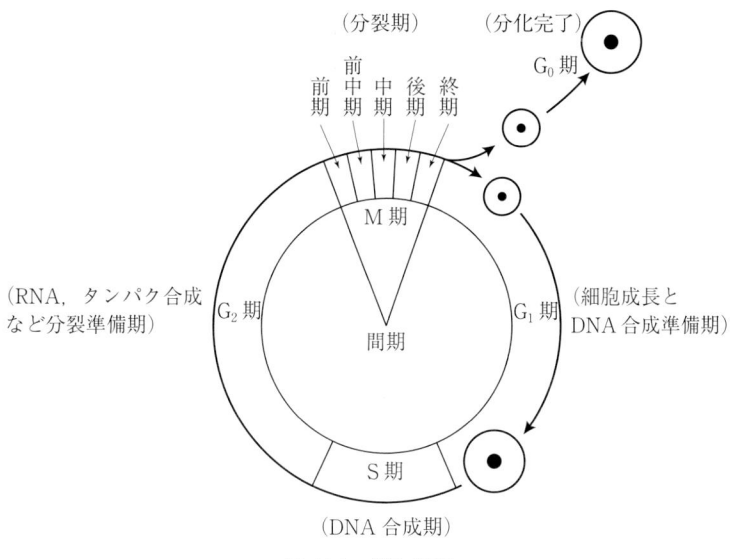

図 11.1 細胞周期

れる重要な時期である．分裂期を M 期と呼ぶ．染色体の挙動によって，前期，前中期，中期，後期，終期などに分けられ，比較的短期間のうちに進む．間期は M 期直後の細胞成長と，DNA 合成の準備を行う G_1 期，DNA 合成を行う S 期，分裂装置などのタンパク質を合成し，分裂の準備をする G_2 期に分けられる．赤血球や神経細胞のように分化してしまって，機能的な変化や細胞分裂が起きなくなった状態を G_0 期と呼び，細胞周期からはずれる．

通常の体細胞分裂では，M 期の後で細胞質成分を合成し，もとの大きさに戻った後で，DNA 合成に必要な酵素タンパクや DNA を安定化するヒストンなどを合成する．次いで DNA を複製・倍加し，さらに分裂装置の微小管タンパクなどを合成した後で細胞分裂を行う M 期に戻るわけであるから，間期は生化学的な活性が極めて高く時間的にも長くかかる．しかし，卵割では，初期の卵割に必要なタンパク質や RNA などは受精する前の卵母細胞の時期に合成され準備されているので，G_1 期や G_2 期はなく，細胞周期は M 期と S 期が主体で時間的に短い．新しいタンパク質を合成するための転写（RNA 合成）・翻訳（タンパク合成）が活発になるのは胞胚中期以降になってからである．

こうして卵割は時間的に能率よく進行し，割球は小さくなるので，形をつくるのに必要な細胞（割球）の移動（形態形成運動）が容易になる．

卵割のしくみ

卵割は，体細胞分裂と同様に，核分裂とそれに続く細胞質分裂によって起こる．その主役を果たすのは微小管や微小繊維などの細胞骨格である．核分裂はチューブ

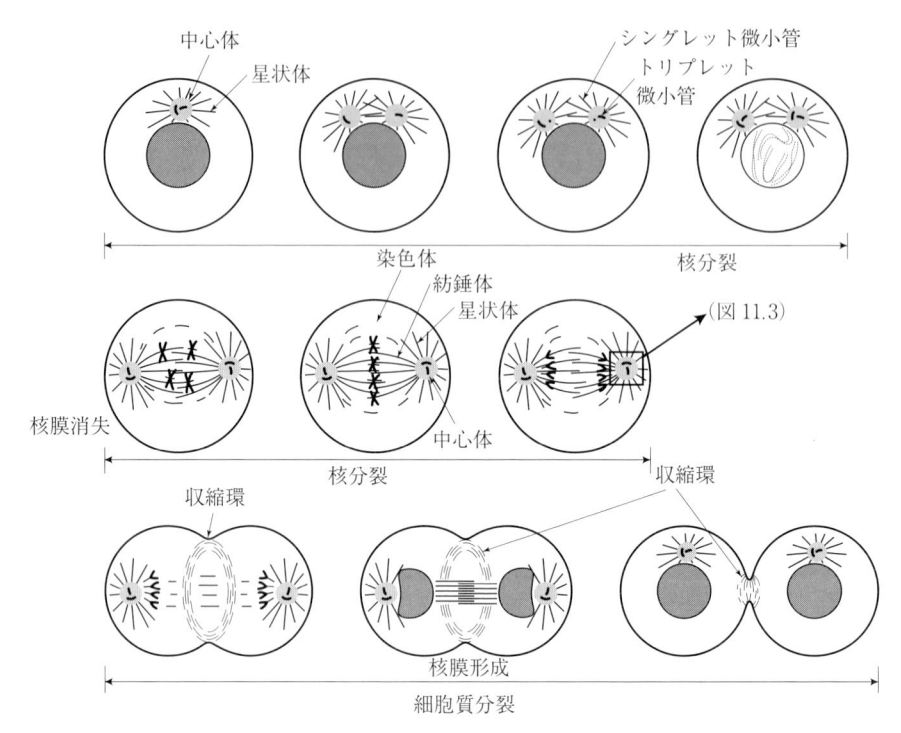

図 11.2 卵割と中心体の行動（石原，1998 b を改変）

リンと呼ばれるタンパク質からなる微小管が主体となり，細胞質分裂はアクチンと呼ばれるタンパク質からなる微小繊維が主体となる（図 11.2；11.3）．

　核分裂は染色体を2つに分ける現象であるが，この時，核の両側に中心体，星状体が発達し，核膜が消えて紡錘体が形成され，濃縮した染色体をはさんで分裂装置が形成される．

　ウニやカエルの卵では，未受精卵を人工的に活性化し，中心体を注入すると，卵割がはじまる．逆に正常な受精後に精子の中心体が発達した星状体を微小注射器で吸い取ってしまうと，卵割は起こらなくなる．これは受精の際に精子によって持ち込まれた中心体が卵割の主体となることを示している．しかし，動物の種によって，あるいは人工賦活の方法によっては，卵自体のもつ中心体が発達して分裂装置を形成し，卵割が起こる場合もある．

　中心体の2つの中心小体（中心粒）は分かれてそれぞれが複製され2つの中心体ができ，接合核の両側に位置し，分裂装置を形成し，核分裂からはじまって細胞質分裂に引き継がれ卵割がはじまる．

　中心体は2つの中心小体が直角にT字型あるいはL字型に位置する微小管の束である．中心体の周辺には微小管形成中心があり，そこから微小管が放射状に伸びる．微小管はα-チューブリンとβ-チューブリンの2種のタンパク質が交互に重合して規則正しく並び13本の繊維が管を形成したもので，1本の微小管をシング

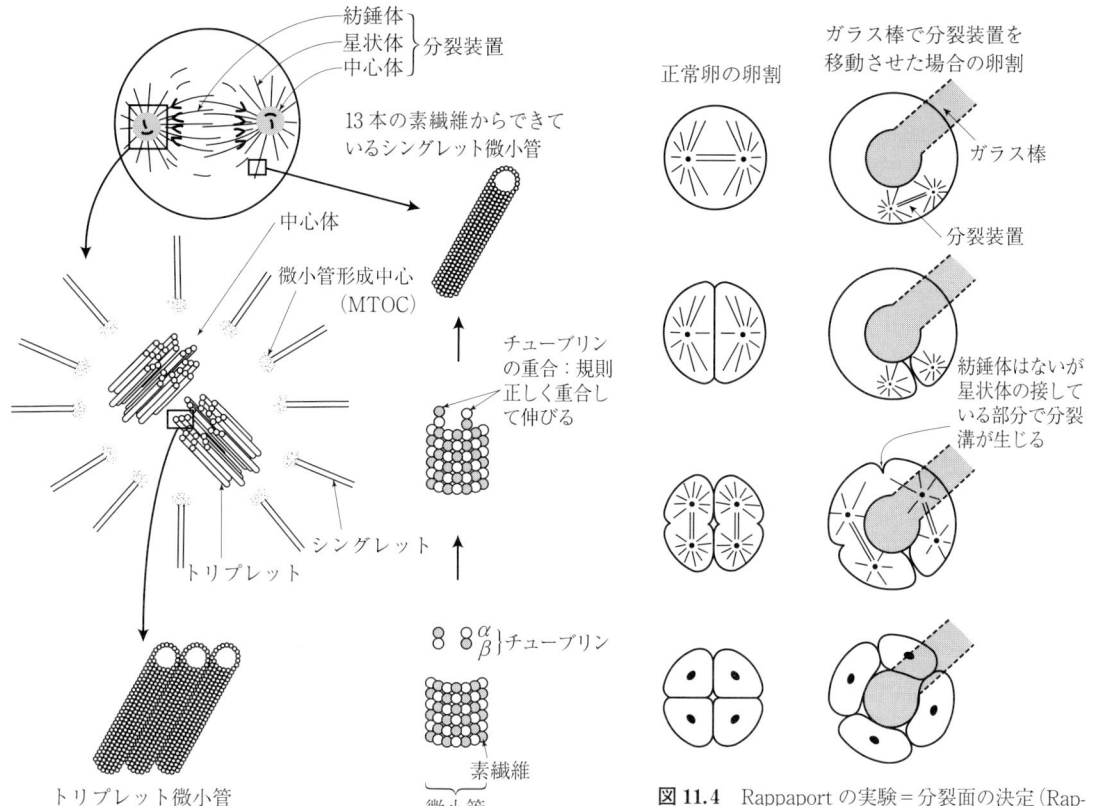

図11.3 分裂装置と微小管（石原，1998bを改変）

図11.4 Rappaportの実験＝分裂面の決定（Rappaport, 1961より）
分裂装置を移動すると分裂の場所が変わる．

レット微小管といい，細胞内の細胞骨格の微小管や星状体糸や紡錘体糸がシングレット微小管である．2本の微小管が束になったものをダブレット微小管といい，繊毛や鞭毛は9本のダブレット微小管が輪状に並び中心に2本のシングレット微小管がある．3本の微小管が束になったものをトリプレット微小管といい（ダブレット，トリプレットの各微小管は完全な13本の素繊維でできていない），中心体は9本のトリプレット微小管が束になって円筒をつくり（中心小体），この1対でできている．微小管の伸長はチューブリンの重合・脱重合によって起こり，これが分裂装置を形成し，染色体を2つに分ける（図11.3）．

染色体が2つに分かれると，今度はアクチン繊維が卵の中央表層に集まって微小繊維の束になる．これを収縮環という．微小繊維は微小管より細い．球形の卵内で，2つの中心体から伸びた星状体糸は卵表層にまで達するが，その中央表層には2つの方向から伸びた星状体糸が重複して分布することになり，分布密度が高い．この部分にCaが集積し，そのために微小管が脱重合を起こして短縮し，逆にその表層ではG-アクチン（顆粒状アクチン）が重合してF-アクチン（繊維状アクチン）になり，さらに伸びて微小繊維になり，束になって収縮環を形成する．収縮環には

筋肉と同様ミオシンも含まれ，その共同作用で微小繊維の間で滑りが生じて，全体として収縮環が収縮して，卵をくびり切る．

これが細胞質分裂である．核分裂では分裂装置が主役となり，分裂の情報を卵表層に伝えてCaの集積のような変化を誘導し，細胞質分裂では収縮環がその主役を担っている．

━━━━━━━━━━━━━━ Tea Time ━━━━━━━━━━━━━━

卵割の位置

卵の卵割の位置，すなわち分裂面はどこであろうか．はじめ核のそばの動物極寄りに位置していた中心体は複製されて2つになり，分かれて動植物極軸に対称的な位置に移動する．そこで分裂装置をつくり分裂するから，第一分裂面は動植物極を通り分裂装置を二分する位置にできる．つまり縦に割れる経割である．第二分裂も動植物極を通り第一分裂面に直角にできる経割である．第三分裂は多くの動物では分裂装置が垂直に位置し，動植物極を二分する横割れの緯割である．

ラパポート（R. Rappaport）は，ウニの受精卵をガラス棒で押して分裂装置を移動させて卵割の様子を観察した（図11.4）．第一卵割は分裂装置が偏った側で紡錘体に直交する面に卵割面ができ，分裂装置がない側では分裂しなかった．しかし，第二卵割では紡錘体に直交する面に卵割面ができると共に，紡錘体がない部分でも，隣り合った分裂装置の両方から星状体糸が伸びて到達している表層に卵割面ができた．この実験から，卵割面の決定には分裂装置の星状体糸の分布密度が高いことが重要で，ここにCaが集まることが微小繊維を重合させ収縮環を形成させることがわかる．分裂装置は核分裂の遂行に重要な役割を果たすだけでなく，その星状体は分裂の情報を卵表層に伝えて収縮環の位置を決定づけることにより卵割面を決めている．Caイオンを人工的に卵に注入すると，その位置にくびれを生ずるという実験もある．

環形動物や軟体動物のらせん卵割では，最初にできる分裂装置が動植物極に対して水平ではなく少し傾いているために，第一卵割面は動植物極軸に対して右か左に傾いてしまう．第二卵割以降の卵割面は常に前の卵割面に対して直交するようにできるために，卵割面は交互に左右に傾いて，結果として，らせん卵割になる．

第12講

卵割と分子制御

> ─テーマ─
> ◆ 卵割の準備
> ◆ 卵割の際のDNAの挙動
> ◆ 卵割に必要なタンパク質

卵割とDNA合成

卵は受精すると卵割がはじまるから，DNAの倍加（複製）が必要である．従って，DNA合成は受精後すぐにはじまる．DNA合成のしくみは基本的には体細胞分裂の場合と同様である．

DNAは二重らせん構造であり，真核生物のDNAは直鎖状である．凝縮した染色体がほどけて直鎖状二重鎖DNAになるが，DNA複製はその末端からはじまるのではなく，二重鎖の途中から複製がはじまる．複製がはじまるDNA部位を複製開始点という．環状DNAをもつ一部のウイルスや原核生物では複製開始点がわかっているが，直鎖状DNAをもつ真核生物ではまだ十分にわかっていない．二重鎖DNAの途中にいくつもの複製開始点があり，それらが同時にあるいは順次に複製をはじめると考えられる．

複製開始点にはDNAヘリカーゼが結合し，部分的に二重鎖をほどいて2本の一本鎖DNAに分ける．この部分は眼や泡のようにみえるので複製眼とか複製泡と呼ばれる．DNAの2本に分かれたところはフォークのようにみえ複製フォークと呼ばれる．この一方の連続的に複製が進むDNA鎖（リーディング鎖）の鋳型には，DNAポリメラーゼが結合し合成が進行する．DNA合成は5′から3′へ，つまり鋳型DNAの3′側から5′側へ進行するので，ほどけた2本のDNA鎖での合成方向は逆になる（図12.1）．ほどけたDNAの3′側から5′側の鋳型DNAはほどけた順にDNA鎖を連続的に合成することができ，新しいDNA鎖をリーディング鎖という．相補的な他方のDNAはほどけた部分（ラギング鎖の鋳型）にはDNAプライマーゼとDNAポリメラーゼが結合し，3′側から5′側に合成し，不連続な短いRNAプライマーとDNA鎖をつくる．このDNA断片をラギング鎖といい，新生された短

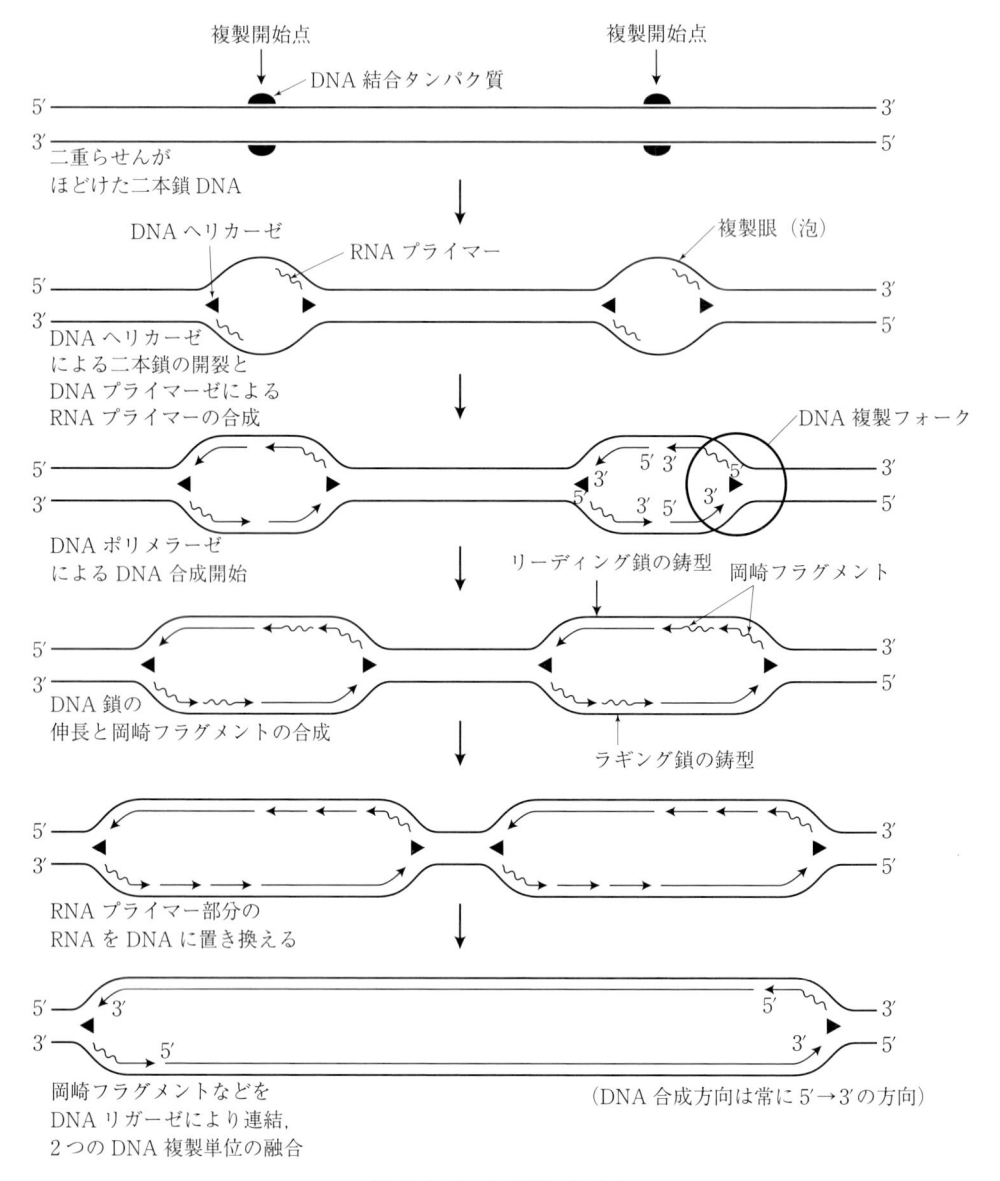

図12.1 DNA複製のしくみ

い断片は発見者の名から岡崎フラグメントという．DNAは順次ほどけてリーディング鎖は連続的に合成されるが，岡崎フラグメントはDNA修復酵素でRNAプライマーをDNAに変え，DNAリガーゼでつなぎ合わせられて長鎖DNAになる．

卵割では細胞周期が短いだけでなく，S期もかなり短い．これは胚の細胞ではDNAの複製眼がたくさんできて同時的に複製されるためである．卵割期が過ぎると，次第に複製は遅くなるが，これは複製眼つまり複製開始点が次第に減少するためと考えられている．

卵割とタンパク合成

　胚のタンパク合成はやや遅れて胞胚中期以降にはじまる．ウニやカエルの受精卵にRNAの合成阻害剤（アクチノマイシンなど）を与えても卵割は正常に行われて胞胚が形成されるが，発生は胞胚で止まって原腸形成は起きない．これは卵割のためのRNAは受精前にすでに合成されて，必要がないためである（図12.2）．しかし，タンパク質の合成阻害剤（ピューロマイシンなど）を与えると，卵割も止まってしまう．これは卵割にはタンパク合成が必要であることを示す．つまり受精後の卵割では，卵内に蓄えられていたRNA（mRNA, rRNA, tRNA）を使って細胞分裂に必要なタンパク質を合成する．

　胞胚以降の発生には新しいRNAやタンパク質が必要で，精子由来のDNAも動員され，新しく合成されたRNAを使ってタンパク質を合成する．胞胚以降では，RNA合成阻害剤でもタンパク質合成阻害剤でも発生は停止する（図12.3）．

いろいろな卵割

　卵の中で細胞質の量や質は部分によって違いがあり，分布の偏りが極性をつくっていることはすでに述べた．このような偏りは動物によって極端に偏っているものや，ゆるやかな偏りのものなど動物種によってさまざまである．その主因は卵黄の偏りであるが，それによって卵割の違いがあり，等黄卵，不等黄卵，端黄卵，中黄卵（心黄卵）などがある．

　卵割の際の分裂装置の材料であるチューブリンタンパク質は卵黄の少ない細胞質に多く，卵割はここで起こる．ウニや哺乳類のように卵黄が少ない等黄卵では，割球の大きさが等しく完全に割れる等割で全割が行われる．両生類の卵は卵黄が多く，しかもかなり偏っているので，全割ではあるが割球の大きさに差ができる不等黄卵

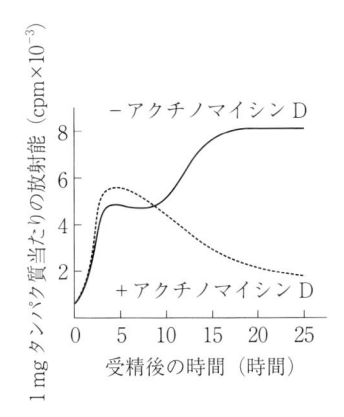

図 12.2　ウニ卵の受精後のタンパク質合成

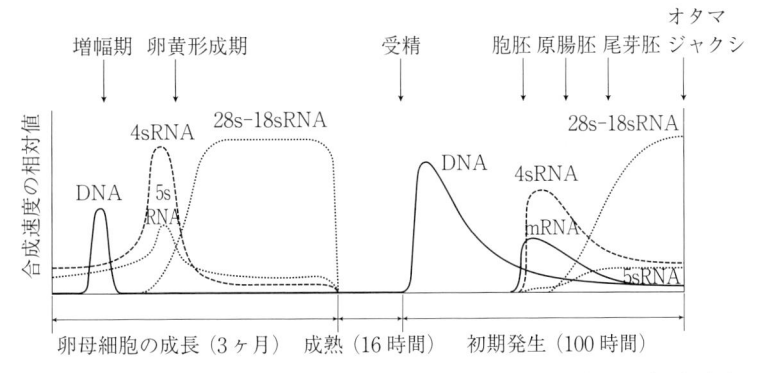

図 12.3　アフリカツメガエルの卵および初期胚における核酸合成（山名清隆, 1979より）

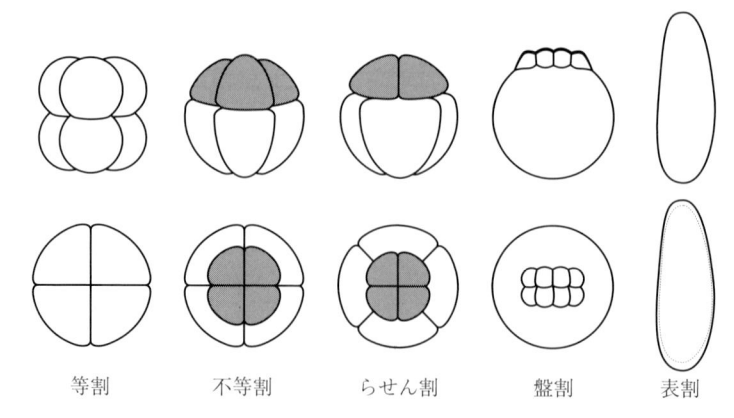

図 12.4　卵割様式の模式図

表 12.1　卵割の様式

卵割の名称	卵割の様式	例
放射卵割	卵割面が動・植物極軸に平行あるいは垂直で，この軸を中心に割球が放射相称に並ぶ	棘皮動物，哺乳類
左右相称卵割	第一卵割面が胚の正中面となり，以後の卵割がこの面に対して左右相称的に行われる	線形動物，原索動物，頭足類
らせん卵割	卵割面が動・植物極軸に垂直にならず，やや斜めになり，これに続く卵割がこの面に垂直に起きる	環形動物，線形動物，多岐腸類，頭足類を除く軟体動物
等全割	大きさの等しい割球が完全に分離するように卵割が行われる	棘皮動物，原索動物，哺乳類
不等全割	卵割によって割球は完全に分離するが，割球の大きさが異なる	環形動物，軟体動物，両生類
盤割	卵割が動物極側の一部（胚盤）で起きる	節足動物，板鰓類，硬骨魚類，爬虫類，鳥類
表割	卵黄が中央にあり，卵割が卵の表層で起きる	甲殻類，クモ類，昆虫類

の不等全割である．魚類や爬虫類や鳥類では卵黄の分布が極端に偏り，細胞質の部分でだけ卵割が起こり，端黄卵で部分割といい，細胞質の部分が少なく盤割と呼ばれる．昆虫類やクモ類の卵では，細胞質は卵の中央部と表層だけにあり，中央部ではじめの核分裂が先行して起こり，核が表層に移動した後で細胞質分裂が起こり，表割と呼ばれる（図 12.4）．

一方では，割球の配列パターンによって，放射卵割，左右相称卵割，らせん卵割などが区別されている．このような割球の配列パターンの違いは分裂装置の位置や方向の違いによって起こる（表 12.1）．

このような卵割の区別は卵割の初期にみられる規則性であって，卵割が進むと，規則性は失われ不規則になる．例えば，ウニでは 16 細胞期から桑実胚期にかけて一時的に不等全割を行う．両生類でも第一，第二卵割は等全割である．ゴカイの卵

のように，はじめはらせん卵割を行い，次第に卵割の同調性を失い左右相称卵割を行うものもある．頭足類を除く軟体動物は一般にらせん卵割で不等割である．巻貝の1種で殻（体）が右巻きのモノアラガイの卵は，卵割もらせん卵割で卵割の方向は右巻きである．左巻きのサカマキガイの卵割は左巻きである．モノアラガイには右巻きと左巻きのものがあり，それらの交配で右巻きが遺伝的に優性である．一般に卵割の位置，方向，順序などは動物種によって一定で，遺伝的に決まっている．

=============== **Tea Time** ===============

らせん卵割の遺伝子

多くの動植物には巻き方の違いが見出されている種があるが，遺伝的な形質の子孫への遺伝は同種間の交配実験によって子孫での発現を調べる必要がある．巻貝の巻き方はらせん卵割の卵割の方向と一致する（右巻きか左巻きかはみる方向によって逆になる）．モノアラガイの多くは右巻きであるが，まれに左巻きの突然変異体がいる．遺伝的には右巻きが優性であるが，その巻き方は雌親つまり卵の形質に強く影響される．形成された卵の核に巻き方の方向を決める一対の遺伝子があって，これが右巻き因子を卵の細胞質に放出し，この因子を含む細胞質が巻き方の方向を決める．例えば，優性の右巻き遺伝子をもつ親の卵が受精すれば，生まれた子の貝はすべて右巻きになり，親が雄であれば右巻き遺伝子をもっていても，精子は細胞質を捨てるから受精しても右巻きにはならない．貝が左巻きになるのは，雌親が右巻き遺伝子をもたない場合に限って，どの精子と受精しても，受精卵は左巻きの貝になる．

その関係は次のような交配で示される（右巻き遺伝子をDで示す）．

親：右巻き雌（卵，DD）×左巻き雄（精子，dd）→ 子はすべて右巻き（Dd）
　　左巻き雌（卵，dd）×右巻き雄（精子，DD）→ 子はすべて左巻き（Dd）
子：右巻き雌（卵，Dd）×左巻き雄（精子，Dd）→ 孫はすべて右巻き（DD＋2Dd＋dd）
　　左巻き雌（卵，Dd）×右巻き雄（精子，Dd）→ 孫はすべて右巻き（DD＋2Dd＋dd）

孫はすべて右巻きとなるが，このddの遺伝子もつ雌が右巻きであっても，この雌が親（卵はdd）になって交配した時，ひ孫は左巻きになる．右巻き，左巻きの子貝を生む親の割合（DD＋2Dd＋dd）は3：1．

第13講

胞胚の形成

―テーマ―
◆ 胞胚の意義
◆ 原腸形成の準備
◆ いろいろな動物の胞胚

胞胚形成

　動物はからだの形をつくるために細胞が移動して変形したり，重なって厚くなったり，広がって薄くなったりしなければならない．そのための必要条件は，細胞数が増加することと細胞の大きさが移動できる程度に小さくなることである．この変化が起きる時期の胚を胞胚というが，胞胚形成は形態形成の準備である．

　受精卵は卵割を繰り返して細胞数を増やし，同時に細胞成長をしないことにより細胞を小さくしている．細胞数が十分に多くなく胚の表面が桑の実のように凸凹した胚を桑実胚といい，細胞数が増えて表面が滑らかになり細胞移動が開始されるまでの胚を胞胚という．しかし，動物の種類によって卵内の卵黄の分布などが異なるために，胞胚の形はさまざまである．

　卵割が進んで8細胞期や16細胞期になると，胚の中央部に細胞間のすきまができる．これを卵割腔あるいは単に割腔と呼んでいるが，卵割が進めば卵割腔は大きくなる．卵割腔には周囲の細胞から分泌物が分泌され，卵割腔の浸透圧が高まり，胚外の水や海水が浸入するために卵割腔が大きくなる原因をつくったり，胚内外のpHの差を生じたりすることで，細胞移動や分化の原因となる．

いろいろな胞胚

　このような，中空で卵割腔をもつ多くの動物の胚を有腔胞胚と呼ぶことがあり，腔腸動物にみられるような胚の内部に細胞がつまっている場合や卵黄が多くて卵割腔が小さい場合などに無腔胞胚と呼ばれることがある．

　昆虫の受精卵は胚の中央で核分裂を行い，核が表層に移動してから細胞ができる表割をするが（前述），卵割腔をつくることはなく，中実であり周縁胞胚と呼ばれ

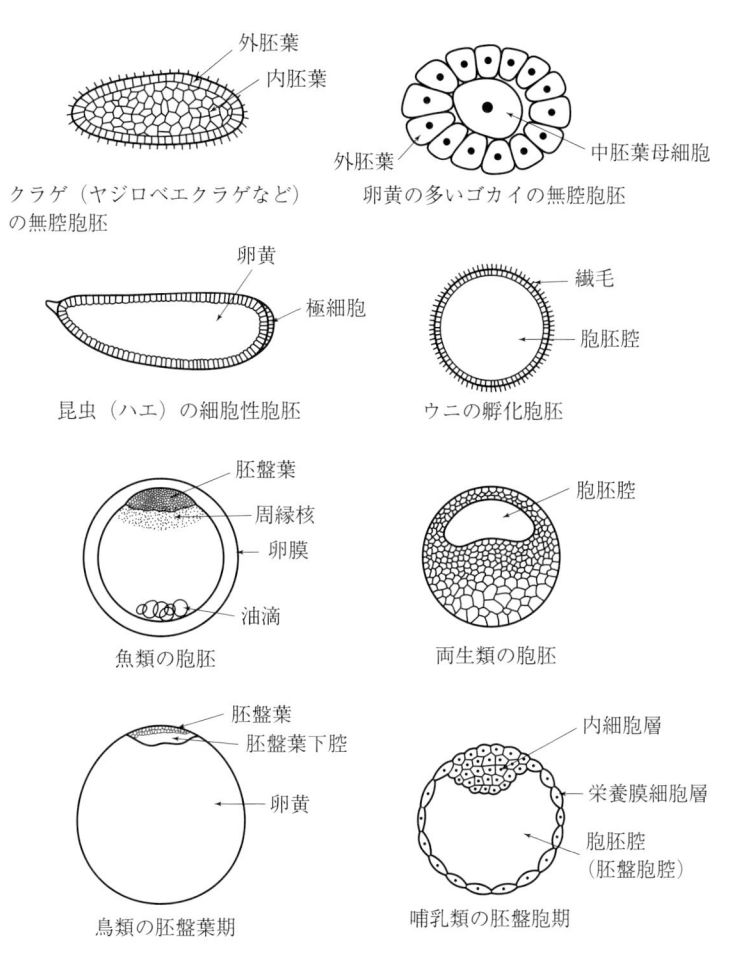

図13.1 いろいろな胞胚

る．胞胚になると，有腔胞胚の卵割腔は胞胚腔と呼ぶ（図13.1）．

　ウニやナメクジウオの胞胚は大きな胞胚腔を取り巻いた1層の細胞層よりなる有腔（中空）胞胚であり，両生類のように全割ではあるが，卵黄が偏っているために動物極寄りに胞胚腔が偏っており，卵割も規則性を失って，細胞は多層である．その極端な場合が端黄卵である魚類や鳥類の胚である．細胞質が動物極に集まって胚盤を形成し，ここで卵割が行われ，この部分を胚盤葉と呼ぶ．胞胚腔は分裂しない卵黄塊と胚盤葉の間にできる．鳥類では胚盤葉と卵黄塊とのすきまを胚盤下腔と呼び，これが広がって胞胚腔となり，盤状胞胚と呼ばれる（後述）．

　ヒトを含む哺乳類では鳥類と似ているが，普通，胞胚とは呼ばない．ヒトの卵は輸卵管の先端で受精して，4〜5日で輸卵管を通過して子宮に達する．その間に，輸卵管通過中の透明帯の中で卵割が進み，はじめは割球がゆるく結合し細胞塊になって桑実胚まで卵割が進み，やがて内部の細胞群が一方に偏り，内細胞塊と栄養膜細胞層（栄養芽層）に分かれ，その間にすきまができる．このすきまが胞胚腔で

あり，この時期を胚盤胞期と呼び胞胚期に相当する．内細胞塊が将来からだをつくる部分で，栄養膜細胞層は絨毛膜の形成に関与し，子宮に着床して母体からの栄養の摂取に役立つ．

中期胞胚遷移

第12講の中の卵割とタンパク合成の項で，胞胚以降では，RNA合成を阻害しても，タンパク合成を阻害しても発生は止まってしまい，次の原腸形成へと進まないと述べた．胞胚以前の卵割では，卵母細胞の時期につくられた母系RNA（貯蔵RNA）を使って卵割に必要なアクチンやチューブリンなどのタンパク合成が行われ，あるいはあらかじめ貯蔵されているが，中期胞胚になると，精子由来の父系遺伝子の発現が必要になり，新たにRNAを合成（転写）して新しいタンパク合成（翻訳）が起こる．この時期には細胞の反応性も増して細胞の運動性も高まる．特に両生類では，12回の卵割以降に細胞周期の同調性が失われて，中期胞胚に入ることから，この時期の画期的な変化を中期胞胚遷移（MBT, mid blastula transition）と呼ばれるようになった．すべての動物で中期胞胚に細胞周期の同調性が失われるとは限らないが，多くの動物で胞胚中期に遺伝子の転写活性が高まることは共通して起こる現象として知られている．

ではどうして卵母細胞が合成したRNAが受精までタンパク合成に利用されずに不活性のままでいるのか，どうして活性化されるのか，中期胞胚になると，どうして急に新しいRNA合成が開始されるのであろうか．前者（受精の際のタンパク合成の活性化）は翻訳調節のレベルであり，後者（胞胚中期のRNA合成の開始）は転写調節のレベルである．RNAの有無の差があるから調節レベルが違うのである．DNAから転写，翻訳のプロセスとその調節レベルを模式的に示すと次のようになる．

DNA → mRNA前駆体 → 完成mRNA → mRNA → タンパク質 → 活性タンパク質
↑ ↑ ↑ ↑ ↑
転写調節　RNAプロセシング　RNA輸送調節　翻訳調節　活性調節

この中で主要な調節ポイントは転写調節と翻訳調節である．さまざまな現象が観察されているが，いろいろなタイプの抑制と活性化があると考えられる（図13.2）．

受精の際の翻訳調節として，動物種によっても異なるが，いくつかの原因が考えられている．mRNAにタンパク質が結合して複合体を形成し，リボソームが結合できない．この結合タンパク質がはずれてタンパク合成ができるようになる．受精の際のNaの流入，リン酸化の開始，pHの上昇などが原因である（ウニ）．卵母細胞のサイクリンAなどのmRNAが不活性の状態にあり，受精で活性化される．受精で結合タンパク質がリン酸化されmRNAから離れることによる（バカガイ）．

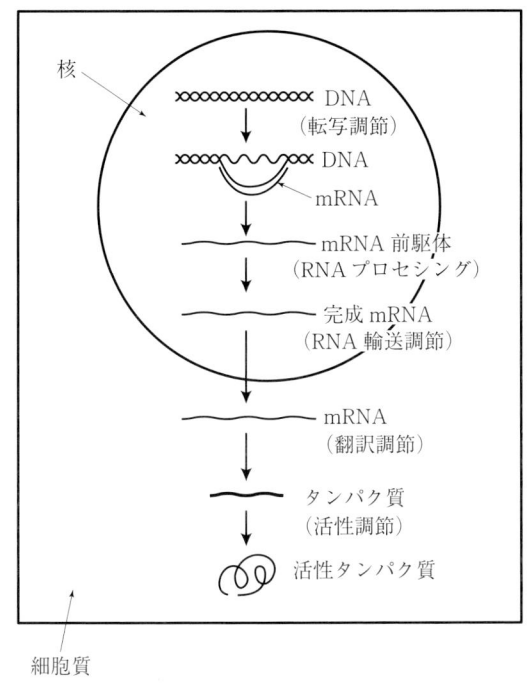

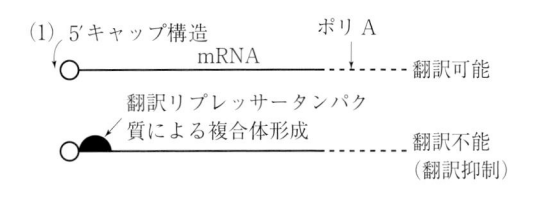

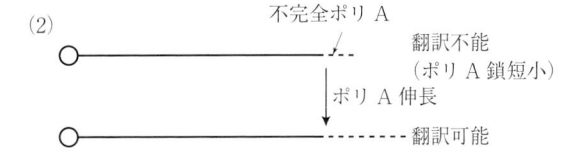

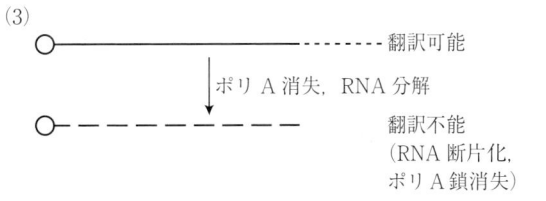

図 13.2 タンパク質合成におけるいろいろな調節　　**図 13.3** 真核細胞の翻訳調節の3例

卵母細胞の成長因子の mRNA がプロゲステロンのようなホルモンの刺激で結合タンパク質を遊離し，mRNA はリボソームに結合できるようになる（アフリカツメガエル）．

また，多くの動物卵では，mRNA に長いポリ A 鎖（アデニル酸の連続した配列）が結合した状態でタンパク合成を行う．核で転写・合成され完成した RNA はプロセシング（キャッピング＝キャップ構造の添加，ポリ A の添加，スプライシング＝イントロンという遺伝情報として機能しない配列の除去）という過程を経て長いポリ A 鎖が結合している．この mRNA が核から細胞質に出てポリ A 鎖が切れて不活性化され，ポリ A 鎖が伸長されることで活性化されることが知られている．受精時の活性化の代表例はサイクリンの mRNA の活性化である．アフリカツメガエルのサイクリン mRNA はプロゲステロンの刺激でポリ A 鎖が伸長し翻訳できるようになる（図 13.3）．

胞胚の中期になると RNA 合成が盛んになり，新しいタンパク合成（転写）がはじまる．これは基本的には細胞に共通の転写調節が行われる．DNA には転写調節因子（アクチベーター＝活性化因子，リプレッサー＝抑制因子）の結合部位，TATA ボックス（基本転写因子の結合部位），プロモーター部位（RNA ポリメラーゼの結合部位），遺伝子領域などがあり，これらに結合するいくつかの転写調節因子，基本転写因子，RNA ポリメラーゼなどが合成され，DNA に結合しないと遺伝子

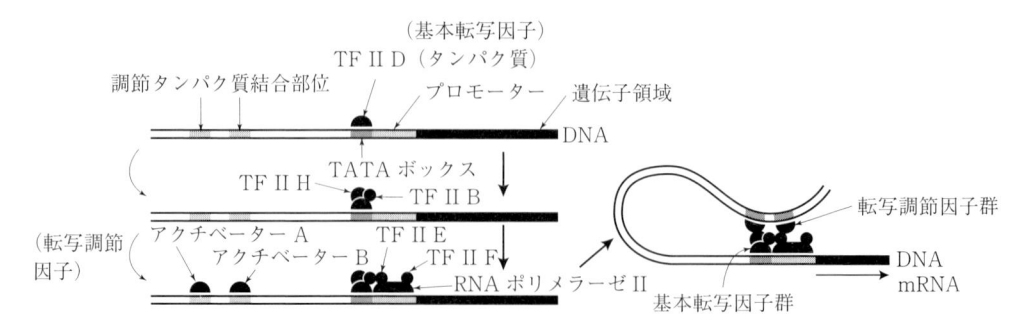

図 13.4 真核細胞の転写調節（石原，1998bを改変）
基本転写因子（basic TF）：TF II A, TF II B, TF II D, TF II E, TF II F, TF II H.
転写調節因子：ホメオドメイン（ヘリックス-ターン-ヘリックス），ジンクフィンガー，ロイシンジッパー，ヘリックス-ループ-ヘリックス，グルタミンリッチドメイン，プロリンリッチドメインと名づけられた多くのタンパク質が発見されている．
基本転写因子が結合し，DNAの調節領域に転写因子（アクチベーター（活性化因子），リプレッサー（抑制因子）など）が結合した部分が基本転写因子群と連携することで，転写が活性化または抑制される．

領域でのRNA合成は行われない．そのためにはこれらの因子を合成する遺伝子や，さらにそれらを合成する調節因子などがからんでいる．つまり，プロモーター部位にRNAポリメラーゼが結合し，TATAボックスに基本転写因子が結合し，さらに遺伝子領域の前後のあちこちにある転写調節因子の結合部位に活性化因子が結合して基本転写因子と連携すれば，遺伝子領域のRNA合成（転写）がはじまる（図13.4）．

このようにして転写・翻訳が進み，タンパク質が合成されると細胞膜表面の受容体タンパク質や細胞接着因子なども増えてきて，胞胚の細胞は環境に対応して形態形成運動ができるようになる．

═══════════════ Tea Time ═══════════════

胞胚腔はどんな役に立つか

中期胞胚に何が転写の活性化の要因になるかは鮮明にされてはいないが，胞胚期の特徴として胞胚腔の形成がある．胞胚の細胞は共通の環境として胞胚腔を取り囲み，細胞の内面は一様に胞胚腔液にさらされている．隣接する細胞どうしは構成成分に差があって互いに影響しあっているだけでなく，胞胚腔液に対する反応も異なる．ウニの胞胚，カエルの胞胚や，さらには鳥類や哺乳類の胞胚に相当する時期に，次の時期にどの部分がどのように運動を開始するかをみると，胞胚が重要な役目を果たしているように思える．

ここでは胞胚の図をみながら第14講の原腸形成を考察したい（図13.1参照）．

第14講

原腸胚形成

テーマ
◆ 細胞移動の開始
◆ さまざまな原腸形成
◆ 原腸形成のしくみ

原腸形成の様式

　中生動物は桑実胚でそのまま細胞の分化が起こり，形を変えただけの動物で，海綿動物は胞胚以上には発達しないが，環境に適応した形態変化が起きて成体になる．腔腸動物（二胚葉性）や扁形動物以上の高等動物（三胚葉性）になると，細胞の著しい移動（形態形成運動）が起こって原腸（将来の消化管）が形成され，原腸胚になる．それは眼にみえる形で現れるはじめての細胞運動である．その様式は内殖，葉裂，陥入，被覆あるいはその混合型など動物によって異なるが，各細胞群が本来もっていた形質と隣接細胞の誘導によって形態変化が起こる（図14.1）．

内殖：胞胚の植物極付近の細胞の一部が，隣接する細胞から離れて胞胚腔の中に落ち込み，層状に並んで2層の細胞層（内胚葉と外胚葉）を形成する様式で，一部の腔腸動物や節足動物の内胚葉形成でみられる．内殖は1箇所で起こる場合と数箇所で起こる場合があり，それぞれ単極内殖，多極内殖と呼ばれている．

葉裂：胞胚の細胞が内外の方向に全面的に分裂して2層の細胞層を形成する様式で，一部の腔腸動物の原腸形成でみられる．鳥類の内胚葉の分離や両生類の側板（中胚葉）の分離の時にも葉裂がみられる．

陥入：胞胚の植物極側の細胞群が胞胚腔内に折れ込んで2層の細胞層を形成する様式で，単純にいえば植物極側の細胞層が内側にへこむ現象である．棘皮動物や原索動物のような胞胚腔の大きな動物で普通にみられる原腸形成の様式である．両生類の胚のように，比較的卵黄が多く胞胚腔の小さい胚でも，最初の原腸形成のきっかけは陥入ではじまる場合が多い．陥入した管状の細胞群でできるへこみが原腸（将来の消化管）のできはじめで，陥入

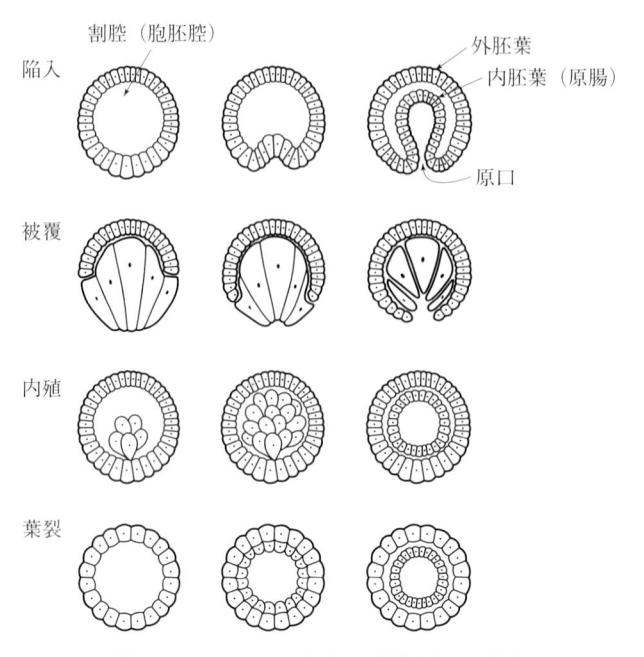

図14.1 いろいろな動物の原腸胚形成の様式

部を原口（将来の口か肛門）という．

被覆：卵黄が多く胞胚腔が小さいか，あるいは全くない胚（無腔胞胚＝中実胞胚）でみられる様式で，動物極側の細胞群が陥入できなくて植物極側の細胞群を覆いかぶせるように広がり，下降して細胞群を包んで2層を形成する．その結果，胚を覆う外細胞層は植物極側で小さな開口（原口）となり，内部に原腸をつくる．魚類，両生類，鳥類，哺乳類などでは，細胞運動のきっかけは陥入で，それに続いて細胞群の内部を覆うような下降運動が起こる．これが陥入と被覆の混合様式による原腸形成である．

原腸形成の例

ウニの卵割は途中の一時期に不等分裂が起こるので，割球の大きさに差ができる（大割球，中割球，小割球）．胞胚は胚表に繊毛を生じ孵化して遊泳胞胚と呼ばれる．植物極側の細胞がやや厚くなり（内胚葉板＝植物極板），この部分の細胞が移入と陥入を行う．まず植物極側の小割球の大きい細胞（大小割球）が胞胚腔の中へ落ち込んで（移入），一次間充織細胞と呼ばれる．次いで残りの植物極板が陥入して原腸になる．原腸先端部の大割球の一部は遊離突出して二次間充織細胞になり，偽足を伸ばして陥入を助ける．陥入開始から原腸が胚の天井まで伸びる時期の胚を原腸胚という（図14.2）．

ウニ胚の原腸陥入は自動的な一次陥入と受動的な二次陥入がある．一次陥入は植

図 14.2 ウニ胚の割球の分化（石原，1998b を改変）

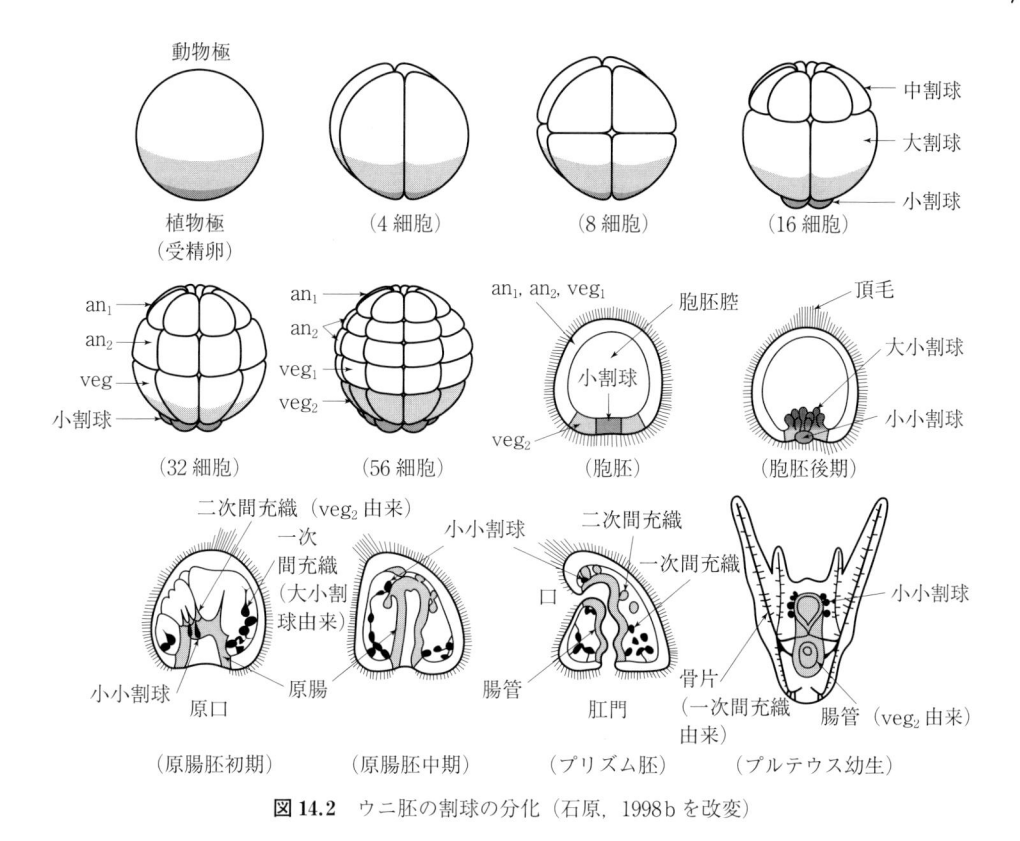

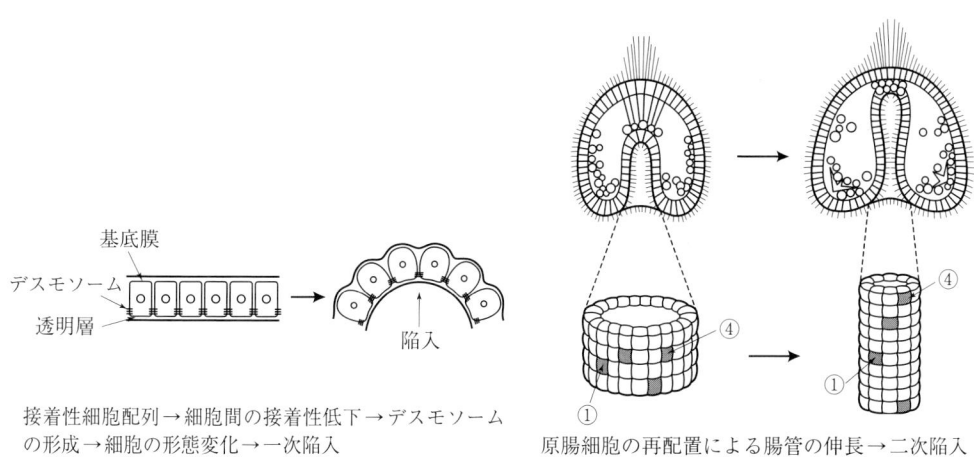

図 14.3 ウニ胚の一次陥入と二次陥入（石原，1998b を改変）

物極側の細胞が隣接細胞との接着力を失い，丸みを帯びるような形態変化による細胞群のへこみである．二次陥入は受動的陥入あるいは原腸の成長による伸長と考えられていたが，それだけではなさそうである．ウニの種類によっても違うが，植物極板の分裂が十分に進行していれば，細胞数の変化は起こらず，細胞の再配置によって細胞の位置関係が変わる．はじめ原腸は円周の細胞数が多い，太い管であるが，

円周の細胞数が減り，細い管になることによって伸びる．この間，原腸の細胞数は変化しない．それに動物極側の細胞の増殖による押し上げ運動と二次間充織細胞の偽足による引き上げ運動に支援されて原腸の伸長が成就する（図14.3）．

　両生類の原腸形成では陥入と被覆が同時に起こる．胚の背側のやや植物極寄りの部分に黒い色素の集合が現れ，そこから陥入がはじまり，細胞群が胚内へ移動して動物極に向かって進入する．同時にそれに続く表層の細胞は下降運動と陥入とを行うので，陥入による原口の形成と同時に，原口は植物極に近づきながら小さくなる（図14.4）．陥入部の細胞は形態変化を起こし細長くなり，フラスコ細胞あるいは瓶細胞と呼ばれる．この部位は隣接細胞と接着しているから，それらの細胞を巻き込んで陥入することになる．しかし，この頃フラスコ細胞を除去しても陥入と下降運動は進行する．動物極側の増殖した細胞が細胞外基質を認識して移動するのと細胞の再配置による下降運動が著しく，植物極側の細胞を包み込むように伸長することが原口を小さくする原因である．

　細胞が陥入する部分の細胞間にはフィブロネクチンやラミニンなどの細胞接着に関与する細胞外基質が分泌され，これを足掛かりにして陥入するらしく，フィブロネクチンなどの抗体を加えて細胞接着を阻害すると陥入は止まる．細胞の下降や被覆の際の細胞の行動を調べると，細胞が扁平化することによって広がったり，細胞の再配置によって細胞群が伸びたり広がったりしている．これを集中的伸長と呼んでいるが，その原因は微小繊維や微小管などの細胞骨格の配列の変化によるもので

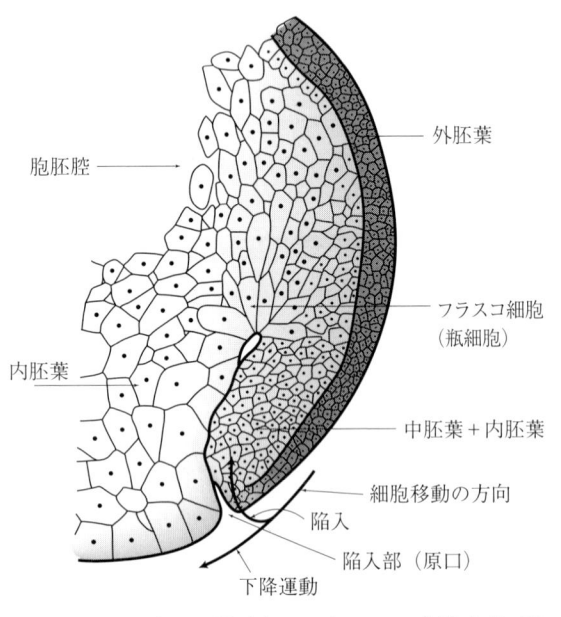

図14.4 カエル胚の原腸形成における2つの細胞移動（陥入と被覆；石原，1998bを改変）

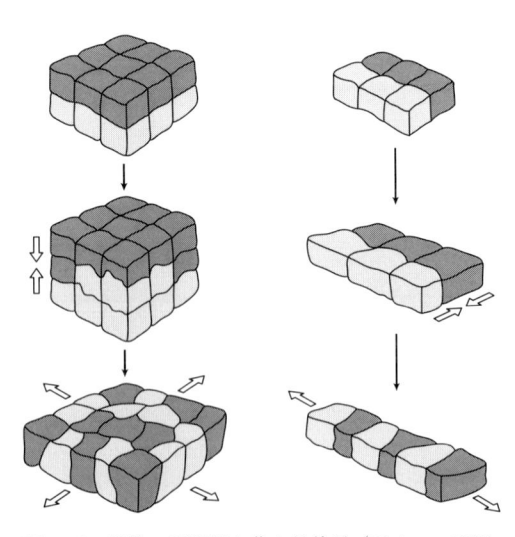

図14.5 細胞の再配置と集中的伸長（Wolpert, 1998-2002より）
細胞は分裂により数を増しながら再配置によって集中的伸長を行う．

ある（図14.5）.

　端黄卵である鳥類の胚では，動物極側の胚盤で卵割が起こることはすでに述べたが，卵割によって胚の細胞数は増え単層から多層の細胞層になり，細胞数100程度になった頃，細胞層と卵黄との間にすきまができる．この細胞層の部分を胚盤葉といい，その下のすきまを胚盤下腔という．卵割が進むにつれて細胞は小さくなるが胚盤葉は大きく広くなり，特に胚盤葉の周辺部は胚盤葉を取り囲むように細胞数が多くなり，周辺帯（帯域）と呼ばれ胚盤下腔も広くなる．やがて胚盤葉の細胞数の増加と共に胚盤葉の周辺部の細胞が移入や葉裂を起こして胚盤下腔に落ち込み，それと共に後部周辺帯から細胞群が伸びて広がり1層の細胞層を形成し，胚盤葉下層と呼ばれる．従って，ここに1つのすきまができ，この腔所が胞胚腔である．この時期の胚盤葉は上部から胚盤葉上層，胞胚腔，次の細胞層が胚盤葉下層，その下の卵黄との間が胚盤下腔と呼ばれる構成になっている．これが横断面でみる胞胚期の構成で，外観でみると，中央の腔所にあたる部分が明るくみえ明域と呼ばれ，周辺帯の部分は多層の細胞で暗くみえ暗域と呼ばれている．将来胚のからだになるのは明域の部分，つまり胚盤葉上層が中心となる（図14.6）．ニワトリでは，この時期に産卵され，体外の温度低下と共に発生は停止する．

　原腸形成は産卵後に起こる．産卵後，孵卵（親が卵を暖める，あるいは人工的に38〜40℃で暖める）がはじまると，再び発生が開始される．胚盤葉上層の増殖と移動によって，後部周辺帯に細胞が集まり，肥厚した細胞塊になり，次第に前方へ伸びていく．これを原条という．原条は前後に伸びて細長くなり，特に頭方先端部は顕著な細胞塊をつくり，ヘンゼン結節と呼ばれる．原条が最長に達すると，胚盤葉上層の側面の細胞は中央に寄ってきて原条を経て内部に入り胞胚腔に入る．

　原腸形成のはじめは，胚盤葉上層と胚盤葉下層の2層の細胞層に包まれた胞胚腔の中へ胚盤葉上層の細胞が原条を経て落ち込むような陥入によって3層になるようにみえるが，実は陥入（あるいは移入）した細胞は胚盤葉下層の細胞を周辺へ押しやって広がり，これに取って代わることになるので（図15.3），この落ち込んだ細胞層が卵黄に面する一番内部の細胞層になる．この細胞層がさらに広がって折れ込んだり屈曲することで消化管のもとが形成されるのが，鳥類の原腸形成である．しかし，この細胞層は続いて起こる細胞群の落ち込みや細胞群の分裂・増殖によって消化管系の細胞以外の細胞にもなり，形態形成運動は一挙に進行する（図14.6）.

　ヒトを含めた哺乳類については，細胞層が内細胞塊と栄養膜細胞層に分かれて胞胚期に相当する胚盤胞期になるまでを胞胚形成の講（第13講）で述べた．この時期には胚の透明帯は溶けて，胚は膜外に出ており（孵化），胚は子宮に達し，そこで子宮壁に接着する．これが着床である（図19.3）.

　受精後5〜6日目に胚盤胞は子宮内膜上皮に接着し，胚は次第に子宮内膜に入り，

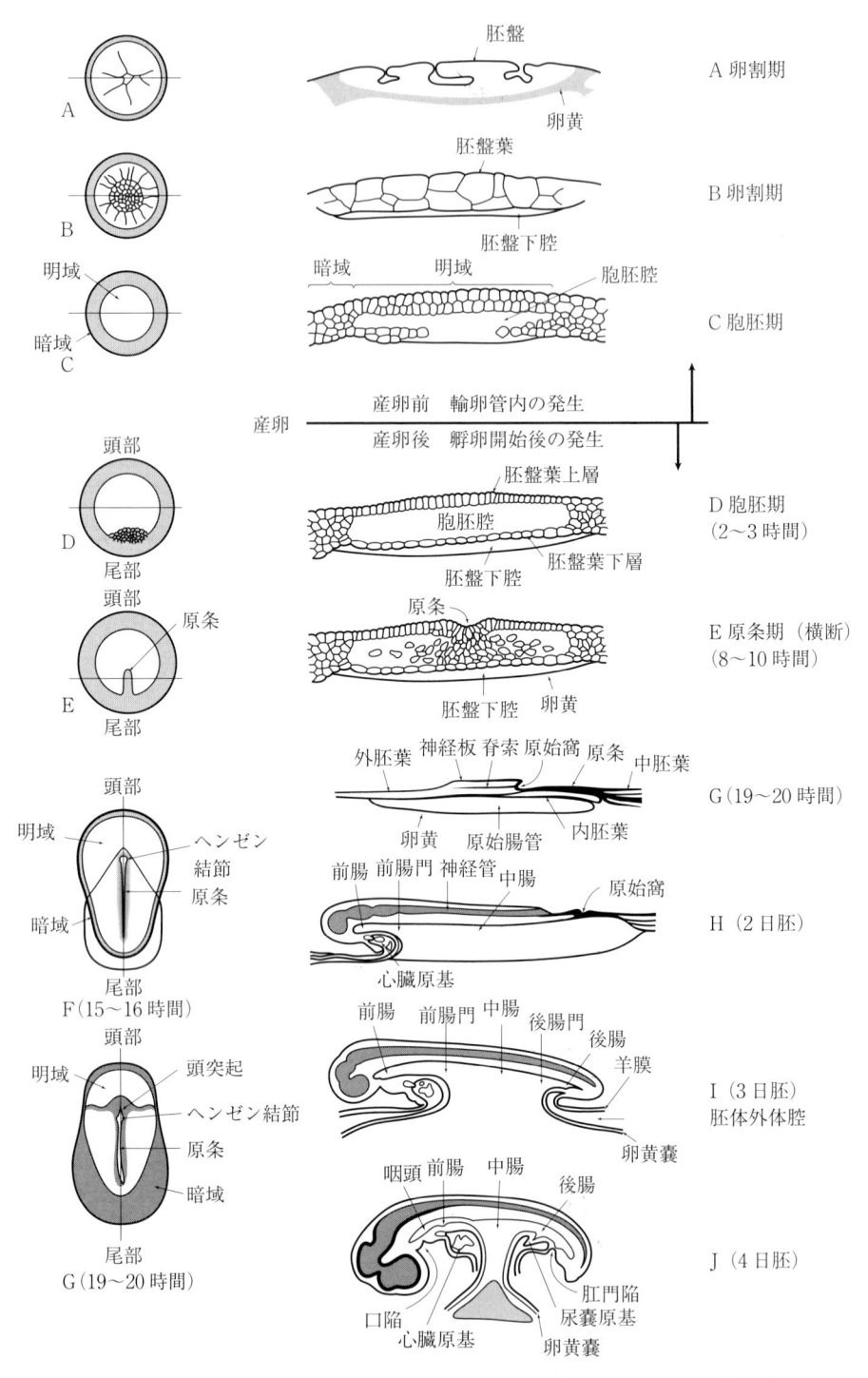

図 14.6 ニワトリ胚の胚盤の変化から腸管形成まで（左：上面図，右：断面図）

原腸形成がはじまる．その大部分は子宮内膜内で進行する．胚盤胞の変化をたどってみると，内細胞塊から薄い細胞層が分離し，上層を胚盤葉上層，下層を胚盤葉下

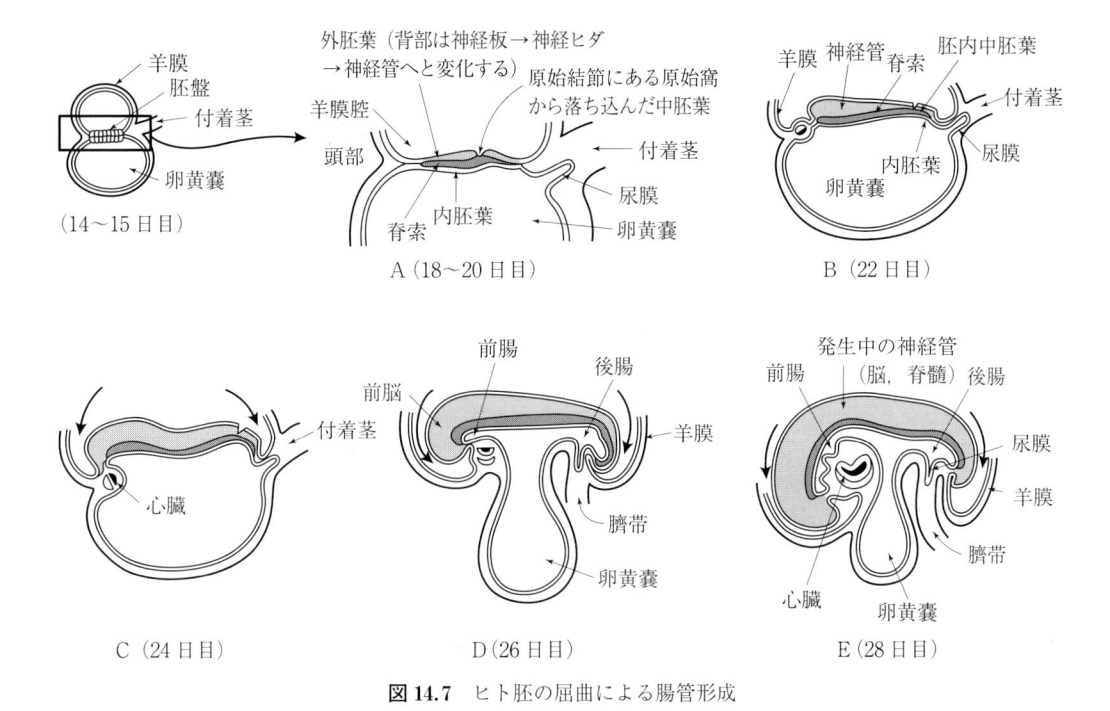

図 14.7 ヒト胚の屈曲による腸管形成

層というのは鳥類と同じである．胚体になるのは胚盤葉上層だけで，胚盤葉下層は追いやられて卵黄嚢を包む膜になる．胚盤葉上層の外縁の細胞は外側に伸びて広がり，やがて閉じて羊膜を形成する．羊膜内には羊水が分泌され，胚体の保護に役立つ．胚盤葉上層の後端に細胞が集まり，原条が形成され，これが前方に伸びて結節ができる．原条の細胞の一部は下に落ち込んで胚盤葉下層を追いやって原腸を形成するのは鳥類と同様である．受精から14〜15日頃から，からだに沿って側面が下へ折れ曲がり，胚体が前後に細長くなって内部に原腸が明確になり，羊膜が胚体を包み，胚盤葉下層が卵黄嚢を包むことになる（図14.7）．

━━━━━━━━━━━━━━━ Tea Time ━━━━━━━━━━━━━━━

外腸胚形成

　原腸形成はどのようなしくみでできるのであろうか．細胞の増殖やその再配置は原腸形成のしくみとして知られているが，原腸が胚内にできるか胚外にできるかはまた別問題である．

　外腸胚（外原腸胚）はLiイオン，クロラムフェニコール，冷却，高張培養液などで誘起することができる（図14.8）．ウニ胚では胞胚腔液の抽出物でも誘起されることが見出された．この物質は分子量5000〜6000 Daのペプチドで，胚細胞内に多量に含まれ，細胞の形態変化に関与し，その遺伝子も明らかにされた．原腸が胚

図の各部ラベル:

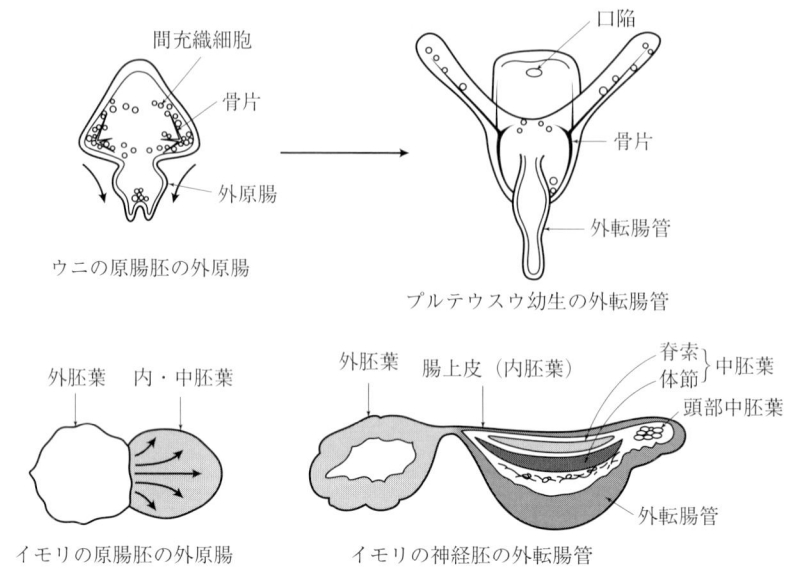

ウニの原腸胚の外原腸: 間充織細胞／骨片／外原腸
プルテウス幼生の外転腸管: 口陥／骨片／外転腸管
イモリの原腸胚の外原腸: 外胚葉／内・中胚葉
イモリの神経胚の外転腸管: 外胚葉／腸上皮（内胚葉）／脊索・体節｝中胚葉／頭部中胚葉／外転腸管

図 14.8 外腸胚の模式図（石原, 1998b を改変）

内に向かうか胚外に向かうかは，細胞の方向性を支配する遺伝子の産物の作用とするのが最も考えやすい．

　イモリでは高張培養液によって外腸胚が形成される．この外腸胚では，将来表皮になる部分を残して他の細胞層が外転して外に出る．この胚では表皮組織から神経板などの神経系組織はできてこないので，第15講で扱う神経系の誘導には脊索などが直接裏打ちして接することが必要であることが証明される．しかし，外転した組織の後部（先端）には，神経組織で N-CAM をつくる遺伝子などが発現するので，正常の神経胚形成のように直接接する脊索からシグナルが伝えられるだけでなく，外転した表皮系の原口にあたる細胞からも N-CAM を活性化するシグナルが伝えられると考えられる

第15講

胚葉の形成と誘導

―テーマ―
◆ 3つの胚葉の将来
◆ 誘導が起こる必要条件
◆ 誘導と遺伝子発現

胚葉の形成

単細胞の原生動物はもちろん，中生動物や海綿動物でも胞胚まで進むが，それ以上は特別な細胞層の形成や折れ曲がりなどの形態形成運動などはみられず，特に胚葉の区別はみられない．プラナリア（ウズムシ）のように少し高等な動物になると原腸形成がみられ，細胞層が二重，三重になって発生が進むと，それらの細胞層の将来の発生運命が異なってきて，それぞれ特有の分化を示すようになる．これらの細胞層を胚葉と呼ぶ．

腔腸動物（ヒドラなど）では，原腸胚（嚢胚）のまま成体になって，2層の細胞層の区別しかできず，外側を外胚葉といい，内側を内胚葉という（二胚葉性）．扁形動物（プラナリアなど）以上の高等な動物では，3つの胚葉ができ，外胚葉と内胚葉の間の細胞層を中胚葉（三胚葉性）という（図15.1；15.2；15.3）．これらの各胚葉はそれぞれ特定の器官原基を形成する．外胚葉からは表皮・神経系・感覚器官など，中胚葉からは筋肉・排出器官・生殖器官・結合組織など，内胚葉からは消化

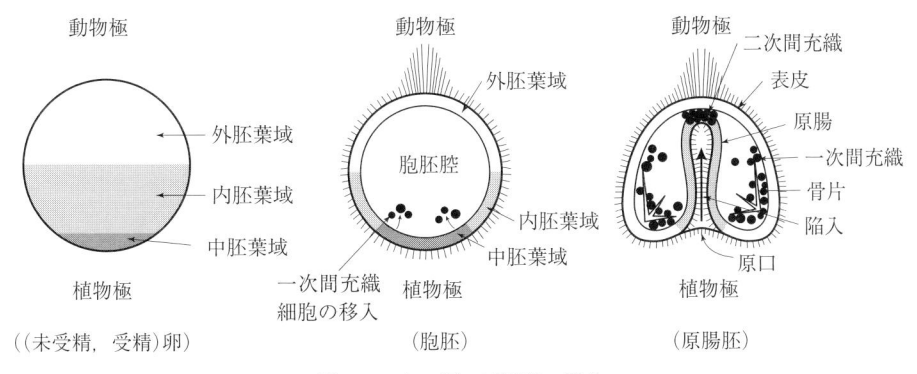

図15.1 ウニ胚の三胚葉の形成

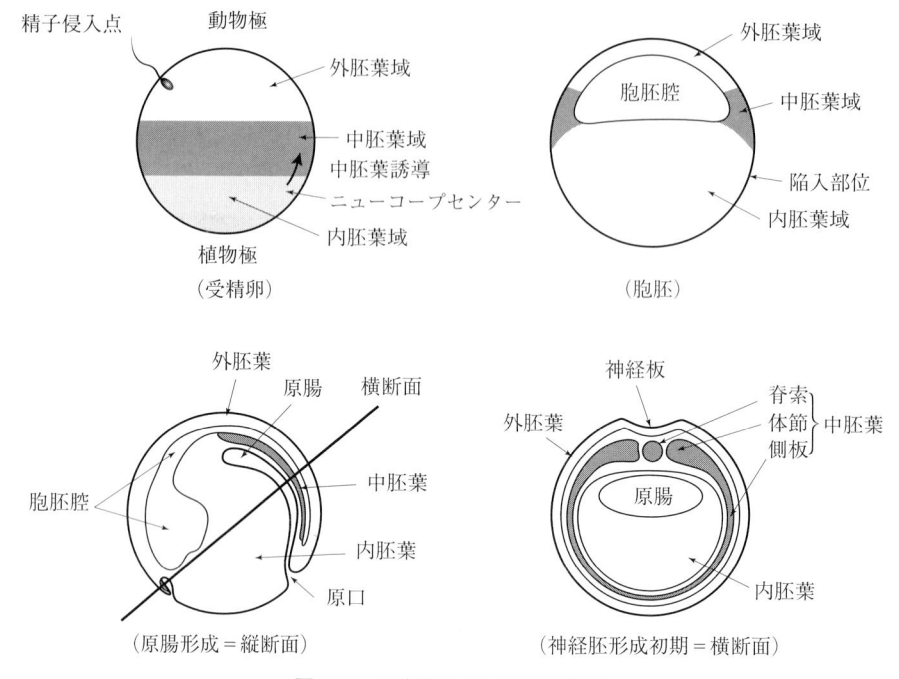

図 15.2 両生類胚の三胚葉の形成

管や肺・膵臓などの付属器官や付属腺などができる．しかし，各胚葉は特定の器官の機能的な主要細胞を形成するもので，ほとんどの器官は筋肉や神経などの他の胚葉由来の組織の協力を得て，その器官の形や栄養補給・機能調節を行い，3つの胚葉の合作によって，個体維持のための機能の完遂を図っている．例えば，からだの表面は外胚葉の表皮であるが，中胚葉の真皮や筋肉で形がつくられ，血管によって栄養を運ばれ機能を保持している．消化管の内表面は内胚葉の上皮であるが，この上皮は主として栄養の消化・吸収を行い，中胚葉の筋肉や血管によって機能を助けられ，外胚葉の神経によって機能調節が行われている（図1.2）．また，この胚葉の区別は絶対的ではなく，発生の途上で，次に述べる誘導などによって機能転換をする場合もある．

誘導と遺伝子発現

これまで現象的な面だけをとらえて原腸形成や胚葉形成を述べ，形の変化をみてきたが，これには，かなり複雑な遺伝子発現に伴う誘導という現象が深くかかわっている．

卵には構成成分の部域的な差がある．従って，卵割の結果生じた各細胞の細胞質の分布には場所（部域）による差があり，1つの細胞内でも，また隣接する細胞間や，さらに位置的に離れた細胞間では，なおさら遺伝子発現を含めて物質代謝や物質生産でも量や性質の差が生じてくる．さらに，それが細胞移動や再配置などによって

内胚葉，中胚葉，外胚葉などの区別ができると，隣接する胚葉の間で影響を受けたり細胞の位置的影響を受けたりする．細胞群や胚葉が隣接する細胞群の影響を受けて将来の発生運命が決定する．この現象を誘導といい，その結果として細胞分化の方向が決まり，発生が進み形態が形成され個体がつくられるので，誘導は極めて重要な意味をもち，細胞が何と接するかによって決まる．

卵には未受精卵の時期から，あるいは受精卵の時から，どの部分が将来何になるかが設計図として組み込まれており，その建設過程もプログラムとして計画されているようにみえる．しかし，設計図もプログラムも最初から最後までできあがっているわけではなくて，最初に着手され具体化された結果によって次のプログラムが決定し，次の設計図が描かれる．そのため，おおよその建築構想は変化しなくても，はじめに描かれた設計図の位置的な広がりや時間的な経過などによって次の段階のプログラムや設計図が影響を受け，誘導の範囲や強さや時間的な影響を与えるから，動物個体によって多少の差を生じ，同じ種でも個体差ができる．

中胚葉誘導

誘導はまず植物極からはじまる．よく研究されている両生類の実例をあげて考察してみよう．

両生類の卵は動物極側が黒く植物極側が白くて，動植物極性が明らかである．この植物極側にはDshと名づけられたタンパク質複合体が顆粒の形で局在している．Vg1と呼ばれるタンパク質も植物極側に局在している．

両生類では，受精の際に表層回転という現象が起こる．精子は卵の動物半球から入るが，精子の進入によって卵表層が約30°反時計回りに回転し，表層と内層との間にずれが生じる．この表層回転によってDshタンパク顆粒も表層直下の微小管に沿って精子侵入点の反対側に移動する．このような表層と内層のずれが原因となってDshタンパクは顆粒から離れて受精卵の細胞質に広がり，精子侵入点の反対側の細胞質に分布する．細胞質全体にはβ-カテニンが分布しているが，Dshタンパクはβ-カテニンを分解する作用をもつGSK-3（glycogen synthase kinase 3）の作用を抑制する．それによって精子侵入点の反対側はβ-カテニンが分解されずに保持され，精子侵入側のβ-カテニンはGSK-3によって分解され消失する（図15.4）．やがてβ-カテニンは卵割が進むと核内に入って遺伝子発現の際に転写因子として作用する．これが背側と腹側の差を決定する原因となる．

β-カテニンはアクチビン様因子（Vg1やNodal関連因子）を活性化して，中胚葉（帯域，周辺帯）を誘導する．ペプチドホルモンであり，TGF-β（形質転換増殖因子-β）に属する細胞増殖因子であるアクチビンも中胚葉誘導能をもつことが知られている．このような中胚葉の誘導能力をもつ部分，特に背側の形成体（オーガナ

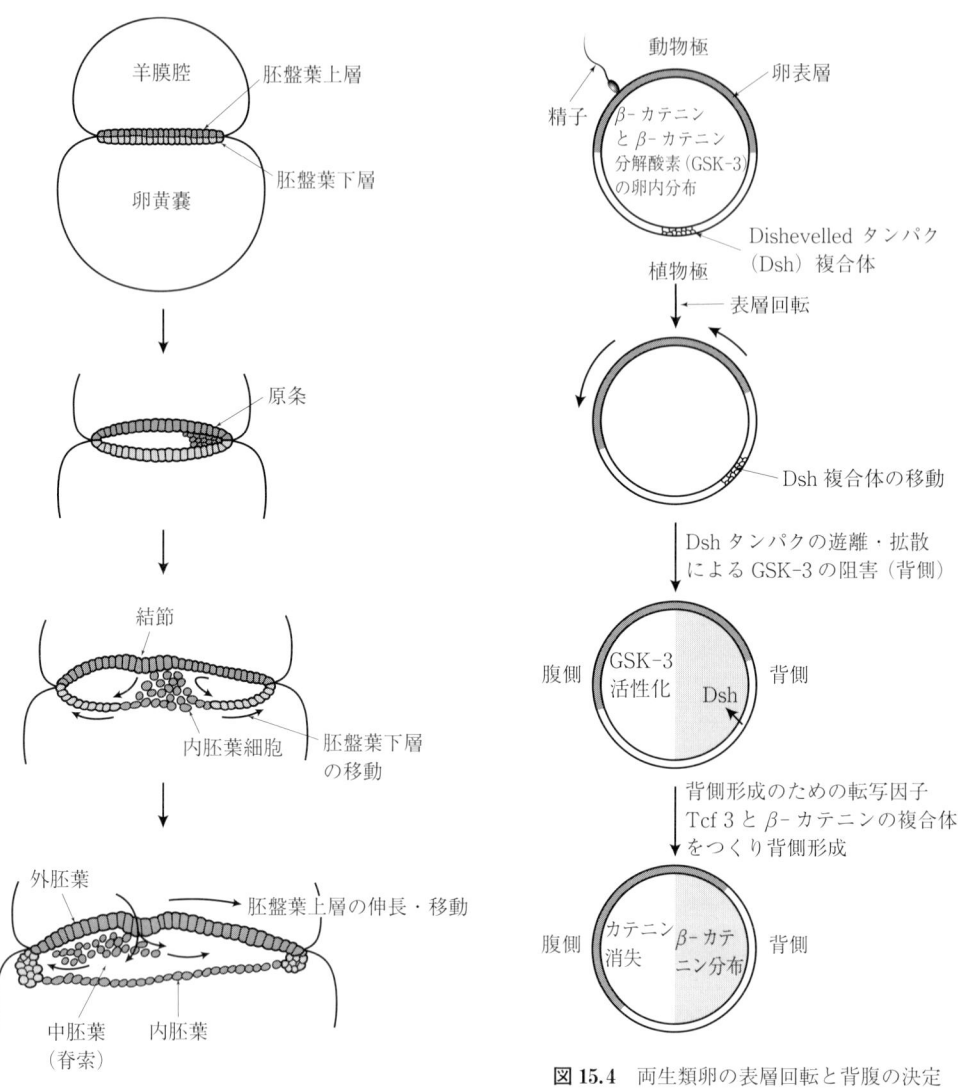

図15.3 哺乳類胚の三胚葉の形成（縦断面模式図）

図15.4 両生類卵の表層回転と背腹の決定
（Gilbert, 2003 より）

イザー，後述）を誘導する能力のある精子侵入点の反対側で，植物極から30°偏った部分は発見者の名をとってニューコープセンターと呼ばれ，これがオーガナイザーを誘導し，からだの背側をつくることになるから，精子侵入によって背腹極性が決定されることになる．

　β-カテニンはもう1つの転写因子であるTcf3タンパクと複合体をつくって*siamois*という遺伝子のプロモーターに結合し，*siamois*を活性化する．*siamois*は中期胞胚遷移の時にニューコープセンター域で発現する．*siamois*の発現でできたSiamoisタンパクは*goosecoid*遺伝子の転写因子である．ニューコープセンターはVg1，Nodal（TGF-βファミリー）やVegTタンパク，アクチビンなどと背側に局在するβ-カテニンが共存する部位に相当し，そこではβ-カテニンやVegTタ

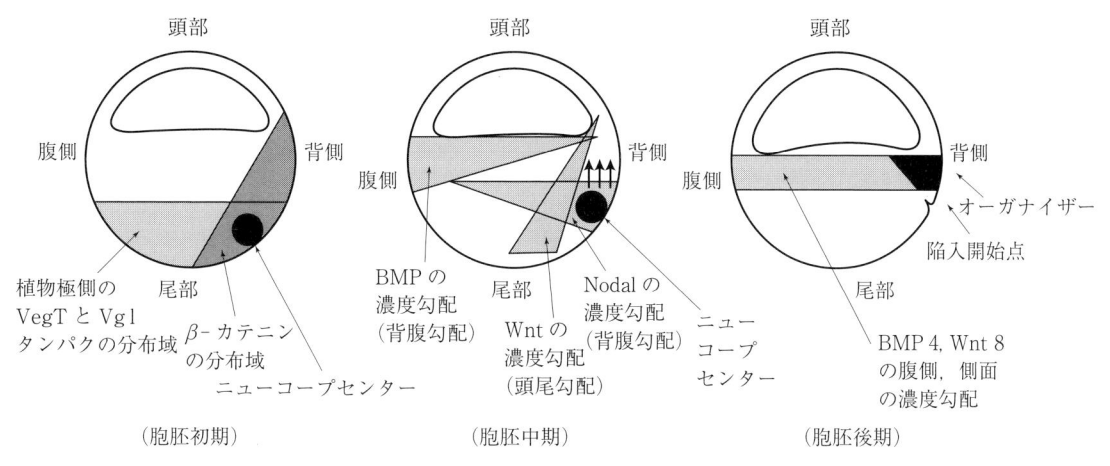

図15.5 アフリカツメガエル（Xenopus）の各因子の発現によるニューコープセンターとオーガナイザーの関係（Gilbert, 2003 より）

オーガナイザーでの発現因子
　核タンパク：Goosecoid.
　分泌タンパク：Chordin, Noggin, Follistatin, Dickkopf, Frzb, Cerberus, Shh, Xnr（xenopus nodal）.

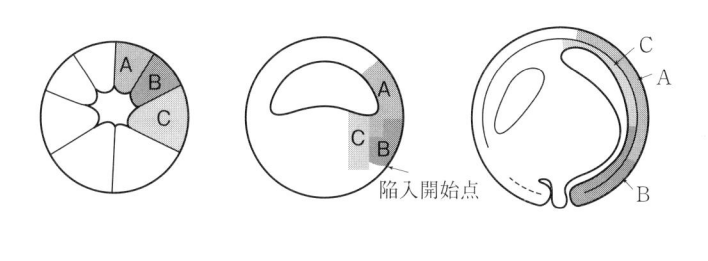

図15.6 発生の進行と細胞の移動（断面図；石原，1998bを改変）
割球に色素を注入すると，A, B, C の細胞の子孫が神経胚でどこに移動するかがわかる．

ンパクによって *nodal* 遺伝子が活性化され，産生されたタンパクは背側に濃く腹側に薄い濃度勾配をつくる．この Nodal（Xnr）タンパクの濃い部分がニューコープセンターである（図15.5）．

ニューコープセンターでは Siamois や Nodal タンパクが分泌され，隣接する部位の *goosecoid* 遺伝子など多くの遺伝子を活性化し，その部位をオーガナイザーとして自律分化能と誘導能を与える．オーガナイザーは中胚葉に分化すると共に，隣接する部位を神経系に誘導する能力をもつようになるのである．

このような遺伝子産物の作用でオーガナイザーは *noggin* 遺伝子や *chordin* 遺伝子（背方化因子）が活性化されることで背方化を起こし，一方で植物極からは腹方化因子の BMP 4 や中胚葉誘導因子の FGF（繊維芽細胞成長因子）などがはたらいて腹側中胚葉が形成され，背腹極性が確立することになる（図15.6）．

このような遺伝子の活性化により，その産物（タンパク質）が次の遺伝子を活性

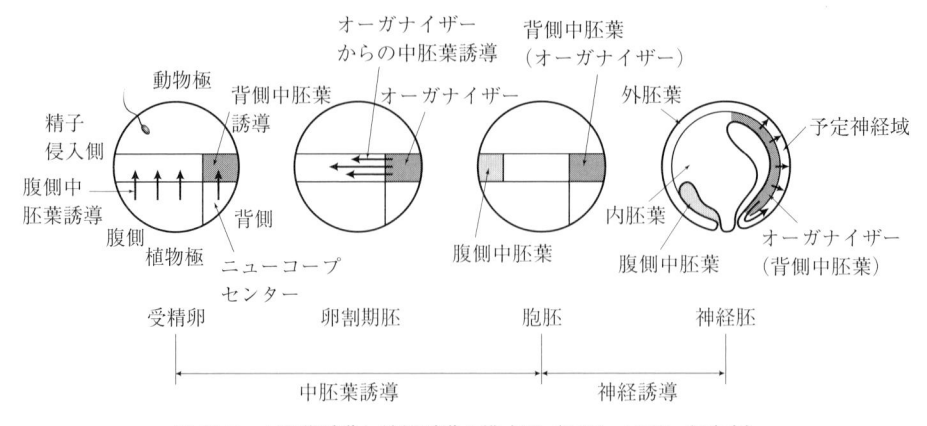

図 15.7 中胚葉誘導と神経誘導の模式図（石原，1998b を改変）

化するという連鎖的発現によって背腹の中胚葉の発生運命が決定する．これを中胚葉誘導という．これらの現象はアニマルキャップアッセイや移植実験などで実証されている．

神 経 誘 導

受精時の精子侵入点の反対側に β-カテニンが局在することでニューコープセンターが形成され，そこで *nodal* と *siamois* 遺伝子が活性化されることで，Xnr タンパクや Siamois タンパクがニューコープセンターに隣接する帯域で *goosecoid* 遺伝子を活性化し，この帯域はオーガナイザーとして機能するようになる．

ここまでが中胚葉誘導であるが，オーガナイザーのもつ機能の主要なものとして4つの機能が考えられる．背側中胚葉の自律分化（オーガナイザー自体が脊索などの中胚葉になる能力），隣接する中胚葉を背側体節にする能力，中胚葉を陥入させる能力，背側外胚葉を神経管に変え神経系を誘導する能力，の4つの能力を与える機能である．この4つ目のオーガナイザーによる外胚葉を神経系の組織に誘導する現象を神経誘導という（図 15.7）．

オーガナイザーではいろいろな遺伝子が発現し，いろいろなタンパク質が分泌されることがわかっている．その中に BMP 4（骨形成タンパク 4）という腹側化因子であり，上皮を誘導するタンパク質がある．一方で，*noggin* 遺伝子，*chordin* 遺伝子，*follistatin* 遺伝子などがつくるタンパク質は細胞質中に分泌されるタンパク質で，BMP 4 タンパク質の作用を阻害する．この作用によってオーガナイザーに接する外胚葉を神経系細胞に変える．それに共同して，オーガナイザーよりさらに前方頭部（咽頭部）では，表皮化を維持し神経化を阻害する Wnt 8（オーガナイザー域以外の周辺帯中胚葉で合成される）を阻害する Cerberus, Frzb, Dickkopf などと呼ばれる分泌性のタンパク質の出現によって，神経化が回復し，頭部の形成にあず

かる前方化因子としてはたらく．それに対してWntタンパク，β-カテニン，レチノイン酸などが後方化因子としてはたらく*Hox*遺伝子を活性化する．これらの細胞を神経細胞にするのは，BMPタンパクのないところで発現する*neurogenin*遺伝子（後述）である．つまり，表皮を誘導して神経化するにはBMPタンパクとWntタンパクの阻害が必要である．こうして神経誘導によって真の意味で頭尾極性が確定する．

==================== Tea Time ====================

アニマルキャップ検定と誘導の濃度依存性

これまで，「AがBを活性化することでCを誘導してDをつくる」，というように単純な表現をしてきたが，実はそう単純ではなくて，いくつもの物質が共存して共同作用が必要な場合もあるし，また，これらの物質の受容体（細胞はその細胞膜に受容体をもっていないと細胞外の物質に反応しない）が存在することも必要である．また，活性化物質の濃度や作用時間なども重要であるが，ここでは単純化して話を進めてきた．その一端を示すものとしてアニマルキャップ検定について述べる（図15.8）．

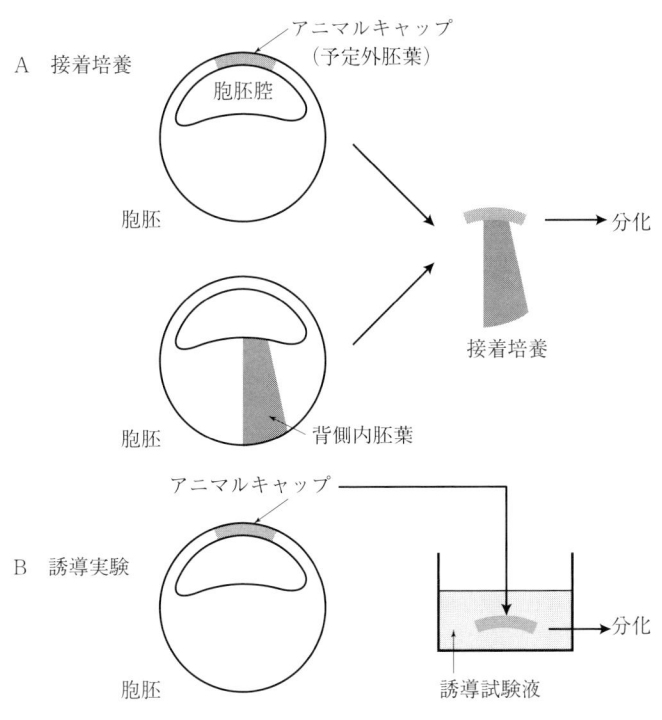

図15.8 アニマルキャップ検定の概略図（石原, 1998bを改変）
A：内胚葉の作用をみる．B：試験液の作用をみる．

カエルの胞胚の動物極側の胞胚腔の上の部分は，将来，外胚葉（表皮と神経系）になる部分で，これを切り取ると帽子のようにみえる．その部分をアニマルキャップと呼んでいる．アニマルキャップを単に培養液で培養すると，表皮状の未分化細胞塊のままで特別な分化はみられない．ところが，アニマルキャップに内胚葉の細胞を接着させて培養すると，外胚葉になるはずのアニマルキャップは血管や筋肉などの中胚葉の組織に分化するのである．特に背側の内胚葉（ニューコープセンターを含む）は中胚葉（脊索＝オーガナイザーなど）を誘導する能力があることがわかった（図15.9）．浅島 誠博士はアニマルキャップ検定で培養液にアクチビンを加えて，アクチビンが中胚葉誘導能力をもつことを見出した．さらに，アクチビンは低濃度では血球などの腹側中胚葉を誘導し，中濃度では筋肉などの中胚葉を，高濃度ではオーガナイザーや脊索などの背側中胚葉を誘導することを明らかにした．

アニマルキャップ検定は胞胚のアニマルキャップを使うのでこの名がつけられているが，この原理を利用して，いろいろな研究が行われている．その1つに，再生医療に利用される未分化細胞から器官を形成させる実験がある．

卵は全能性の未分化幹細胞であるが，その他に，ある程度分裂が進んだ未分化幹細胞（胚性幹細胞）や，成人の組織から最近見出された未分化幹細胞（組織性幹細胞，成体幹細胞）がある．

このような幹細胞を，アクチビンやレチノイン酸などの特定の因子の濃度や物質

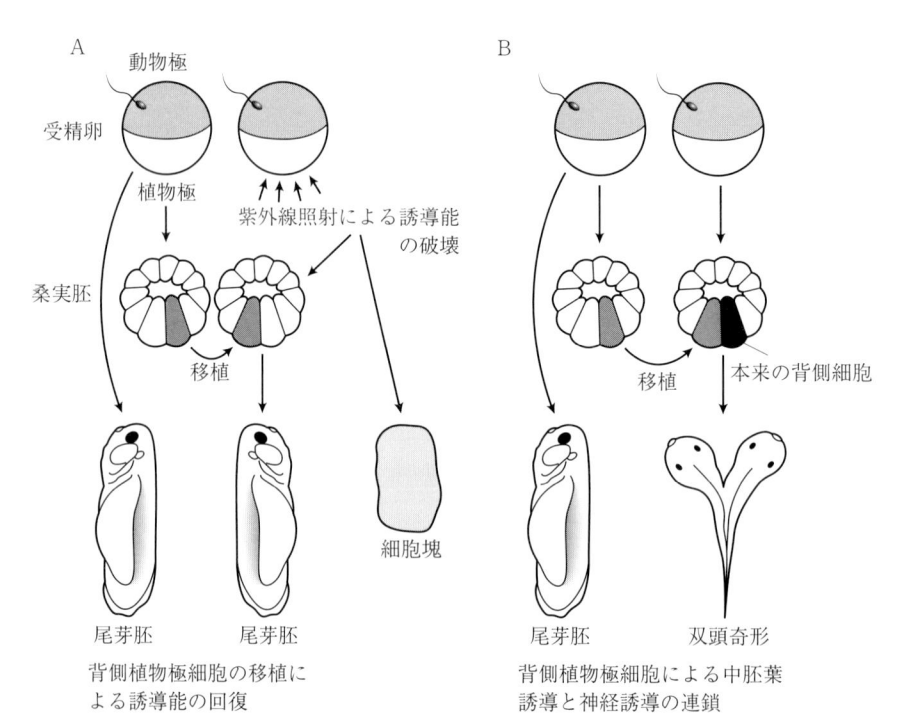

図 15.9 植物極側の細胞の役割（石原，1998bを改変）
A：紫外線照射卵の発生とその救済移植．
B：移植による双頭奇形（背側内胚葉細胞の移植による）．

の組み合わせを変え，培養液に加えて培養することで，血球，筋肉，心臓，消化管，膵臓，腎臓などの組織・器官をつくる研究が進んでいる（第29講 Tea Time 参照）．

第16講

神経胚の形成

―テーマ―
◆ オーガナイザーの誘導
◆ 脊椎動物特有の神経管
◆ 胚の屈曲運動と腸管形成

神経管の形成

　原腸形成に続く次の段階は脊椎動物のみでみられる神経胚の形成で，この過程の主要な現象は神経管の形成である．神経管は将来その前部が脳になり，後部が脊髄になるので，脊椎動物にとっては極めて重要な部分である．神経管の形成は第15講の「神経誘導」の項で述べた「オーガナイザーは中胚葉を陥入させる能力をもつ」というオーガナイザーの能力に依存する．

　無脊椎動物では胞胚から，あるいは原腸胚からそのまま，時には幼生になって変態し，成体になるが，脊椎動物では脳，脊髄などの中枢神経系をつくる必要があるので，その原基として神経管をつくる．原腸胚の背側の外胚葉が広がって扁平な神経板となり，それが折れ曲がって溝をつくり管となったものが神経管で，その前方が脳に，後方が脊髄となり，その細胞は神経細胞に分化する．神経板の形成から神経管の形成までの時期の胚を神経胚というが，この表現はよく研究されている両生類などで使われる用語で，鳥類や哺乳類では，神経管をつくる神経胚にあたる時期はあるが，用語としてはあまり使われない．

　すでに述べたように，原腸が形成されて内胚葉，中胚葉，外胚葉が分化すると，中胚葉は外胚葉に沿って内側にもぐりこむので，中胚葉は外胚葉と接着することになる．原腸胚ができた時には，すでに内胚葉からの誘導を受けてオーガナイザーが分化し，中胚葉が決定して胚内にもぐりこむ運命を担い，外胚葉の内側にあって中胚葉で発現された遺伝子産物は隣接する外胚葉に情報としてシグナルを送っている（図16.1）．

　このシグナルはオーガナイザーを含む中胚葉からのシグナルである．そのシグナルはBMPやWntタンパクの阻害剤であるChordin, Noggin, Follistatin, インスリ

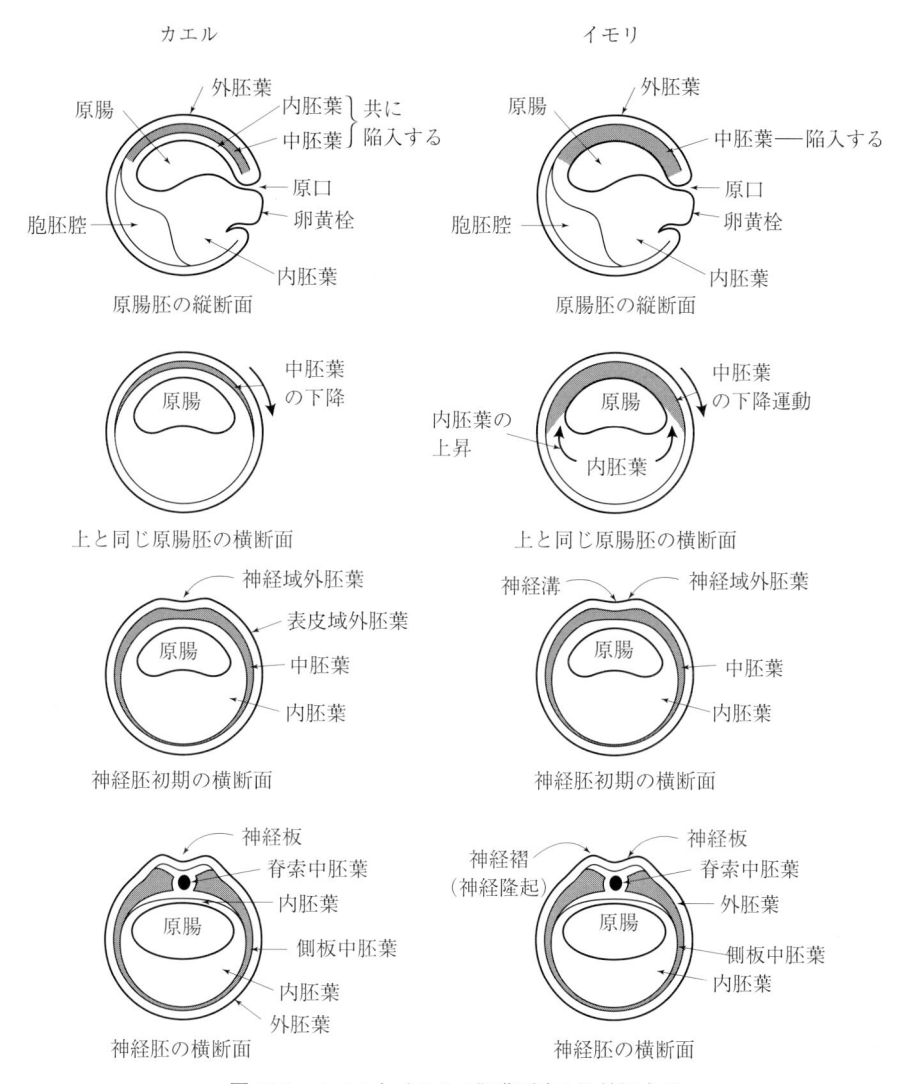

図 16.1 カエルとイモリの胚葉形成の比較概念図

ン様増殖因子，FGF，レチノイン酸などであり，中胚葉から直接外胚葉に送られる道とオーガナイザーから外胚葉後部を通って前方（頭部）へ送られる道とがある．

こうして，中胚葉に接している部位の外胚葉は表皮形成にはたらくBMPを抑制することによって表皮になる運命を阻害されるが，具体的に表皮を神経組織に変えるのは *neurogenin* である．BMPは *neurogenin* の発現を抑制することで表皮への分化を誘導するが，BMPが抑制されると，Neurogeninタンパク（転写因子）が *neuroD* という転写因子をつくる遺伝子を活性化して，外胚葉を神経板に分化させる．

外胚葉は中胚葉に誘導されて神経板になり，落ち込んで神経管になるが，そのためには外胚葉（鳥類では胚盤葉上層）が中胚葉に密着することが必要条件である．

両生類では，原腸胚の後期に原口が植物極側で閉じる頃，背側の外胚葉が植物極から動物極にわたって平たくなってくる．この部分が神経板で，中央にへこみができる場合（イモリ），これを神経溝という．神経板の内側は中胚葉で裏打ちされている．その頃，内部へ陥入した部分は中胚葉と内胚葉の細胞が混じっており，カエルでは，背側の大部分が中胚葉で，下方の原腸に面するわずかな部分が内胚葉で，側面と腹面の内胚葉と連続している．イモリでは背側のすべてが中胚葉で，それに続く側面と腹側が内胚葉で占められている．カエルでもイモリでも陥入した中胚葉と内胚葉は分離し，中胚葉は外胚葉と内胚葉の間を左右の側面から下方へ腹側に向かって伸びて連絡し，内胚葉を囲む．内胚葉はカエルではそのまま腸管となり，イモリでは分離した内胚葉の先端が背側に集中的に競り上がって連絡し腸管を形成する（図16.1）．

鳥類・哺乳類の中胚葉と外胚葉

鳥類では，胚盤の後部周辺帯に細胞が集まって原条をつくり，それが前後に伸びて，頭部先端部に細胞塊となってヘンゼン結節をつくると述べた．そこからさらに細胞群が頭方に伸びると，胚盤葉上層の細胞が中央に寄ってきて，原条に沿って内部の胞胚腔に入り込んでいく．この時，胚盤葉上層の前部の細胞群は原条の最先端であるヘンゼン結節を経て内部に移動し，胚盤葉上層の下側を前方に伸びる．この細胞群は頭突起あるいは脊索突起と呼ばれ，その最先端は前腸の咽頭内胚葉になり，後で折れ曲がって下になり，内側で腸管の前部になる．続く部分は腹側には広がらないで，胚盤葉上層と内胚葉の間に残り，頭部中胚葉と脊索中胚葉になる（図15.3）．だから，ヘンゼン結節はカエルのオーガナイザーに相当する．脊索はその上部に接着する胚盤葉上層を神経管に誘導するからである（図14.6）．

胞胚腔に入った細胞のうち，原条に沿って内部に入った残りの胚盤葉上層由来の細胞群は胚盤葉下層の細胞を押しやり，前後に広がって胚盤葉下層にとってかわり内胚葉になる．だから，胚盤葉上層の細胞群は原条に沿って胞胚腔に入り込んだ後で，中胚葉と内胚葉に分かれることになる．内胚葉細胞に押しやられた胚盤葉下層の細胞は周辺部に押しやられて胚壁になり，卵黄との連絡に役立つ．胚盤葉下層の前部には始原生殖細胞が現れ，内胚葉の進展後，頭部胚壁に集まり，この部分は生殖三日月環と呼ばれる．始原生殖細胞は血流によって生殖隆起に運ばれる．

胞胚腔に入った細胞で最下層になった細胞が内胚葉で，他の細胞は前後に広がって胞胚腔を満たし中胚葉になり，胚盤葉上層に残った最上層の細胞が外胚葉である．やがて，胚体が屈曲運動で内方へ折れ曲がって，内側になる内胚葉が管になって卵黄塊の間に腸管を形成する（図14.6）．

中胚葉が脊索や体節などに分化することは両生類と同様であり，脊索は上に密着

している胚盤葉を誘導して神経板を形成させ，細胞周期の変化と関連して顕著な細胞の形態変化を引き起こし，神経板は折れ曲がって神経溝や神経褶（隆起）を形成しU字状になり，閉じて神経管を形成する（図 16.1；16.2）．この時期の胚が神経胚に相当する．

哺乳類の腸管や神経管の形成は鳥類と同様である．胚盤葉上層の後端に細胞が集まり原条を形成し，前方に伸びて結節ができる．原条の一部の細胞が下に落ち込んで内胚葉と中胚葉に分かれるのも鳥類と同じである．結節から落ち込んだ細胞群が前方に移動して脊索になり，胚盤葉（外胚葉）を誘導して神経管をつくらせるが，胞胚腔は卵黄嚢になり，後に吸収される．胚盤葉上層の外縁の細胞が伸びて広がり，閉じて羊膜をつくり，内部に羊膜腔ができて羊水を分泌し胚体を包むようになるまで鳥類と変わらない（図 14.7）．

=========== Tea Time ===========

外胚葉のもう1つの分化──神経冠

外胚葉が中胚葉（脊索）に誘導されて神経管をつくると簡単に述べたが，頭尾に向かって伸びる脊索が外胚葉を誘導して神経板をつくり内部にへこみ，あるいは折れ曲がって神経管ができる時，頭尾に沿う外胚葉と神経管の左右の連絡部の細胞は神経管の左右に分かれて落ち込む（図 16.2）．これを神経冠細胞といい，胚内を移動して多岐にわたって分化する多分化能（多能性）をもった細胞である．例えば，表皮の色素細胞，感覚器・交感神経・副交感神経のグリア細胞やシュワン細胞，甲状腺のカルシトニン分泌細胞，副腎髄質のアドレナリン分泌細胞，軟骨や歯などになる外胚葉間充織細胞などは神経冠細胞由来である．

神経冠細胞は神経板に分布するBMP（BMP 2・BMP 4・BMP 7 などの骨形成タンパク）と予定表皮細胞に分布するWnt 6タンパクとの高濃度の合流点で分化し，表皮細胞から離れて移動した細胞である．神経管の形成の際には第17講で述べる細胞接着因子の発現も変化する．

これほど多様な部分の細胞に分化する能力をもっているのは，神経冠細胞が比較的未分化でかなりの多能性をもっており，移動した先の基質に依存して分化するためらしい．例えば，からだの前部や中央部に位置する神経冠細胞がからだのさまざまな部位に移動するのは，細胞膜にEphrin受容体をもっていることによる．体節の一部の骨になる硬節の後部細胞はEphrinというタンパク質を分泌し，神経冠細胞はEphrinを目指して移動し定着する．そこで移動先の基質に依存して心臓，肺などのアセチルコリン分泌細胞になって交感神経節を形成したり，腸のアドレナリン分泌細胞，あるいは皮膚の色素細胞に分化する．この分化は移動先の遺伝子産物とその場所の*Hox*遺伝子群に左右される（図 16.3）．

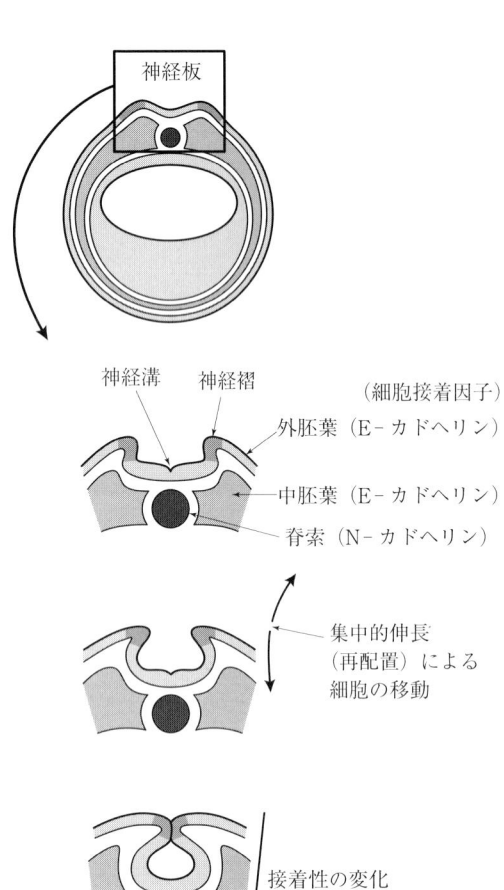

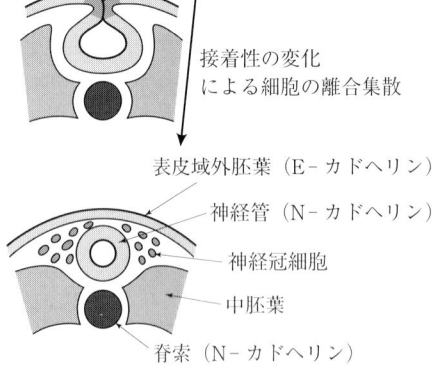

図 16.2 神経域外胚葉（神経板）からの神経管と神経冠の形成

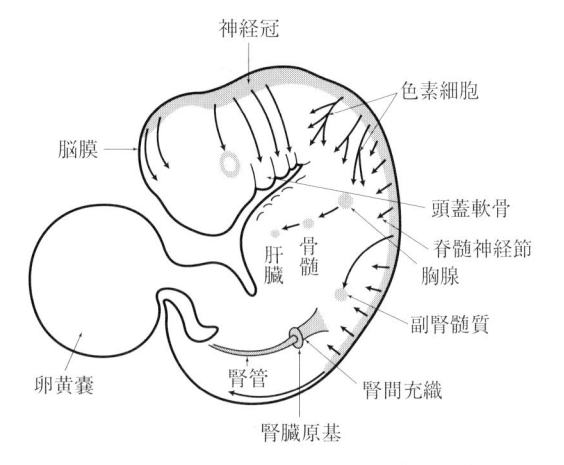

図 16.3 哺乳類胚の神経冠細胞の分布と移動路（Monroy and Moscona, 1979 より）

　従って，外胚葉由来の細胞がからだの内部にまで入り込んでいろいろな組織・器官の形成にあずかっているわけである．

第17講

細胞接着と細胞間結合

テーマ
- ◆ 細胞接着因子の役割
- ◆ 細胞外基質の役割
- ◆ 細胞間結合の役割

細胞膜タンパク質

　形態形成における細胞移動の際に，細胞は絶えず周囲の環境からの情報を受容・認識して足掛かりを得ながら方向を定めて移動する．その際，逆に隣接する細胞に情報を伝え影響を与えたりもする．その代表的な例が誘導である．細胞は何を足掛かりに移動し，どこで止まるのか．その重要な役割を果たすのは細胞接着因子（CAM, cell adhesion molecules）と細胞外基質（ECM, extracellular matrix）である．

　細胞膜には，いろいろなタンパク質が脂質二重層の中に埋もれている．タンパク質のように細胞膜を透過できない物質の情報を受け取る膜受容体タンパク，細胞接着因子，受動的なイオンチャネル，能動的なイオンポンプ，細胞結合装置，細胞間連絡などのタンパク質が細胞膜に組み込まれている．

　細胞膜の膜貫通受容体タンパクは普通3つの部位をもっている．細胞外に出ている部分と膜の中にある部分，細胞内に入っている部分である．膜タンパクの細胞外領域は細胞外のいろいろなシグナル分子に対して特異的に結合する構造をもっており，シグナルとなる分子，あるいはリガンドに対してそれぞれ異なった受容体が対応する．膜貫通領域は疎水性アミノ酸からなる部位で，油性の脂質層と融和できる領域である．細胞内領域は細胞内に情報を伝える機能をもち，細胞内の酵素や細胞骨格と連絡し，外部情報を細胞内へ，さらに核，遺伝子へと伝える仲介となる（図17.1）．従って，細胞がどのような受容体を備えているかによって，伝えられる情報，細胞の反応，あるいはそれに対応して発現される遺伝子産物が決まる．ホルモンのように血流に乗ってからだ全体をめぐっていても，反応する細胞はそのシグナルに対する受容体をもっている細胞に限られる．細胞・組織・器官の機能が異なる理由である．

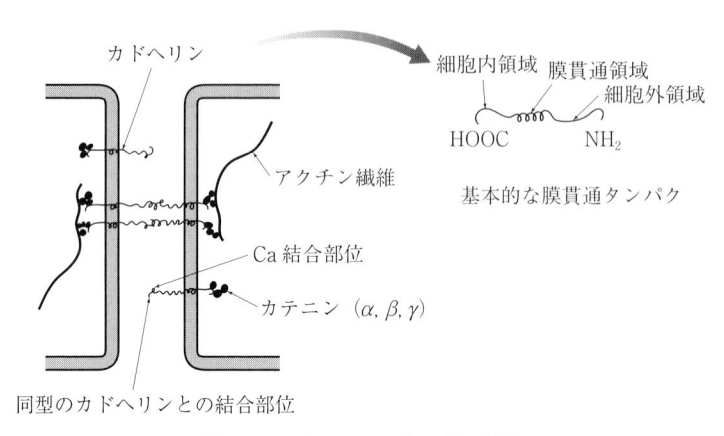

図 17.1 カドヘリンによる細胞接着

細 胞 接 着

　細胞が移動し，一定の場所を選んで接着，あるいは定位する場合に，大別して2通りの方法があることが知られている．それは細胞どうしが直接接着する場合と，細胞外基質を介して細胞が間接的に接着する場合である．

　細胞接着因子はCAMと総称され，大別して3種の因子がある．Ca依存性，糖依存性，Ca非依存性接着因子である．これらは細胞どうしが直接接着する場合の細胞膜表面の接着因子である．Ca依存性接着因子はカドヘリンと呼ばれ，Caの存在下ではたらく細胞膜の膜貫通型タンパク質で，細胞外領域にCa結合部位があり，細胞内では β-カテニンを介して微小繊維と結合している（図17.1）．カドヘリンにはE型，N型，P型，C型（EP型）などが知られ，β-カテニンを通して細胞骨格に結合していないタイプのプロトカドヘリンも見出されている．E型カドヘリンはほとんどすべての上皮にあり，N型は主に神経組織，P型は胎盤にある．これらのカドヘリン分子は細胞内から膜を通って細胞外に伸びており，同じ型どうしのカドヘリンが結合するので，同型カドヘリンをもつ細胞どうしが接着し細胞集団をつくる．しかし，細胞はいつも同じカドヘリンをもっているわけではなく，発生に伴う形態変化の際には，カドヘリンをつくる遺伝子の発現が変わり，別のカドヘリンをもつようになり，細胞は分離して移動する．例えば，E型カドヘリンをもつ外胚葉（表皮）がオーガナイザーに誘導されると，外胚葉の神経域はN型カドヘリンに変わり，この部位は形態変化を起こして神経管をつくる（図16.2）．

　糖依存性接着因子は糖が接着に関与するもので，受精の際のように，精子先端の先体のバインディンというタンパクが卵膜の糖タンパクと一時的な結合を起こし，種認識の後離れるような，トランスフェラーゼのような酵素がはたらく一時的な細胞結合や細胞移動の際にはたらいている．

Ca非依存性の細胞接着因子は分子構造の類似性から免疫グロブリン（Ig）スーパーファミリーCAMと呼ばれ，神経細胞接着因子（N-CAM）など，Caイオンを必要としない接着因子である．これらは細胞外領域が免疫グロブリンに似た構造をもち，同じ接着分子をもつ細胞どうしが直接接着する分子である．軟骨の形成では，N-カドヘリンが軟骨細胞の凝集に必要であり，N-CAMがそれらの細胞を接着させることによって軟骨組織を維持するのに重要であるといわれている．

　最近では免疫グロブリン様の構造をもつ接着タンパクは数多く見出され，ファシクリンと呼ばれるものもあり，それぞれ固有の名称で呼ばれている．

細胞外基質

　細胞の位置や細胞群の形を保持するために，そして細胞移動の目標をつくるために，細胞自身が分泌しているのが細胞外基質（ECM）である（図17.2）．上皮と結合組織の間にある薄膜や，細胞層の間の膜，筋肉のような細胞を取り囲む非細胞性の部分を基底膜という．例えば，上皮とその下の結合組織との間にある基底膜はECMでできており，2つの細胞層を分断し，その成分が細胞群を支持している．結合組織にもECMが多い．基底膜のECMは細胞移動の指標としても役立っている．主要なECMにはコラーゲン，プロテオグリカン，その他の糖タンパク質などがある．

　コラーゲンは動物特有の多量のグリシンとヒドロキシプロリンとヒドロキシリシンというアミノ酸を含む特異な糖タンパク質で，皮膚，骨，腱，軟骨，基底膜，ガラス体，血管などに多い．コラーゲンはアミノ酸の組成によって多種多様であり，そのままでは消化されることはなく，加熱によって変性し，ゼラチンと呼ばれ消化吸収されるようになる．

　プロテオグリカンはタンパク質にヘキソサミンを含むいろいろな糖鎖が結合した巨大分子である．糖鎖は，二糖類の繰り返し構造をもち，その1つはアミノ糖をもち，1000 kDaにもなる巨大分子の総称である（図17.3）．ヒアロウロン酸やコンド

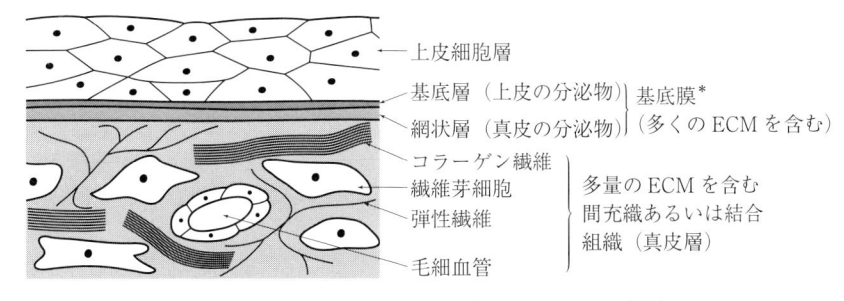

図17.2　主要なECM分布域（石原，1998bを改変）
量の差はあるが，多くの細胞外に分布する．*基底膜を区別せず単に基底層とする場合もある．

ロイチン硫酸の名で呼ばれるような巨大糖鎖とタンパク質との複合体を形成し，軟骨，動脈，肺，心臓などの結合組織に含まれ，組織，器官に弾性を与えている．

その他の糖タンパクの代表的なものに，フィブロネクチン，ラミニン，エンタクチンなどがある．フィブロネクチンは繊維芽細胞や上皮細胞などによって合成・分泌される 460 kDa の糖タンパク二量体で，細胞の接着面に多く，細胞の接着，移動に重要な役割を果たす．ラミニンは基底膜の主要な構成成分で，細胞の基底膜への接着に重要な巨大分子である．両者とも分子内に RGD（アルギニン，グリシン，アスパラギン酸）の細胞との結合配列とコラーゲンやプロテオグリカンとの結合配列をもっており，細胞はこれらの ECM と結合することによって移動・定位する．ECM は細胞成長，細胞接着，細胞の形態変化などに役立ち，ECM を除いたり，ECM の抗体を与えると，細胞移動が阻害され，器官形成の位置が異常になる．

インテグリン

このような細胞外基質（ECM）を介して間接的に細胞結合を行う細胞膜の受容体タンパクがあり，インテグリンという．インテグリンは α 鎖と β 鎖の 2 つのサブユニットからなるヘテロ二量体の膜貫通タンパクで，結合親和性が低く，細胞が ECM の成分を認識して移動するのに役立っている．ECM には細胞結合領域をもつフィブロネクチンやラミニンなどのタンパク質があり，インテグリンに結合し，細胞はその濃度に従って移動するなど，間接的に同種の細胞との接着に役立っている．インテグリンの細胞内領域はタンパク粒子を介してアクチン繊維と結合したり，情報伝達タンパクとも連絡したりするので，インテグリンは細胞内への情報伝達や細胞の形態変化にも役立っている（図 17.4）．

インテグリンはサブユニットの構成によって作用が異なる．インテグリンの α

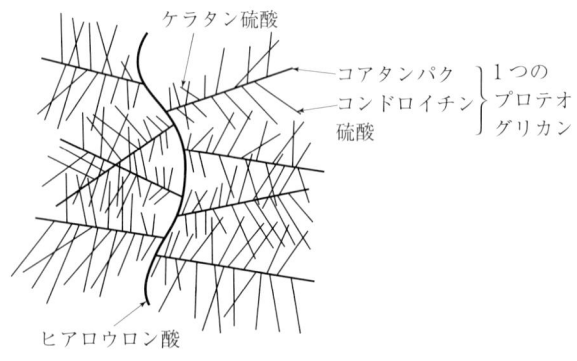

図 17.3 プロテオグリカンの構造模式図
軟骨などのヒアロウロン酸に結合した巨大なプロテオグリカン分子（分子量は 1000 kDa にもなり，細菌ぐらいの大きさを占める）．

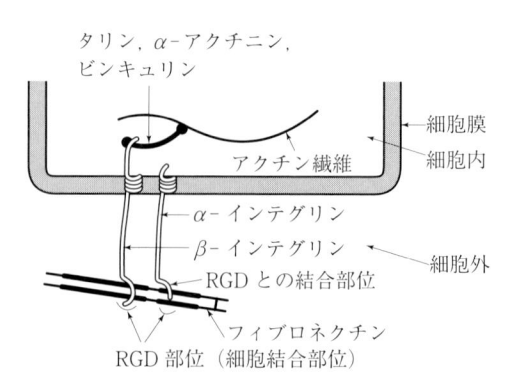

図 17.4 インテグリンと細胞外基質のフィブロネクチンとの結合

サブユニットは14種類，βサブユニットは9種類が知られ，多くの二量体を形成するが，少なくとも20種類の二量体インテグリンが知られている．その作用も多様で，例えば，$\alpha_2\beta_1$インテグリンはコラーゲンとラミニンの両方に結合できるが，細胞によって，コラーゲンだけ，また他の細胞はラミニンだけと結合するというように，細胞環境によって結合能が異なる．まだ詳細なしくみはわかっていないが，中胚葉性の間充織細胞が腎細管をつくる時，ボーマン嚢の上皮細胞になる細胞は$\alpha_3\beta_1$インテグリンを発現し，尿細管をつくる細胞は$\alpha_6\beta_1$インテグリンを発現して，ECMを識別し正しい位置に移動して細胞集団をつくり，器官を形成することが知られている．

また，インテグリンは細胞内領域が細胞内の細胞骨格と結合し，ECMの中で細胞を一定方向に配向させるのにも役立っている．別な表現をすれば，インテグリンやカドヘリンのような膜貫通型の接着因子は細胞内の細胞骨格と結合することによって，細胞内の情報を受け取って隣接する細胞と多様な親和性や結合能を示し，また，細胞結合を強固にすることができる．

細胞間結合

細胞が移動を終えて所定の位置に収まると，細胞集団は互いに強固な結合をつくり，相互に連絡しながら細胞分裂や再配置などを繰り返し，遺伝子の発現に伴って機能を営むようになる．これは発生過程における細胞分化の際だけでなく，成体になってからも引き継がれる．

細胞間結合には，閉鎖結合として密着結合，固定結合として接着帯，デスモソーム，ヘミデスモソームなど，連絡結合としてギャップ結合などがある（図17.5）．

密着結合は上皮細胞層などの細胞の最上部に位置し，細胞間の分子の通過などを防いで細胞を密着させる．これによって，上皮細胞層は取り込んだ物質分子の細胞間隙を通っての外部への流出を防いでいる．

固定結合には接着帯や接着点，デスモソームやヘミデスモソームなどがあるが，心筋や皮膚などの細胞に多く，細胞間の固定的結合だけでなく細胞間の細胞骨格と連絡したり，細胞骨格と細胞外のECMとの連絡に役立っている．接着帯は密着結合のすぐ下に位置し，膜貫通タンパクはカドヘリンで，細胞外領域で隣接する細胞のカドヘリンと結合し，細胞内領域はカテニン，ビンキュリンなどの付着タンパクを介してアクチン繊維が結合し細胞間の連絡の役を果たしている．インテグリンは膜貫通受容体タンパクで，細胞内領域はタリン，α-アクチニン，ビンキュリンなどの付着タンパクを介してアクチン繊維が結合し，細胞外領域でECMと結合し，細胞とECMの結合に役立っている．デスモソームとヘミデスモソームは細胞内領域に中間径繊維が結合している点で共通している．デスモソームの膜貫通タンパク

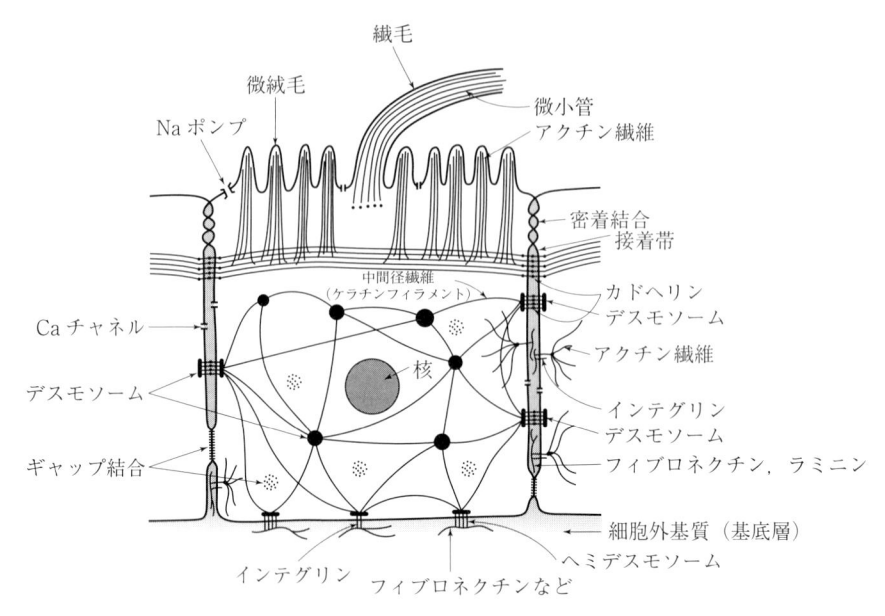

図 17.5 細胞間結合，細胞接着，細胞骨格の関係

はカドヘリンで，直接隣接細胞と結合している．ヘミデスモソームの膜貫通タンパクはインテグリンで，主に細胞群の境界面に位置し，上皮と結合組織の境界にある基底膜との関係のように，細胞とECMを連絡し，細胞の固定・移動に役立っている．

連絡結合として機能するギャップ結合は特異な役割を果たす．ギャップ結合はあらゆる動物のほとんどの細胞でみられる構造で，この構造のある部分の細胞間の間隔（ギャップ）は2～4 nm程度である．ギャップ結合はコネキシンと呼ばれる膜貫通タンパクでできており，分子量1000 Da以下の小分子物質だけが通過でき，特に無機イオンなどは自由に通過する．つまり，細胞内情報伝達のためのcAMPやCaなどが細胞間を通過するためのチャネルになっている．このチャネルは細胞質のpHやCa濃度の変化などで開閉し調節されている．

―― Tea Time ――

ホルモン受容体と細胞内情報伝達

ペプチドホルモン，タンパク質ホルモン，成長因子，神経伝達物質などは水溶性で細胞膜を通過できないので，これらに対する受容体は細胞膜にある．ステロイドホルモンや甲状腺ホルモンなどは脂溶性で，膜を通過することができ，その受容体は細胞質か核内にある．いずれにしても情報は遺伝子に伝えられ，遺伝子発現を誘起する．

細胞膜の受容体は膜貫通タンパクで，細胞内領域はGタンパク質（GTP結合タ

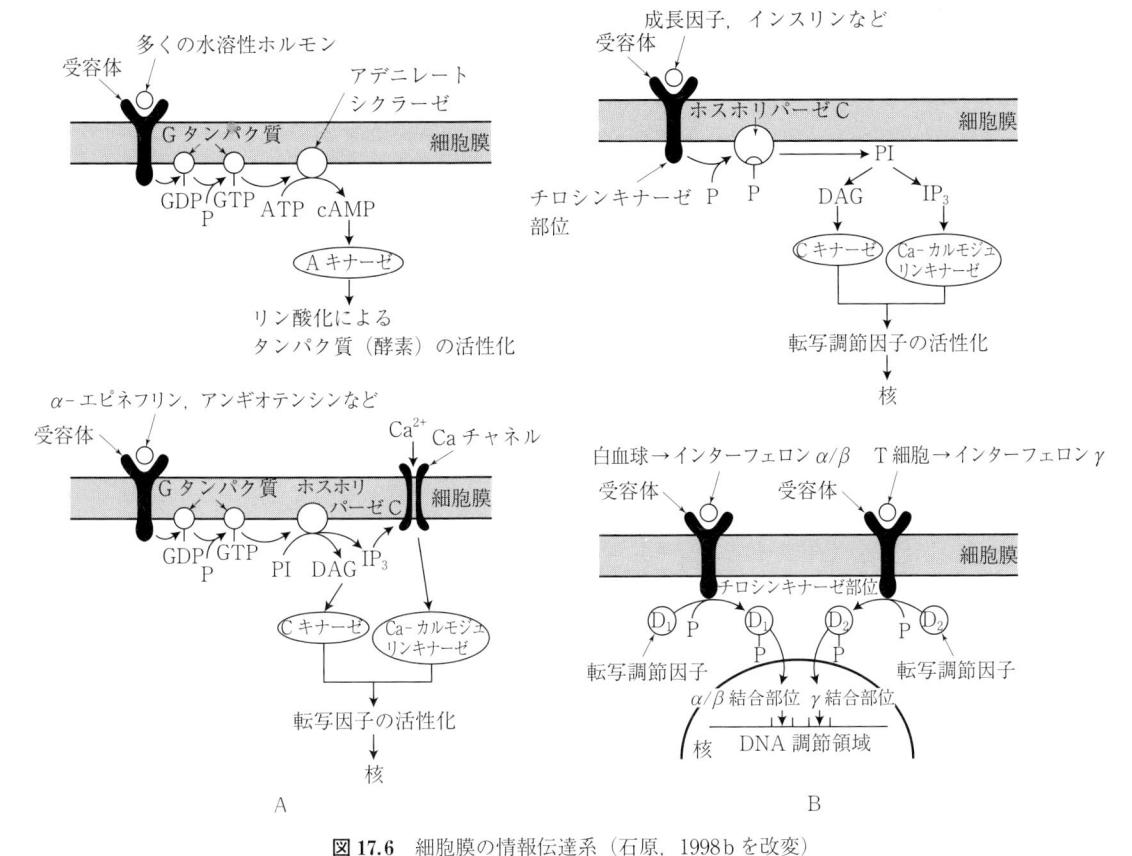

図 17.6 細胞膜の情報伝達系（石原，1998bを改変）
A：Gタンパクを介する情報伝達．B：酵素活性をもつ受容体．
Gタンパク質：GPT結合タンパク質，Aキナーゼ：cAMP依存性プロテインキナーゼ，
PI：ホスファチジルイノシトール，DAG：ジアシルグリセロール，
IP_3：イノシトール三リン酸，Cキナーゼ：Ca依存性プロテインキナーゼ．

ンパク）を介してアデニレートシクラーゼを活性化してcAMP量を調節するもの，Gタンパクを介さずに細胞内領域が酵素活性（チロシンキナーゼ，セリン・スレオニンキナーゼ，グアニレートキナーゼなど）をもち，ホスファチジルイノシトール（PI）などのリン脂質を介して細胞内情報伝達タンパクを活性化するもの，イオンチャネルを内蔵する受容体などがあり，多くの受容体が知られている（図17.6）．アセチルコリン受容体のようにイオンチャネルをもつ受容体はホルモンの結合によって細胞膜のイオンチャネルが開き，Caイオンの細胞内への流入によってCa量が増大し，Caがメッセンジャーとしてはたらく．最終的には転写因子，転写調節因子などを活性化して核内のDNAに結合する．

　細胞質や核内の受容体はホルモン結合部位の他に，次に伝達するタンパク質などの活性化部位をもつものと，さらにDNA結合部位をもつものがあり，DNA結合部位をもつものはDNAと結合して転写調節因子としてはたらく．

第18講

胚の極性 — I

> ─ テーマ ─
> ◆ 動植物極性の維持
> ◆ 背腹極性の形成
> ◆ 左右極性の形成

極性の役割

　からだの方向，からだをつくる細胞や器官の位置や方向は，一定の秩序ある規則性をもって配置されている．その基盤になっているのが極性である（図 26.1）．極性ができなかったり，誤った極性ができたりすると，生物のからだの構成が規則性を失い，生物個体は奇形を生じ，最も基本的な極性に誤りを生じると生命を失う．頭部ができても尾部ができないと双頭奇形になり，背腹の方向でも，背部だけで腹部ができなければ，生物は生きられないからである（図 10.7）．

　多くの動物の卵には動植物極性がある（図 10.1）．その卵にいつどのようにして頭尾（前後），背腹，左右の極性ができるのだろうか．例外的に，昆虫類の卵では，受精する前からこの3つの極性が定まっている（図 10.4）．いつどのようにしてできるのか，そしていつどのようにして最終的に成体の極性として確立されるのか．

　極性に沿った組織・器官の形成は生命活動の際にバランスのとれた連携した機能を営むために必要である．動物の形はもちろん，胃，小腸，大腸などの例をみれば明らかなように動物固有の秩序・配列がある（図 20.1）．生物固有の機能をもつ器官の形や配列順序が正しくなければ，生物は生命の危機にさらされる．

　現在，最も基本的な卵の動植物極性がどのようにしてできるかはわかっていない．しかし，最近の発生遺伝学の急速な進歩によって，胚の極性についてはかなり明らかになっている．器官形成には極性が極めて重要であるので，明らかな部分を考察してみよう．

ウニ胚の極性

　卵の極性（第10講），原腸形成（第14講）で述べたように，ウニ胚にはいくつ

かの極性が知られている（図14.2）．ウニの受精卵には動植物極性がある．16細胞期になると，動物極側から植物極側に向かって中割球，大割球，小割球に分かれる．中割球と大割球の動物極寄りの半分は将来幼生の体表になる外胚葉である．これに続く大割球の大部分は陥入して消化管（原腸）をつくる内胚葉である．大割球の植物極寄りの一部分と小割球は胞胚腔の中に移入して一次間充織（将来骨片になる）になったり，原腸の先端に残って陥入の後で離れて二次間充織になって，筋肉や色素細胞になったりする中胚葉である．従って，動物極（頭部）から並ぶ細胞群の胚葉の順序は他の動物の胚と違って，外胚葉，内胚葉，中胚葉の順に並んでいる．これが胚になってからの動植物極性であり，頭尾極性でもある（図18.1A）．

動植物極性とはややずれる極性がある．幼生の形態形成にかかわる遺伝子の発現パターンから区別される口・反口側極性である．口側はプルテウス幼生の口を中心とする側で，幼生の前方である．反口側はその反対側の後部になる．外胚葉を区別する際に口側外胚葉と反口側外胚葉と呼ばれるが，動植物極性とは一致しない（図18.1B）．

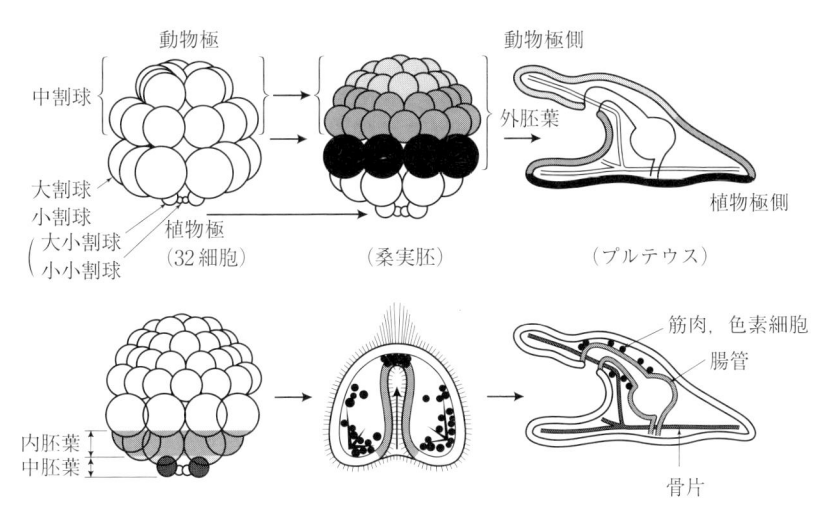

図18.1A ウニ胚の割球の発生運命と動植物極性（石原，1998bを改変）
上は動物極寄り（外胚葉）の割球，下は植物極寄り（内・中胚葉）の割球だけを黒や点で区別した．

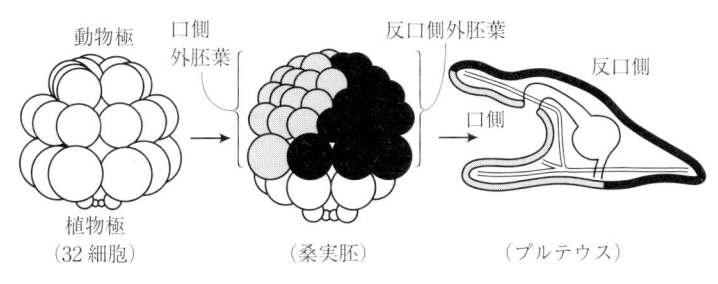

図18.1B ウニ胚の口・反口側極性（石原，1998bを改変）

プリズム胚からさらにプルテウス幼生になると，背側と腹側が区別されるようになる．幼生の肛門（原腸の陥入によって生じた原口）のある側が腹側，その反対側が背側である．この方向（極性）は動植物極軸に直交する軸が背腹軸である（図18.1C）．こうしていくつかの極性が明らかになれば，左右極性も明らかになる．背側から腹側に向かって，その左側と右側が左右極性である．陥入した原腸の先端にある小小割球は原腸を離れ左右に分かれて体腔囊（水腔囊）を形成するが，幼生が成長して6〜8腕プルテウスになると，左側（図18.1Dでは口が前面にくるように描かれてあるので右側）の体腔囊だけが羊膜陥（表皮＝外胚葉の陥入でできる）など他の細胞と共同して発達し，ウニ原基をつくる．この幼生の左側のウニ原基がやがて変態して稚ウニになるから，明らかな左右性の相違があることを示す．従って，幼生は成体のウニになると，体軸が90°転換することになる．しかし，ウニの成体

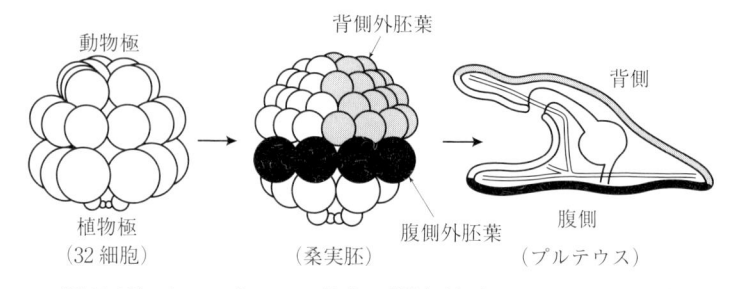

図18.1C ウニのプルテウス幼生の背腹極性（石原，1998bを改変）

8腕プルテウス初期　8腕プルテウス中期　8腕プルテウス後期

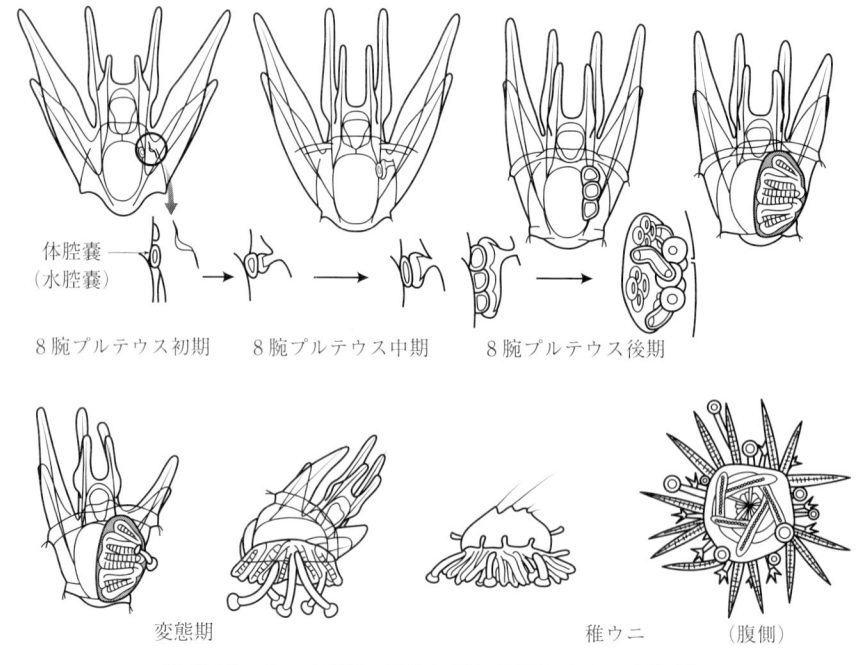

体腔囊
（水腔囊）

変態期　　　　　　　　　　　　　稚ウニ　（腹側）

図18.1D ウニの変態と極性の変化（石原，1998bを改変）

は5放射相称で線対称であり,背腹極性はあるが,前後(頭尾)極性はない.

卵割は動植物極軸に沿って規則正しく進行するので,動植物極性が分裂面を規制しているようにみえる.確かに動植物極軸に沿って第一,第二卵割が起こる.ところが,後になって明らかになる幼生の背腹軸との関係をみると,種によって相違があることが明らかにされている.第一卵割面に対して背腹軸が一致している種,直交する種,45°傾いている種などいろいろである.しかし,動植物極軸と頭尾軸が一致していることに変わりはない.

両生類の極性については,第15講の「誘導」の項で述べた.

ニワトリ胚の極性

ニワトリの卵細胞は球形で,動植物極性があり,これに一致して背腹極性ができる.卵は受精して輸卵管の中を下降する間に輸卵管が分泌する卵白アルブミンに包まれ,さらにカルシウムが沈着して卵殻をつくり,鋭端と鈍端のある卵形になる.この過程で受精後・産卵前に背腹極性や頭尾極性が確立する.

受精卵が輸卵管を下降する際に,卵は鋭端を先に(肛門のほうに)向け,およそ5分間に1回転の速さで反時計回りに回転しながら下降する.しかし,回転するの

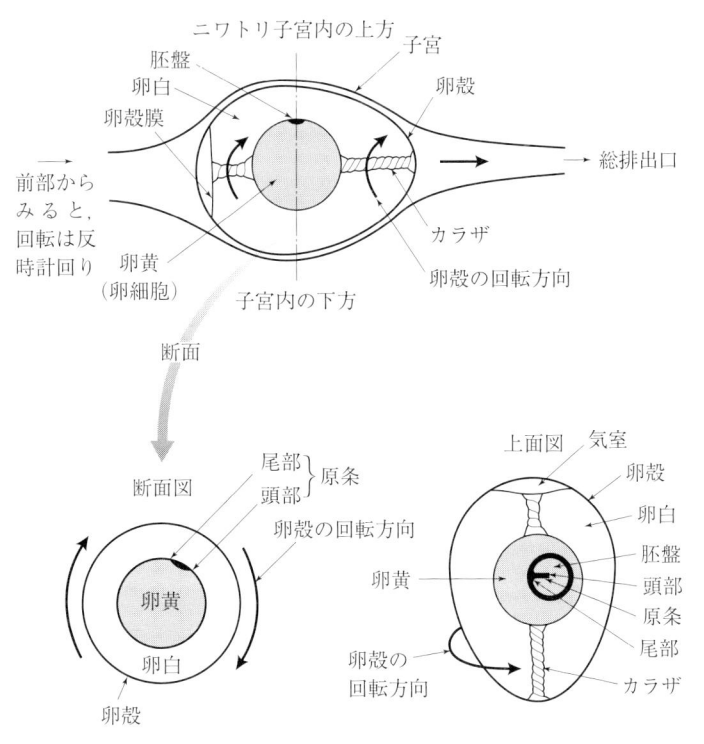

図18.2 ニワトリ胚の頭尾極性の形成(Kochav and Eyal-Giladi, 1971より)
子宮内で卵殻ができ,1回転を5〜6分の速度で回転しながら,子宮と膣を経て総排出口に移動する.

は卵殻と卵白アルブミンであり，卵黄（卵細胞）は回転せず，ひきずられてわずかに傾く程度である．回転軸では，卵黄に付着しているアルブミンが回転によって脱水濃縮されて不溶化する．この部分はカラザと呼ばれ，卵黄の両面に白いヤジロベイの腕のような形になり，腕の先はアルブミンを包む卵殻膜につながって卵黄を支えている．

このような卵殻とアルブミンの回転によって中央で支えられた卵黄は少し傾き，卵黄の中央にある胚盤は傾きによる重力によって頭尾極性ができる．傾いた下方が頭部，上方が尾部になる．第14講の「原腸胚形成」の項で述べたように，上部から下方に向かって原条が伸びるから，頭尾の方向が明白になる（図18.2）．

これを証明した実験がある．ニワトリの輸卵管中にある卵を取り出して，鋭端を上に鈍端を下にして置き，ニワトリと同じ体温の41℃で保温し，後で胚の方向を調べると，保温した時の上下の方向に胚ができており，しかも，下側が頭部で上側

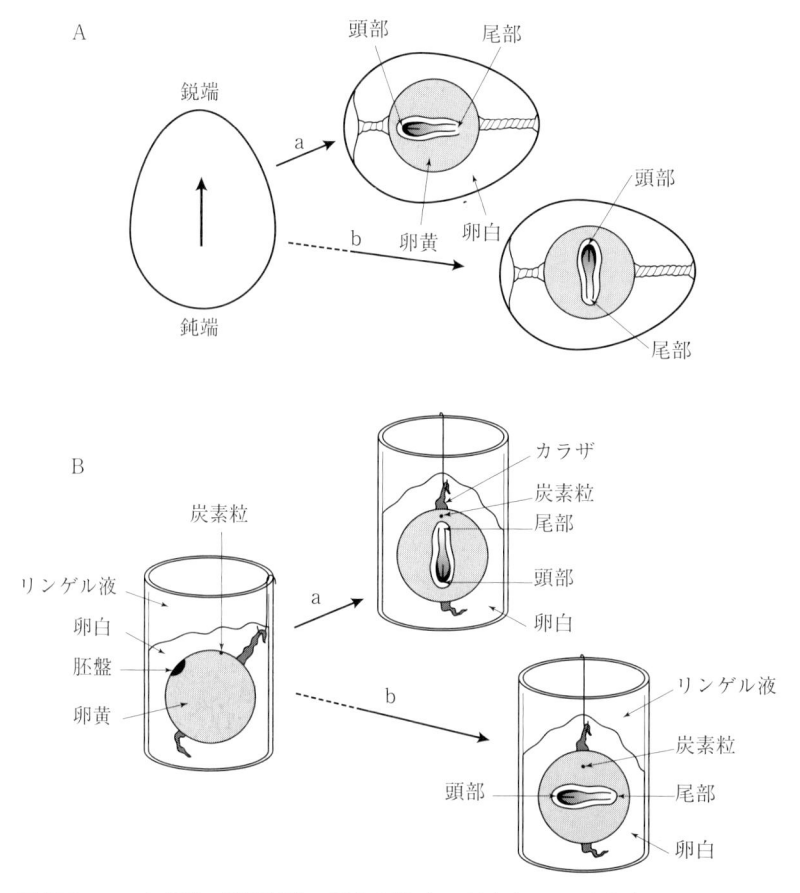

図18.3 ニワトリ胚の頭尾極性の形成実験（a：子宮卵，b：産卵卵；Kochav and Eyal-Giladi, 1971 より）
A：卵の鋭端を上にして10時間保温．
B：卵殻を除去し，カラザの一方を紐で縛ってぶら下げ，10時間保温．

が尾部になる．通常に産卵され，すでに頭尾が決定した卵を同じ条件に置いても，発生は進んでおり胚の極性は変化しない．

　また，輸卵管から取り出した卵の卵殻を壊して卵白と卵黄を取り出し，これをリンゲル液が入ったビーカーに入れ，カラザの一方を縛ってぶら下げる．カラザの下には炭素の粒をつけて上下の方向がわかるようにしておく．比較のために産卵された卵も同様にしてつるし，両者を41℃で10時間保温する．輸卵管から取り出した卵では，胚が次第に発達して上下の方向に長くなり，下部に頭部，上部に尾部ができる．産卵卵は向きを変えて保温しても，胚の位置や方向は変化しない．従って，輸卵管内での頭尾極性の形成は卵の回転によるというよりも，回転によって生じる重力による（図18.3）．

　魚類の卵も卵黄が多く鳥類に似ているが，魚類では，鳥類のような重力による極性の形成様式は否定的である．

═══════════════ Tea Time ═══════════════

ヒトデの極性

　ヒトデもウニと同様に卵の植物極が胚の発生に大きな影響力をもっている．東北大学名誉教授の長内健治博士はヒトデを使って興味ある実験を行っている．ヒトデの未熟卵の動物極側（極体が出る側）をナイルブルーで染色してから成熟させる．これを受精させると，正常に動物極と植物極を通る面で分裂して2細胞になるが，この時，細いガラス棒で一方の細胞を180°回転して，動植物軸が互いに逆になるように向きを変えて発生させる．すると1つの胞胚ができるが，原腸形成の時，染色してない側（植物極側）から陥入が起こり2つの原腸ができる．植物極側を染色した場合には染色した側から陥入が起こる．ウニの小割球（植物極側細胞）を動物極側に移植した場合にも上下に2つの原腸ができることがRansick and Davidson (1993) によって証明されている．結局，ヒトデは口が1つで，腸，胃，肛門（陥入部）などの消化管系を2つもった奇形のビピンナリア幼生になる．このような幼生の動植物極性は受精前から決まっているようである．

第19講

胚の極性——II

―テーマ―
◆ 動物による極性の違い
◆ 極性の連続的順位

ショウジョウバエ胚の極性

　ショウジョウバエの卵では，受精前に母性遺伝子によって主要な極性が決まることは第10講の「卵の極性」で述べた．頭尾極性と背腹極性の確立は，その後の胚の発生におけるすべての遺伝子発現に影響を与えるから，胚や成体の形態形成やパターン形成の根幹となる．従って，極性を決定する遺伝子の変異や欠損はからだの主要な部分を欠くことになり，頭部を欠く胚，尾部を欠く胚，双頭，双尾の胚や幼虫ができる．しかし，このような胚は発生途上で死亡する（図19.1）．

　正常な発生では，卵の極性が確立すると，前後（頭尾），背腹の2つの極性の影響下で，受精後，胚の発生とともに連鎖的に次々と遺伝子発現が起こる．頭尾極性が決まると，頭部，腹部，尾部の分節化が起こるが，その各部は背腹極性の支配を受けて分化する．頭部は大顎，小顎，下唇などに分かれ，胸部は前胸，中胸，後胸に，腹部は9つの環節に分かれる．胚の分節化はギャップ遺伝子，ペアルール遺伝子，セグメントポラリティ遺伝子と名づけられた3群に分けられた分節遺伝子群によって行われる．

　例えば，*hunchback*（*hb*）というギャップ遺伝子は未受精卵の時から発現するが，これが欠損すると，細胞増殖が異常になり，隣接したいくつかの体節が欠損する．ペアルール遺伝子の1つである *fushi tarazu*（*ftz*）遺伝子は主として胞胚期に発現

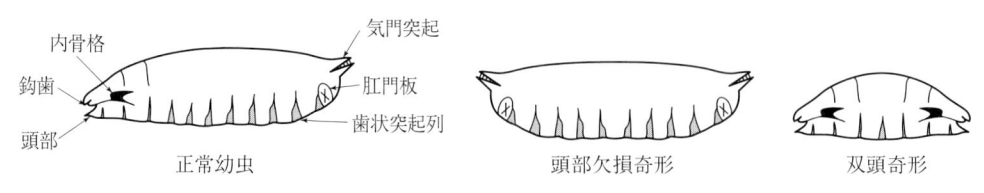

図19.1 ショウジョウバエの遺伝子欠損による幼虫の奇形（石原，1998bを改変）

し，これが欠損すると，体節が半分しかない幼虫ができる．セグメントポラリティ遺伝子の1つである*engrailed*（*en*）遺伝子は主として原腸胚期から発現し，これを欠くと，各体節の一部が失われて短縮された幼虫になる．これらの遺伝子発現は時間的に少しずつずれて発現し，互いに影響しあう．例えば，ギャップ遺伝子の異常な胚では，その発現領域では他の分節遺伝子は発現できない．

　正常な胚では，頭部，胸部，腹部が細かく分節されると，各分節に何をつくるかが決定される．これにはたらく，前後を決める遺伝子群をホメオティック遺伝子という．例えば，前胸には一対の脚が，中胸には一対の脚と一対の羽（前翅）が，後胸には一対の脚と一対の平均こん（後翅が変化したもの）ができる．こうして2枚の羽と6本の脚ができ，ハエという昆虫の中の双翅目の特徴を備えることができる．

　ホメオティック遺伝子は*antennapedia*遺伝子群と*bithorax*遺伝子群に大別され，多くの遺伝子が見出されている．前者は頭部，前胸，中胸の分化を制御し，後者は後胸と腹部の分化を制御している．例えば，*antennapedia*遺伝子が欠けると，頭部の触覚が変化して脚になり，頭に脚ができるという奇形になるし，*bithorax*遺伝子群の1つである*ultrabithorax*（*ubx*）遺伝子が欠けると，後胸の平均こんが変化して羽になり，4枚羽になって，双翅目とはいえなくなってしまう（図19.2）．

　ホメオティック遺伝子群は分節遺伝子群の影響を受け，分節遺伝子群は母性遺伝子群に支配されるというように，遺伝子の制御関係には流れがあり，末端遺伝子よりも母性遺伝子のような根幹になる上位の遺伝子のほうが形態形成に大きな影響を与え，生命維持に危険な結果を生む．ホメオティック遺伝子の1つが欠けて4枚羽になっても，ある程度は生きられるが，*bicoid*（*bcd*）のような母性遺伝子が欠けると，ギャップ遺伝子の発現パターンを変化させて頭部ができず（頭部欠損），双腹

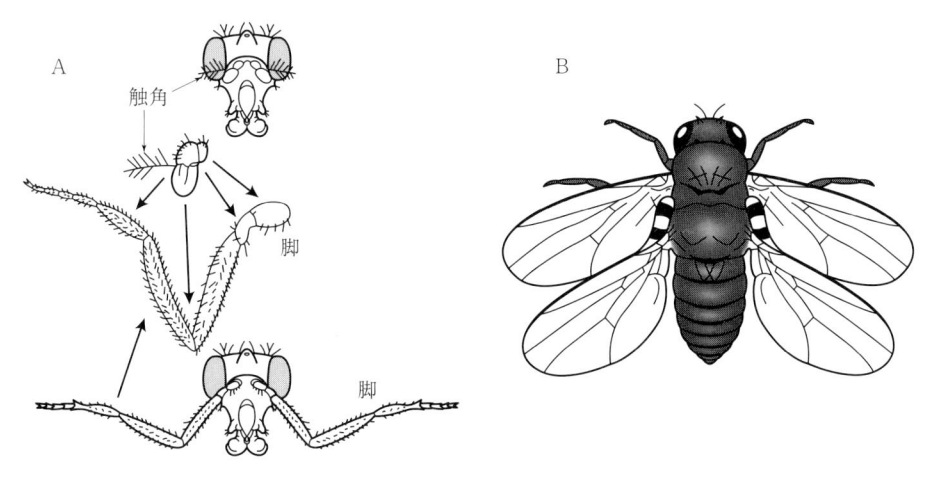

図19.2 ホメオティック遺伝子の突然変異体（石原，1998bを改変）
A：*antennapedia*遺伝子の欠損．B：*ultrabithorax*遺伝子の欠損．

奇形になって生きられない．

　遺伝子の発現には，1つの遺伝子発現によって生ずるタンパク質が次の遺伝子発現を誘起するというような連続的な発現順位がある．ショウジョウバエでは前後（頭尾），背腹，左右を決める極性決定遺伝子（母性遺伝子）→分節遺伝子（ギャップ遺伝子→ペアルール遺伝子→セグメントポラリティ遺伝子）→ホメオティック遺伝子の発現順位があり，上位の遺伝子ほど発生，さらに生命にかかわる影響が大きい．

　多くの遺伝子の構造分析を行ってみると，ホメオティック遺伝子群や分節遺伝子群などのDNAの塩基配列の中に，遺伝子に共通する部分があることが見出された．*bicoid* 遺伝子や *fushi tarazu* 遺伝子，*antennapedia* 遺伝子など多くの遺伝子の中で，180個の塩基配列が共通している．この共通塩基配列の部分をホメオボックスという．これに対応する翻訳産物のタンパク質は60個のアミノ酸が共通の配列をしているわけで，ホメオドメインと呼んでいる．このアミノ酸配列にはDNAと結合する配列が含まれており，そのためにこれらの遺伝子産物はDNA結合タンパクであり，遺伝子発現の転写調節因子と考えられている．

　ホメオボックスをもつ遺伝子はショウジョウバエだけでなく，ヒトなどの脊椎動物を含めていろいろな動物で見出されている．脊椎動物は体節構造をもっているから，当然ともいえるが，ホメオボックスはヒトに至るさまざまな進化の過程で，あまり変化せず保存された配列である．ホメオボックスは体節性をもつ生物のからだづくりに欠かせない重要な配列であるために，進化の過程でも変化することなく保存されたと考えられる．

ヒト（哺乳類）の胚の極性

　哺乳類の卵の極性については，あまり明確ではないが，現在研究が進行中である．動植物極性とそれに直交するように背腹極性ができることはわかっている．極体が出る部分を第一分裂面が通るから，極体が出るほうが動物極でありその反対側が植物極である．胚の極性については現在集中的に研究が進められ，特に頭尾（前後）極性について，ホメオティック遺伝子群はホックス（*Hox*）遺伝子と呼ばれ，解明されつつある．昆虫のホメオティック遺伝子と同類の遺伝子が哺乳類でも見出され，体節（哺乳類では脊椎骨や神経，筋肉の分節構造に対応）の形成や極性の確立が基本的には両者の間でかなり似ていることが知られている．

　哺乳類の胚発生を追ってみると（図14.7；19.3），桑実胚の時期に割球が一方に偏り，内細胞層とそれを包む栄養膜細胞層に分かれ，内細胞層が胚体になり，栄養膜細胞層は胎盤の一部になる．胚体の背腹極性は細胞の相対的位置によって決まり，内細胞層が栄養膜細胞層に接するほうが背側になり，内部の胞胚腔に面する側が腹

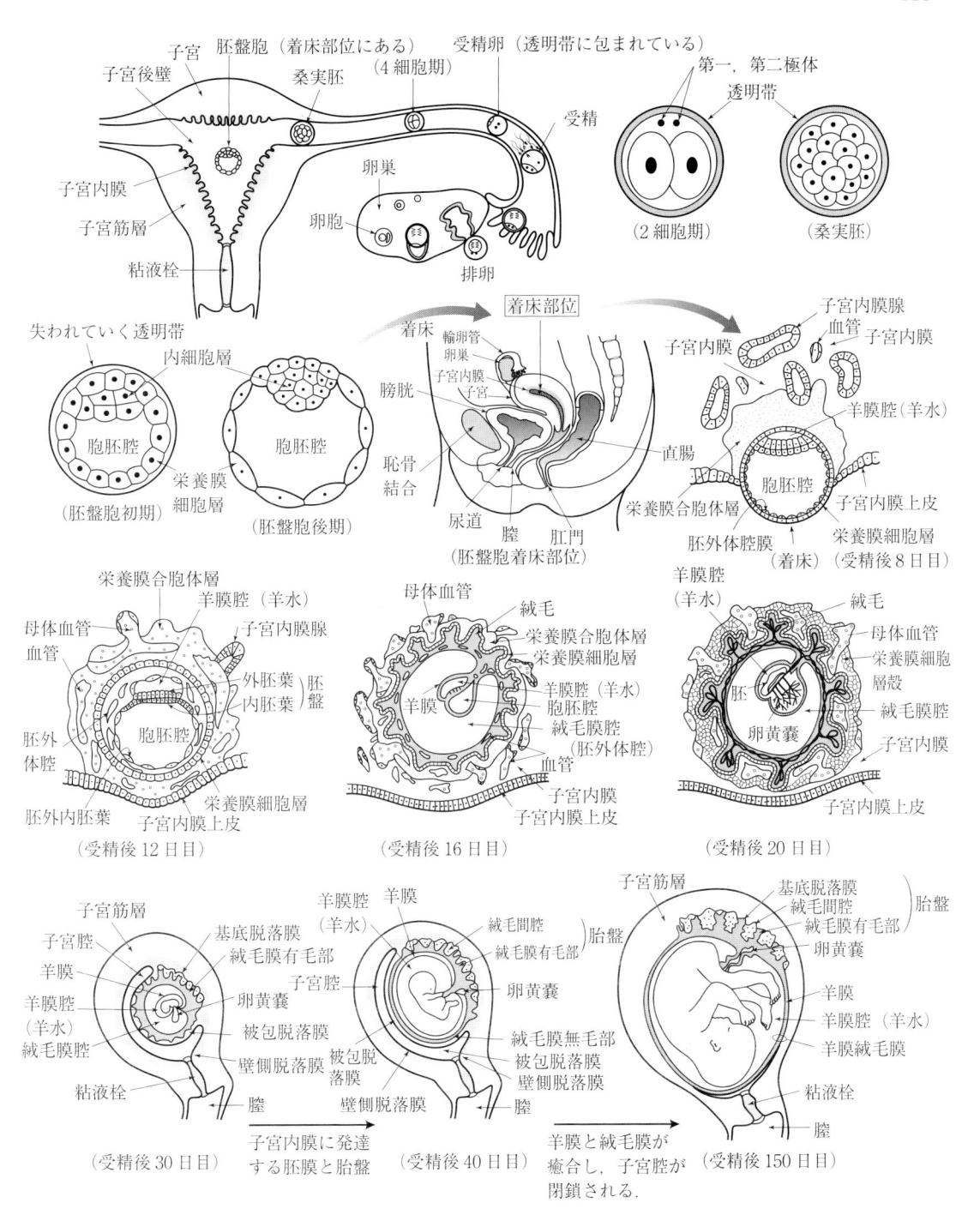

図 19.3 ヒトの発生の概略（星野訳（Moore, 1977），1979 を参考に描く）

側になる．
　頭尾（前後）極性は，鳥類と哺乳類はかなり似ている（図 14.6；14.7）．胚盤葉

の後部の原条が伸びる基点(後部周辺帯, PMZ)が両生類のニューコープセンターに相当し, *Vg1* 遺伝子の mRNA が転写される. 原条の先端部の結節(鳥類のヘンゼン結節)がオーガナイザーに相当し, *goosecoid* 遺伝子などが発現し, 胚盤葉上層に *nodal* 遺伝子が発現し, これが前後軸(頭尾軸)の形成に役立っていると考えられている.

これらの遺伝子は胚の前部の形成に必要で, 一方でWnt タンパクやレチノイン酸などの後方化因子が後部形成のための遺伝子発現を誘起し, 神経管の部域化を明確にする. ここではたらくのがホメオティック遺伝子である. これは遺伝子の転写調節因子であり, 体節構造が具体化する.

<u>ショウジョウバエ *Hom* 遺伝子複合体(第3染色体)</u>
　　　　　　　　(頭部), 前胸, 中胸　　　　　　　　　後胸, 腹部, (尾部)

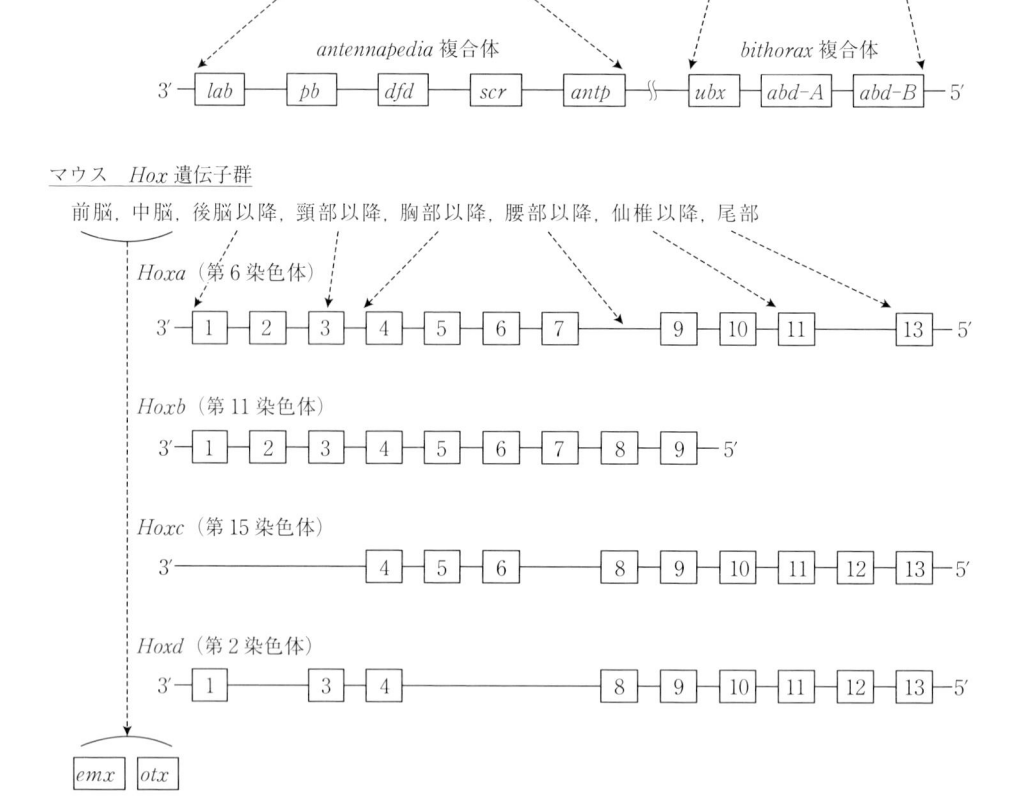

　　　　　　　antennapedia 複合体　　　　　　*bithorax* 複合体
3'―| lab |―| pb |―| dfd |―| scr |―| antp |～～| ubx |―| abd-A |―| abd-B |―5'

<u>マウス *Hox* 遺伝子群</u>
前脳, 中脳, 後脳以降, 頸部以降, 胸部以降, 腰部以降, 仙椎以降, 尾部

Hoxa(第6染色体)
3'―| 1 |―| 2 |―| 3 |―| 4 |―| 5 |―| 6 |―| 7 |―| 9 |―| 10 |―| 11 |―| 13 |―5'

Hoxb(第11染色体)
3'―| 1 |―| 2 |―| 3 |―| 4 |―| 5 |―| 6 |―| 7 |―| 8 |―| 9 |―5'

Hoxc(第15染色体)
3'――――| 4 |―| 5 |―| 6 |――| 8 |―| 9 |―| 10 |―| 11 |―| 12 |―| 13 |―5'

Hoxd(第2染色体)
3'―| 1 |――| 3 |―| 4 |―――| 8 |―| 9 |―| 10 |―| 11 |―| 12 |―| 13 |―5'

| emx |　| otx |

図19.4 前後(頭尾)極性に沿って発現するホメオボックス遺伝子(Wolpert, 1998-2002 より)
「後脳以降」などという表現は, 前部で強く発現するが, それより後部でも弱い発現があるという意味. 例えば頸部以降では *Hoxa*3, *Hoxb*3, *Hoxd*3 などが頸部で強く発現し, それより後部でも弱く発現する. *Hoxc* は第15染色体にあるが *Hoxc*3 の遺伝子はない. また a〜d の同じ番号の遺伝子は塩基配列がよく似ている.

=================== Tea Time ===================

ホメオティック遺伝子の特性

　ショウジョウバエの項で述べたホメオティック遺伝子群は *HOM-C*（ホメオティック遺伝子複合体）と呼ばれ，ショウジョウバエの第3染色体に一群のクラスターを形成し，頭部，胸部，腹部を形成する遺伝子群が順に並んでいる．哺乳類でも同様な遺伝子群があり，*Hox* 遺伝子と表記されている（図19.4）．*Hox* 遺伝子には $a \sim d$ の4群の遺伝子群があり，それぞれ13の遺伝子が順に並び，後脳から脊髄に至る脳と体節の発現を制御している．前脳や中脳のような最前部の形成は *Hox* 遺伝子ではなくて，*otx* や *emx* と呼ばれる遺伝子の発現に依存する（*otx* や *emx* はショウジョウバエの *otd*（*orthodenticle*）や *ems*（*empty spiracle*）と相同遺伝子）．これらはホメオボックスをもっている遺伝子で，胚の頭尾（前後）極性を最終的に決定している．

第20講

左右非相称性

> ── テーマ ──
> ◆ 相称性は生物に共通か
> ◆ 非相称性はどうして生じるか
> ◆ 内臓逆位はどうして生じるか

下等動物の左右非相称性

　頭尾（前後）極性と背腹極性の2つが決まると，動物は整然と秩序ある左右相称のからだになる．多くの動物は，少なくとも外形は左右相称である．

　しかし，ウニ原基がプルテウス幼生の左側にでき，棘皮動物は変態の際に，体軸が90°変化するように，幼生の体制は非相称である．巻貝はらせん卵割に支配されて，成体になる直前にからだのねじれを生じて巻貝になる．脊椎動物でもヒラメやカレイの変態では，目が一方に偏ってからだの一方の側面を上に向け，海底に横たわる．脊椎動物の内臓はすべて非相称である．カエルは幼生（オタマジャクシ）の時から腸管がねじれ，からだの左側だけに呼吸孔がある（図20.2）．ヒトのような哺乳類でも内臓の位置は左右非相称である（図20.1）．

　このように，動物の非相称性の例は多いが，これらの非相称性は種によってすべて同じ規則性をもっていることを考えれば，それを支配する遺伝子の存在が考えられる．このような規則性のある非相称性がむしろ各動物の生命活動を有利にしている．

　ウニ胚では，植物極の小割球の核に含まれるカテニンが誘導能をもっていることはすでに述べた（第15講）．前述した口・反口側極性は面的な観点からはほぼ背腹極性と一致するが，左右の相称面は原腸の陥入が終わって口側（動物極）に達した時，原腸先端の小割球（二次間充織細胞）が左右に分かれることで明白になる．左側に移動した細胞が将来ウニ原基をつくる祖先細胞である．この細胞を，胚を振動させることなどで左右の分布を変えると，右側にウニ原基ができることが知られている．母性のカテニンがホメオボックスの転写因子を活性化することは知られているが，遺伝子的な分布についてはまだ明らかでない．

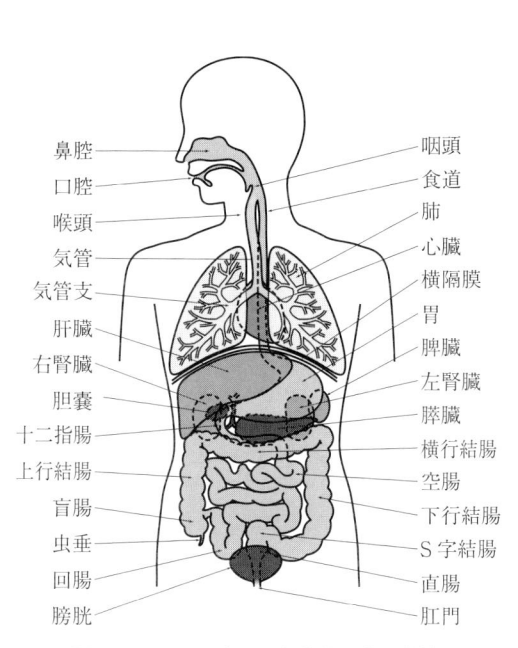

図20.1 ヒトの内臓の相称性と非相称性

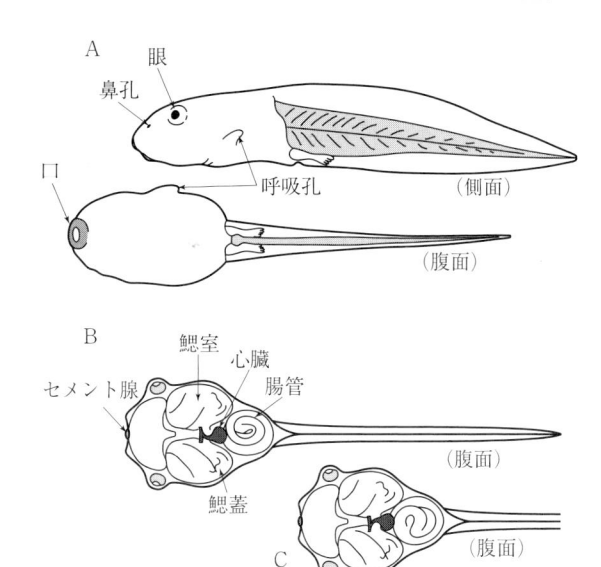

図20.2 カエルのオタマジャクシに現れる左右非相称性
A：トウキョウダルマガエルのオタマジャクシ（左側だけにある呼吸孔に注意；岩澤，1996（石原編）を改変）．
B, C：アフリカツメガエルのオタマジャクシ（Bは正常，Cは胚の時 Pitx 2 タンパクを注入し，左右両側の中胚葉に存在するようになる．心臓と腸管の回転が変化する；Gilbert, 1997-2003 を参考に描く）．

脊椎動物の左右非相称性

通常，脊椎動物では左右性の情報は結節に伝えられ，それが側板中胚葉に運ばれて左右非相称なボディープランを誘導するから，左右軸の形成は胚の左側の側板中胚葉に nodal 遺伝子が発現することが必要である．局所的な分泌因子である Nodal タンパク質は pitx 2 と呼ばれる遺伝子を活性化し，左側だけに発現する．Pitx 2 タンパク質をカエルのオタマジャクシの左側に注入しても影響はないが，右側に注入すると，心臓と腸管のねじれが異常になる．時にはねじれが完全に正常の逆になる（図20.2）．

鳥類の左右も Nodal タンパクと Pitx 2 タンパクに支配されている．原条が最長にまで伸びた時期に，胚の右側でアクチビンとその受容体が発現し，sonic hedgehog (shh) 遺伝子の転写が阻害される．その影響で FGF 8 タンパクの阻害作用がはたらき，骨形成タンパク（BMPs）が nodal 遺伝子と lefty 2 遺伝子の発現を抑制し，snail 遺伝子が発現し，右側の構造が形成される．左側は lefty 1 の発現により Lefty 1 タンパクがはたらいて BMPs タンパクがはたらき，nodal 遺伝子と lefty 2 遺伝子が発現して左側の構造を形成する（図20.3）．

哺乳類の内臓も左右非相称である．ヒトでは心臓が左，肝臓が右にあるだけでな

く，肺は右側が3葉で大きく左側が2葉で小さい．胃や小腸は左から右へ，大腸は右から左へねじれている．膵臓や脾臓は左側にあり，胆嚢は右側にある（図20.1）．

哺乳類の左右非相称には，2つの大きな特徴が見出されている．次の項（内臓逆位）に述べるように，*iv* と *inv* という遺伝子が正常に発現することが，正常な左右非相称性を具現するために重要であることがわかっている．また，結節の底部の細胞にある繊毛が左向きの有効打で運動し，羊水の左向きの流れをつくり，遺伝子の発現に影響を与えるタンパク質を左側に送っていることが，左右非相称な遺伝子の発現を支配しているようである．このようなタンパク質の存在が遺伝子の発現を誘起し

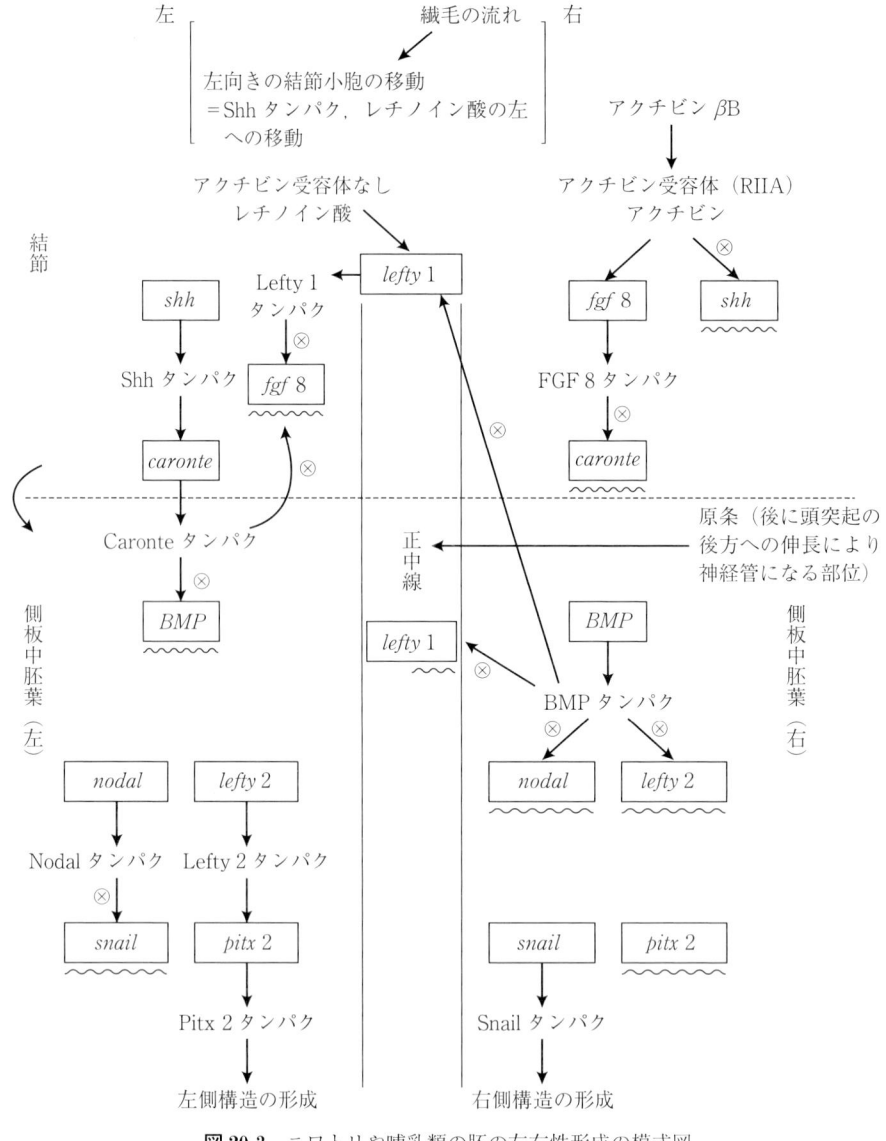

図20.3 ニワトリや哺乳類の胚の左右性形成の模式図
□は遺伝子，〰は遺伝子の発現阻害を示す．

たり，タンパク質が存在しないこと（例えば抑制因子がないというような）が別の遺伝子を発現させるということが明らかにされている．さらに，繊毛の左向きの運動が左右の差の原因になるらしいことは哺乳類だけでなく，鳥類，両生類，魚類でも同様であろうと考えられている．

いずれにしても，直接的には哺乳類でも鳥類と同様に，上にあげた遺伝子が正しく発現することで統一的に機能する非相称的な器官形成が行われる．

内 臓 逆 位

ヒトの1万人に1人の割合で内臓逆位が起こることが知られている．この場合に2つの遺伝子の変異がある．1つは *iv*（*situs inversus viscerum*）と呼ばれる遺伝子で，その欠損で器官の配列の規則性が失われる．心臓が心室と心房をつくる時にねじれを起こすが，このねじれの方向が逆になる．しかし，脾臓の位置（左）や胃のねじれは正常であるので，*iv* 遺伝子の欠損は内臓全体の規則的な極性の統一性を失わせることになる．このような統一性の消失は機能にも大きな影響を与え，死を招くこともある．

もう1つの遺伝子として知られる *inv*（*inversion of embryonic turning*）と呼ばれる遺伝子は，その欠損ですべての内臓の逆位を引き起こす．つまり鏡像的内臓逆位になる．生命維持の観点からは前者のほうが影響が大きい．

iv や *inv* のような左右軸調節遺伝子の産物（タンパク質）が初期胚の結節の繊毛の運動を支配し，繊毛の運動によって羊水が左向きに流れる．その結果，*lefty* と *nodal* という2つの遺伝子が発生の初期に中胚葉の左側だけに発現することが見出された．つまり，Inv タンパクが左に流れることによって，左側の側板中胚葉の細胞に影響を与え，左側の *lefty* 2 や *nodal* 遺伝子を活性化させ，それが次の *pitx* 2 という遺伝子（ホメオドメインをもつ転写因子をつくる）を活性化させ，この転写因子が左側の器官形成にはたらく遺伝子を活性化すると考えられる．Nodal タンパクや Lefty 2 タンパクの右側への拡散は神経管の左側に発現する Lefty 1 タンパクによって阻止され，右側には影響を与えない．ところが，*inv* 遺伝子の変異体では中胚葉の右側だけ（正常の逆）に発現し，*iv* 遺伝子変異体では個体によって正常，逆位，欠損など不規則な発現になる．つまり，*iv* や *inv* 遺伝子発現は *lefty* や *nodal* の発現に先行し，後者の発現に影響を与える（図20.3）．

遺伝子発現のカスケード

鳥類や哺乳類の左右非相称性の発現には発生の進行に伴う1つの流れ（カスケード）がみられる．アクチビン β は発生の初期に胚の右側に発現し，その受容体（Act-RIIA）の右側での発現を誘導する．それによって *shh* と *nodal* の左右相称な

発現が乱されて（右側の発現が抑制されて），*shh* と *nodal* は左側に発現するようになる．それに調節されて，やや遅れて *pitx* 2 が側板中胚葉の左側に発現し，引き続いて心臓形成の間，左側に発現し続けており，腸管から小腸が形成される間も左側に発現している．実験的に *shh* や *nodal* を右側に発現させると，*pitx* 2 も右側に発現する．*pitx* 2 の発現異常は内臓の配列の異常を引き起こす．しかし，それは内臓形成に対してであって，相称的に形成される肢芽では左右で発現し，正常な左右の四肢の筋肉をつくる．

　shh や *nodal* の発現は初期発生の一時期であるが，*pitx* 2 の発現は器官形成中，継続的に発現する転写因子をつくる遺伝子で，その転写因子は左側器官形成に関与する遺伝子発現にはたらく．右側器官は *snail* の発現によって支配されている．このようなカスケードは両生類の胚でもみられる．このような動物に共通する遺伝子や内臓の非相称性の形成は，これらの遺伝子が進化的にもよく保存された遺伝子であることを物語る．

━━━━━━━━ Tea Time ━━━━━━━━

左右相称性の崩壊（図 20.3）

　本来，左右相称性は脊椎動物の基本的な姿である．発生初期には左右相称であったものが発生が進むにつれて次第に崩壊する．そのしくみがゼブラフィッシュやマウス，ニワトリなどを使って最近よく研究されている．

　左右相称性の情報はまず結節に現れて，それが側板中胚葉に運ばれ，そこから影響が広がって沿軸中胚葉や体節にも伝わり，内臓の左右非相称の個体ができる．この左右相称性を維持しているのは FGF タンパク，Shh タンパク，レチノイン酸などであるらしい．発生の初期に結節に現れた，これらのタンパク質の作用を側板中胚葉に伝わる前に阻害すると，左右相称性が不規則な体節ができてしまう．このような遺伝子発現を左右する，タンパク質の均等な存在が左右相称性を維持しているようである．この左右相称性を壊すのは腹側結節の表面を流れる羊水の左向きの流れである．

　このような羊水の左向きの流れは *rotation* と呼ばれる遺伝子や *lrd*（*left-right dynein*）という繊毛のモータータンパクダイニン（運動性タンパク質ダイニン）をコードする遺伝子（ゼブラフィッシュ）に支配され，オーガナイザーに相当する結節の細胞の表面の繊毛の左向きの運動によって，羊水が流れると考えられている．この流れに依存してシグナルが伝達される．マウスの初期体節期に FGF 8 タンパクの抗体をつくって調べると，FGF タンパクの受容体が結節の繊毛や結節の周りの細胞に分布している．そして FGF タンパクの結合によって結節の細胞から結節小胞（NVPs）が分泌され，繊毛の運動によって Ca と共に結節小胞が左側に流さ

れるのが顕微鏡的に観察される．この小胞にShhタンパクやレチノイン酸が結合して左側に運ばれ，右側に少なく左側に多くなる．このような繊毛運動によって遺伝子発現に有効なタンパク質の分布に左右の勾配をつくることが左右相称性の崩壊である．このバランスを維持することによって内臓の左右非相称性をつくっていると考えられている．

　例えば，人工的に羊水の流れを右向きに変えると，体内の左右性は逆転する．また，左右性を失った繊毛が運動しないマウスのiv突然変異体に，人工的に左向きの羊水の流れを与えると左右性が形成される．

第21講

表皮系・神経系の形成

―テーマ―
◆ 皮膚はどんな胚葉からできているか
◆ 神経管から何ができるか
◆ 神経冠から何ができるか

表皮系と神経系の違い

　3つの胚葉が分化して，遺伝子の連鎖的な発現に伴って細胞は誘導され，発生運命が決まると，それぞれの場所（からだの中の位置）の極性に従って器官を形成するようになる．形成される器官はいくつかの胚葉の合作である．その時，同じ胚葉でもからだの極性に従った分化をするから，できる器官の構造や機能が違ってくる．外胚葉性の組織には表皮系や神経系があるが，同じ外胚葉性組織でも，表皮系では場所によって毛髪が生じたり，感覚器ができたり，爪ができたり，動物によっては鱗ができるものもある．神経系では，神経管や神経冠ができて，そこにそれらの細胞由来のさまざまな器官ができる（図21.1）．

　その違いは転写因子としてはたらくタンパク質が濃度の勾配（濃淡）になって分布し，それが遺伝子の発現に影響を与えるためである．BMPは骨の形成を促進する物質として発見されたタンパク質であるが，胚では腹側に濃く，背側に薄い勾配になっており，*Wnt*遺伝子の産物のタンパク質は植物極（尾部）に濃く，動物極（頭部）に向かって薄い．従って，BMPタンパクの勾配は背腹極性に従っており，Wntタンパクの勾配は頭尾（前後）極性に従っている．しかも，これらのタンパ

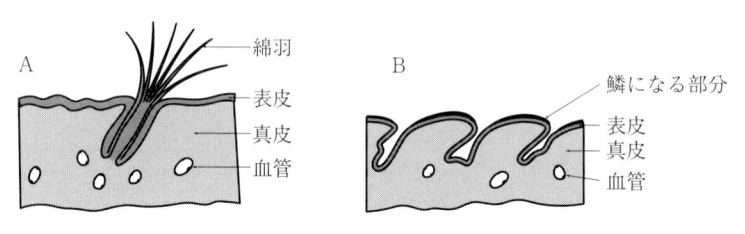

図21.1 鳥類の皮膚の模式図（石原，1986を改変）
A：背中の皮膚．B：脚の皮膚．

ク質は互いに拮抗作用をもっている．BMP タンパクは外胚葉を表皮に誘導する能力をもっているが，オーガナイザーで発現している Noggin や Chordin タンパクが BMP タンパクの作用を抑えるので，表皮になるのは腹側外胚葉で，背側外胚葉はオーガナイザーで発現・分泌されるタンパク質によって神経板に誘導される．

皮膚の形成

皮膚は外胚葉由来の表皮と，薄い基底膜を境にする中胚葉由来の真皮との2層でできている．真皮には外胚葉由来の神経や中胚葉由来の血管が入り込んでいてホルモンも運ばれる．中胚葉由来の間充織細胞は *shh* 遺伝子群と *TGF-β* 遺伝子群（アクチビン遺伝子群，*BMP* 遺伝子群など多くの遺伝子群を含む）の産物タンパク質の誘導を受けて真皮になるが，表皮がどのように分化するかは，その真皮がからだのどの位置にあるか（極性）に依存する場合と真皮の誘導物質（遺伝子産物）に依存する場合とがある．

例えば，髪，羽毛，汗腺，乳腺などを含む皮膚になるのは微量の副腎皮質ホルモンであるコルチゾンの分泌によるものである．しかし，皮膚にどんな羽毛が生じるかは真皮の位置に依存する．ニワトリの飛ぶ羽や脚の羽や鱗，爪などは表皮の直下の真皮の位置に依存して形成される．それは真皮の移植・培養などによって実証される．脚の真皮と一緒に培養された表皮には鱗や爪ができるが，胸部の真皮と一緒に培養された表皮には羽毛が生じる．羽毛や鱗の前後の方向も真皮の方向によって決定される．

このような位置依存性（部位特異性）は種に特異的である．例えば，両生類の間でも，カエルとサンショウウオでは種特異性がある．カエルの幼生には口部に粘液腺や吸盤（吸着器）がある．サンショウウオの幼生の口部にはとがった平衡器がある．このようなカエルとサンショウウオの原腸胚の口部になる予定の外胚葉を交換移植すると，サンショウウオの幼生の口の下にカエルの吸盤ができる．逆にカエルの幼生の口の両脇にサンショウウオの平衡器ができる．

脳・脊髄の形成

外胚葉の背側はオーガナイザーの誘導によって神経管や神経冠ができ，神経管はからだの前部でふくらんで脳に，後部は伸びて脊髄（中枢神経系）になり，そこから一部の細胞群が伸びて脳脊髄神経（末梢神経系）や感覚器が分化する．神経褶の一部の細胞が胚内に落ち込んだ神経冠細胞の分化については第16講の Tea Time で述べた．

神経管から分化する脳・脊髄の形成は頭尾（前後）極性に依存して形成されるもので，第19講の Tea Time で述べたホメオティック遺伝子（*Hox* 遺伝子）に支配

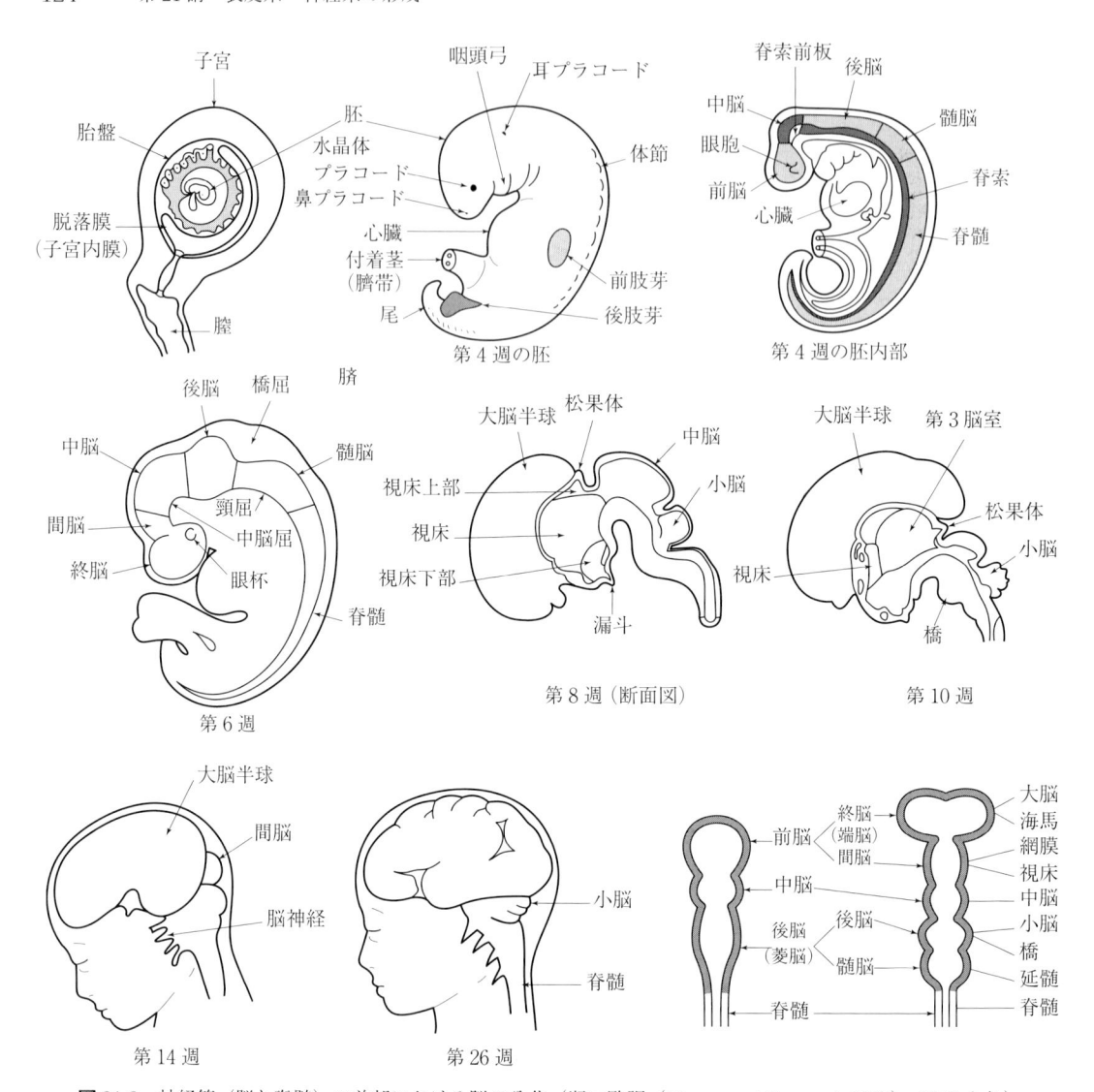

図 21.2 神経管（脳と脊髄）の前部における脳の分化（瀬口監訳（Moore and Persaud, 1998），2003 より）
上は基本的な分化模式図．以下は受精後第 26 週，約 180 日頃までの分化（プラコードは肥厚部の意）．

されて形成される．

　神経管の前部は，ふくらんで大きくなると共に神経管の壁も厚くなるが，遺伝子支配に従って，いろいろな所にくびれを生じて脳胞ができる．はじめ3つの脳胞を生じ，前部から前脳，中脳，菱脳と呼ぶ．これにさらにくびれが入って，前脳は端脳（終脳）と間脳に分かれ，端脳は大脳半球になる．中脳はくびれが入らないが，菱脳は小脳と延髄（髄脳）に分かれる．前脳が端脳と間脳に分かれる前に，前脳の壁がふくらんで眼胞ができる（図 21.2）．

　神経管の後半部は胚の伸長と共に伸びて細長くなる．これは神経管の太さが減って長くなったものである．脊髄の中心は中心管と呼ばれる．神経板の時期に胚の外

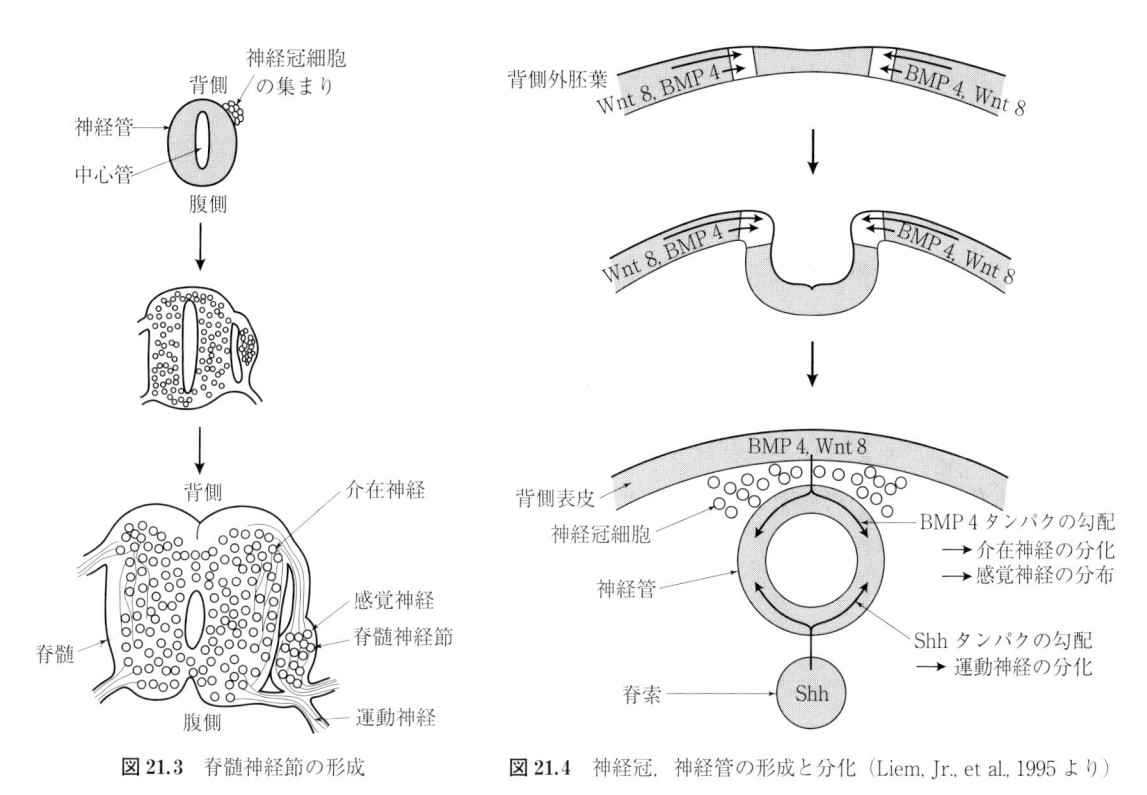

図 21.3 脊髄神経節の形成 **図 21.4** 神経冠，神経管の形成と分化（Liem, Jr., et al., 1995 より）

表を覆っていた部分は脊髄の内表面を覆い，細胞分裂の盛んな部分である．特に脊髄の側面での細胞分裂が盛んで，その増殖の結果，脊髄の組織は押されて背面に向かって発達し，形が変わって，最終的には H 字型になる．背側を後柱，腹側を前柱といい，前柱は運動中枢に後柱は感覚中枢に分化する（図 21.3）．これらの部分は神経細胞が分布する部域で，灰白質と呼ばれる．細胞分裂によって増えた神経細胞は脊髄の周縁部にも移動し，分化して突起を生じる．さらに後になって多数の軸索突起が入り込んできて白くみえるようになるので，脊髄の周縁部は白質と呼ばれる．

これらの変化は遺伝子の発現によるタンパク質の誘導によるものである．頭尾に沿っての方向づけは *Hox* 遺伝子に依存するが，背側表皮から神経管＝脊髄への方向づけは背腹極性に依存する．第 16 講（図 16.2）で述べたように，背側の表皮はオーガナイザー＝脊索に誘導されて神経系に分化する．表皮に分布する BMP に拮抗する作用をもつ Noggin, Chordin, Follistatin などの誘導作用が *neurogenin* を活性化し，その産物タンパク質が *neuroD* を活性化することで表皮を神経板に分化させる．それによって表皮に発現していた接着因子の E‒カドヘリンは神経板の部位では N‒カドヘリンが発現するようになり，細胞の接着性が変化し，神経板はくぼんで表皮から分離して神経管をつくる．

分離してできた神経管は脊索（中胚葉）と表皮（外胚葉）との両方から誘導を受ける．脊索から分泌されるShhタンパクは，神経管内で脊索側で濃く，表皮に向かって薄い勾配をつくる．逆に背側の表皮から分泌されるTGF-βファミリーの影響で，神経管ではBMP 4, 7やDorsalin 1，アクチビンなどのタンパク質が背側で濃く，腹側（脊索側）で薄い勾配になって分布する．これら神経管内のタンパク質の分布が，神経管細胞の運動神経などさまざまな神経の分化を誘導する（図21.4）．

脊髄神経と神経節

脊髄は脊髄神経によってからだの各部と連絡しているが，脊髄神経のうち，脊髄神経節を通る求心性の感覚神経は神経冠の細胞が発達したものである．神経褶が閉じて神経板が神経管になった時に，その背部の神経褶の細胞も胚内に落ち込み，神経管に沿ってその背面を覆う形の細胞集団ができる．これが神経冠である．やがて神経冠の細胞は脊髄の両側に移動して，脊髄の全長にわたって細胞塊をつくって並ぶ．これが脊髄神経節の原基である（図21.3；21.4）．

脊髄神経節の細胞は神経細胞に分化し，長い突起を生じて脊髄の後柱（背側）の細胞に達する．これが脊髄神経の後根といわれる部分である．神経節から逆に皮膚や感覚器に伸びる突起は求心性の感覚神経で，刺激を受けた感覚器からインパルスを脊髄の感覚中枢に伝える．

脊髄神経の前根は脊髄の前柱（腹側）にある神経細胞が突起を伸ばしたもので，インパルスをからだの各部へ伝える遠心性の運動神経である．運動神経は脊髄神経節から伸びてきた感覚神経と合一し，混合した後，分枝してからだの各部に伸長・分布する．

神経管と神経冠由来の神経細胞はいずれも外胚葉由来であり，背側外胚葉では，表皮と神経の細胞が混在している．この数のバランスが重要で，神経細胞が多すぎると刺激が多すぎて生存に影響を与える．このバランスは，接触する細胞間のNotch経路と呼ばれるリガンドとその受容体の関係で保たれている．一般に細胞のシグナル（リガンド）タンパクが多くなると，隣接する細胞にはその受容体が増加する．例えば，1つの細胞で*delta*遺伝子の発現が強くなり，細胞表面にDeltaタンパク（リガンド）が多くなると，それに隣接する細胞の*delta*遺伝子の発現が抑制され，Notchタンパク（受容体）の発現が強くなる．その影響を受けて*neurogenin*遺伝子の発現が抑制される．*delta*遺伝子の発現の強い細胞では*neurogenin*遺伝子の発現によって転写因子である*neuroD*遺伝子の発現を誘起し，これが細胞の神経細胞への分化を誘導する．*delta*遺伝子の過剰な発現は周囲の多くの細胞のNotchタンパクの作用によって神経への分化を阻害し，逆に*delta*遺伝子の発現の抑制は隣接する周囲の細胞のDeltaの活性化による神経への分化を許容

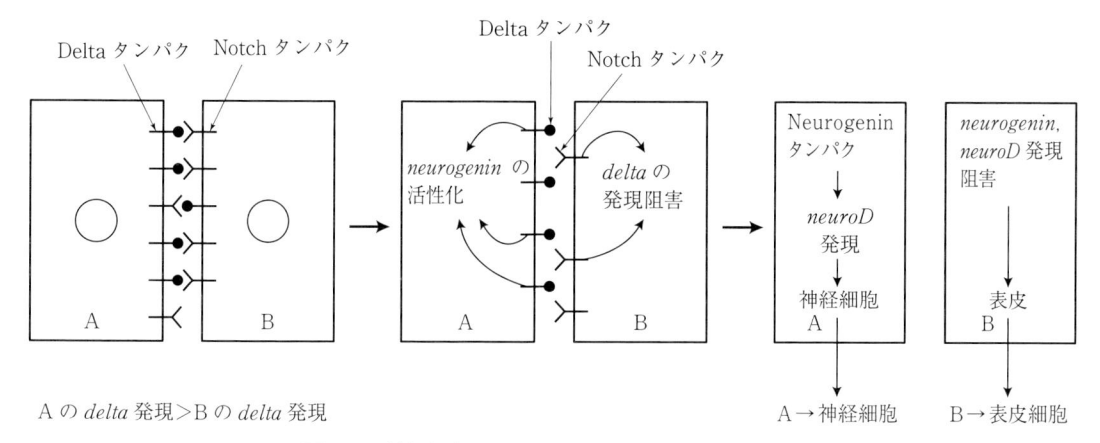

図 21.5 神経細胞の分化における *delta* と *notch* 遺伝子

し，神経細胞を増やすことになる（図 21.5）．

　この脊髄神経の突起の伸長はこれと連絡する末梢器官に誘導される．カエルの脊髄神経が伸長する前に，前肢の原基を切除して近くの別の位置に移植すると，脊髄神経は新しく移植された前肢原基に達して，機能をもった前肢を形成する．また，正常な前肢原基の側に別の余分な前肢原基を移植すると，脊髄神経は分枝して両方に分布するようになる．神経が伸びる通路に雲母片などをはさんで伸長路を妨害すると，これを迂回して伸び，正しく標的器官に達することができる．しかし，前肢原基をあまり離れた場所に移植すると神経は到達することができない．神経突起と標的器官との連絡の確立は特異的であり，神経突起は連絡できないままで止まることがある．

━━━━━━━━━━━━━━━ Tea Time ━━━━━━━━━━━━━━━

感覚器——特に眼の形成における連鎖的誘導

　感覚器には鼻，眼，耳など外胚葉が関与して発生するものが多いが，耳では，外耳は外胚葉，内耳は内胚葉由来で複合型の発生をする．ここでは，よくわかっている眼の発生について簡単に触れる．

　神経系の外胚葉の特異な場所が，どうして眼になるかは遺伝子の特異的な発現による．神経板の時期に *six* 3, *pax* 6, *rx* 1 と呼ばれる遺伝子が神経板の最前端の部位だけに同時に発現することによる．それがなぜ両側に 2 つに分かれるかというと，Shh（Sonic hedgehog）タンパクが分泌されて，神経板の中央の *pax* 6 遺伝子の発現を阻害するために残った部位が 2 つに分かれてしまうためらしい．*shh* 遺伝子に変異が起きると，顔の中央に眼が 1 つしかできないという奇形になる．

　そのために，正常では，神経管ができて脳が分化する過程で，前脳が端脳と間脳

に分かれる前に，前脳の左右がふくらんで突出する．この突起は途中の間充織を押しのけて皮膚に接するまで伸びる．このふくらんだ突起は眼胞と呼ばれ，眼の原基である．

皮膚に接した眼胞はそこで平たくなり，さらに内側にくぼんで内外二重の細胞層よりなる杯状の構造になる．これは眼杯と呼ばれ，くぼんだ内層は将来網膜になり，外層は色素上皮に分化する部分である．眼杯の縁は将来レンズ（水晶体）をとりまく部分で虹彩になる．眼胞と前脳をつなぐ部分は眼柄で，後に神経がここを走る．網膜の細胞は感覚細胞と神経細胞に分化し，感覚細胞は後に桿体細胞や錐体細胞になり，神経細胞は神経節細胞として突起を出し，眼柄に沿って伸び，間脳と中脳に入り込む．その結果，眼柄は視神経に変わる．従って，視神経は鼻の嗅神経と同様に脳から伸びるのではなく，表皮細胞から伸びて分化する．

眼胞が表皮に接すると，表皮は肥厚し，レンズプラコード（肥厚）をつくる．鳥類や哺乳類ではレンズプラコードは内側にへこんでくびれ，レンズ原基となるが，両生類や硬骨魚類では表皮の内層だけが肥厚して外層から離れてレンズ原基となる．レンズ原基の細胞塊は次第に柱状細胞になり，やがて繊維化して核も失って透明なレンズになる．はじめ眼を覆っている表皮は色素をもっているが，レンズ原基と接していた表皮は間充織と共に色素を失って透明な角膜になる．

従って，オーガナイザーが神経板を誘導し，神経板の予定眼域は眼胞に分化する．眼胞はレンズを誘導し，レンズは角膜を誘導する，というように連鎖的な誘導が起こる．オーガナイザーによる誘導を一次誘導と呼び，眼胞やレンズによる誘導を二次，三次誘導と呼んでいる．

第22講

消化器官・呼吸器官の形成

―テーマ―
◆ 消化器官の分化・形成
◆ 肺, 肝臓, 膵臓の発生

消化管の発生

　内胚葉と中胚葉とは細胞層としては明白に2つに分離しているが, 器官形成の際には2つの胚葉が共同し, 相互依存的な作用によって各器官が形成される. 各部位の器官形成は腸管内胚葉と側板中胚葉の内臓板の相互作用による.

　内胚葉は2つの機能をもっている. 1つは心臓や血管のようないろいろな中胚葉性器官の形成を誘導すること, 他の1つは消化管と呼吸器官の2つの管に沿って器官を配置することである. 消化管では咽頭に続いて食道, 胃, 小腸, 大腸が並び, 内胚葉細胞はこれらの消化管の内面細胞と腺細胞だけである. これを取り囲む筋肉細胞や結合組織は, 側板中胚葉の内臓板由来の細胞である（図22.1）.

　このような消化管の各器官の形成は, 内胚葉性の上皮が特異的な中胚葉由来の間充織細胞に局所的に反応することによる. ニワトリを例にすると, 孵化する前の胚の早い時期に, まだ腸管という管になる前の内胚葉で, 小腸予定域にCdxAタンパクが現れ, 胃や食道予定域にSOX2タンパクが現れる. これらはすべて転写因子であり, 腸管が分化するまでは存在するが, 実はこれらの分化は不安定で, 部域的な分化は特異的に異なった性質をもつ中胚葉と出合った後で決定する.

　はじめ内胚葉でShhタンパクが生じ, 中胚葉に移動し, その影響で中胚葉に*Hox*遺伝子が発現するようになる. Hoxタンパクは中胚葉の部域化を決定づけ安定化する. この中胚葉に取り巻かれた内胚葉は中胚葉の部域に従って分化する. 後部から肛門, 大腸, 中腸の順に決定されるが, それらを取り巻く平滑筋は側板中胚葉の内臓板から分化することは明らかである. 平滑筋形成は横紋筋形成に必要な細胞融合などの機構がはたらかないためであろうと考えられるが, 詳細は明らかでない.

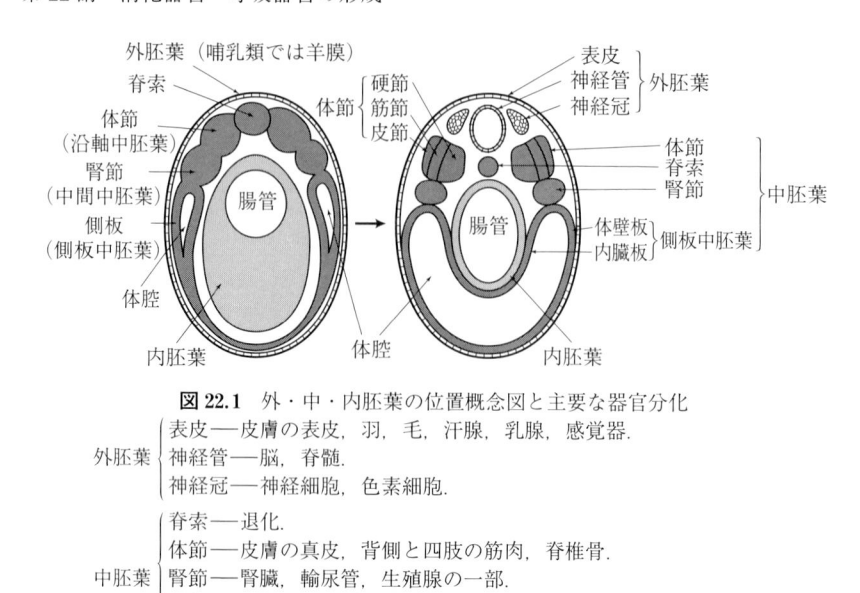

第22講 消化器官・呼吸器官の形成

図 22.1 外・中・内胚葉の位置概念図と主要な器官分化

外胚葉 ─ ┤ 表皮 ── 皮膚の表皮，羽，毛，汗腺，乳腺，感覚器．
　　　　 │ 神経管 ── 脳，脊髄．
　　　　 └ 神経冠 ── 神経細胞，色素細胞．

中胚葉 ─ ┤ 脊索 ── 退化．
　　　　 │ 体節 ── 皮膚の真皮，背側と四肢の筋肉，脊椎骨．
　　　　 │ 腎節 ── 腎臓，輸尿管，生殖腺の一部．
　　　　 └ 側板 ─ ┤ 体壁板 ── 腹側皮膚の真皮，生殖腺，腹・胸・皮膚の筋肉．
　　　　　　　　　 └ 内臓板 ── 内臓の筋肉，結合組織．

内胚葉 ── 消化管，肝臓，膵臓，膀胱などの上皮，一部生殖腺の上皮．

　脊椎動物の口は，誘導によって外胚葉の表皮がへこんで口陥をつくり，これが破れて開口する．原腸胚形成によって，原腸が口形成域の外胚葉に接すると，原腸の内胚葉によって誘導される．口形成域の外胚葉は原腸に接すると自立分化能を獲得し，原腸の先端部を切除しても口陥は形成されるが，別の場所への移植実験では口形成域の外胚葉だけでは口は形成されず，原腸の内胚葉などの同時移植が必要である．

　肛門の形成も似ている．原腸形成時には腸管と卵黄嚢とは連絡しているが，腸管の分化が完成し，後腸（大腸）ができる頃には卵黄嚢から離れる．腸管の後端部は外胚葉と出合って肛陥（へこみ）ができる．この部分が破れて開口し，肛門になる．

肝臓と膵臓の発生

　肝臓は胃のすぐ後部に内胚葉の突起を生じ，これが前腸中胚葉の中に伸びる．中胚葉は内胚葉を腺様上皮に変え肝臓をつくると共に，突起を出して胆嚢をつくる．肝臓の形成は心臓の形成とも関連し，心臓の中胚葉が内胚葉の腸管に作用する．中胚葉から分泌されるFGF（繊維芽細胞成長因子）が影響し，腸管にα-胎児タンパクやアルブミンなどをつくる遺伝子が発現して，その部分の腸管が突出して肝臓が形成される．膵臓も，胃のすぐ後部に背側と腹側に2つの突起ができて，これが融合したものである．膵臓は*pdx*1遺伝子が腸管上皮に発現してふくらむものであるが，特に内分泌細胞は転写因子をつくる*ngn*3の発現が必要である．これは腸管が近傍の中胚葉性の動脈と静脈に接触することによって突起をつくって分化す

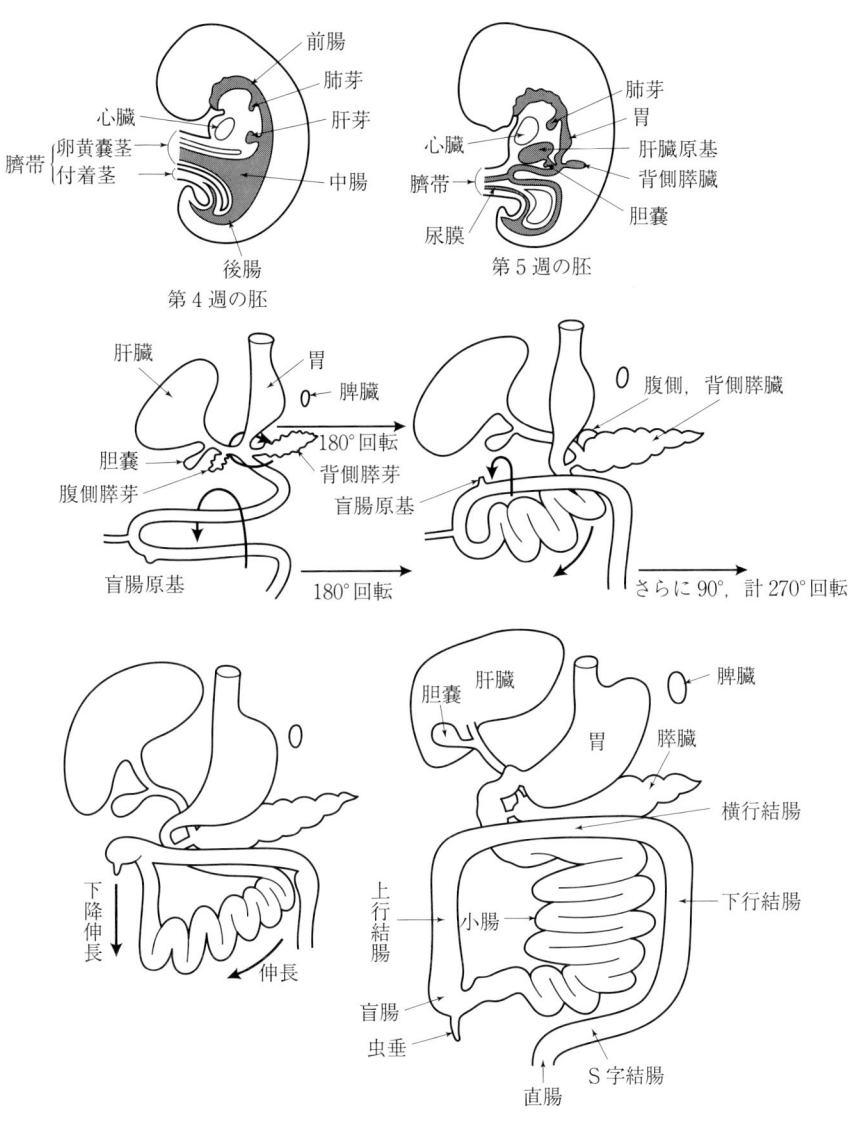

図 22.2 消化管，膵臓などの発生
矢印は回転方向や伸長を示す．

る．膵臓のインスリン分泌細胞（β細胞），グルカゴン分泌細胞（α細胞），ソマトスタチン分泌細胞（δ細胞）などの形成には血管との接触により pdx 1 遺伝子が活性化されるだけでなく，同時に血管との接触によりさまざまな遺伝子の発現を誘発し，α細胞，β細胞，δ細胞などに分化する．消化液分泌については，ヒトでは腹側突起由来の膵臓が膵液分泌機能をもっている（図 22.2）．

肺 の 発 生

肺も，消化機能はないが腸管由来である．咽頭の後部の腹側に Tbx 4 タンパク

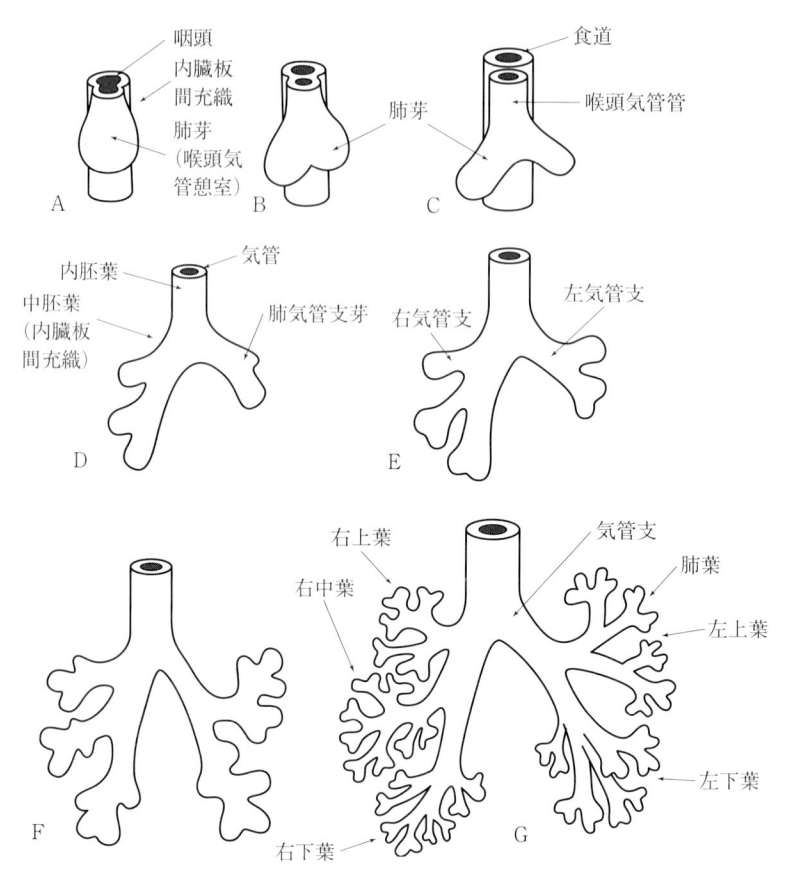

図 22.3 ヒトの肺の発生（星野訳（Moore, 1977），1979 より）
A, B, C：第4週．D, E：第5週．F：第6週．G：第8週．

（転写因子）の存在によって，突起を生じ喉頭気管憩室と呼ばれるようになる．この突起は伸びると，側板中胚葉の内臓板に包まれて管を形成し，喉頭気管管と呼ばれ，その先端のふくらみが肺原基で肺芽と呼ばれる．咽頭に連なる下部が食道で，肺芽は咽頭後端で食道から分かれて伸び2つに分岐する．その時，左側の肺芽より右側の肺芽のほうが少し大きい．この関係はその後の発生にも影響し，左側は1個の分枝を生じ，右側は2個の分枝を生じ気管支芽と呼ばれ，枝分かれして発達する．最終的に主気管支は右側が3本で，左側が2本である．肺は分葉し右肺葉が3葉で，左側が2葉となる．その分化・発達は他の器官と比べて最も遅い（図22.3）．

　胎生20週頃，末梢気管支細管の先端に袋状の原始肺胞が発達し，血管が分布するようになる．胎児期の終わり頃，肺胞と毛細血管壁がガス交換できるほど薄くなるので肺呼吸が可能となる．

　硬骨魚類では咽頭の後端に袋状の突起ができて，浮き袋になる．これが浮力の調節と，鰓と共にガス交換の機能をも果たしている．

= Tea Time =

胚体外膜の形成と意義

　爬虫類，鳥類，哺乳類では，陸上で生息するように進化・適応するために，発生段階で胚膜と呼ばれる胚体外膜を形成するようになった．それは羊膜，漿膜，卵黄膜と尿膜である．これらの動物では発生・成長のために多量の卵黄を必要とし，形の変化を引き起こす胚と，栄養とする卵黄とを分離せざるをえなかった．

　側板中胚葉の体壁板と外胚葉が結合した膜から羊膜と漿膜が形成され，側板中胚葉の内臓板と内胚葉が結合した膜からは卵黄膜と尿膜が形成される．ここで内胚葉と外胚葉は機能上皮を形成し，中胚葉は上皮に血液を供給し，老廃物を受け取る．従って，胚体外膜は中胚葉が主体になってつくられている．

　陸上生活をする動物の胚は乾燥を防ぐために羊膜が羊水を分泌し，その液中で胚は育つので，爬虫類，鳥類，哺乳類を羊膜類という．陸上生活のガス交換を行うのが漿膜である．爬虫類と鳥類では漿膜は卵殻に接着している．哺乳類では漿膜は胎盤に発達し，母体との協力で内分泌，免疫，栄養の授受，ガス交換を行っている．

　尿膜は尿などの老廃物をためているが，ニワトリでは尿膜の中胚葉と漿膜の中胚葉が連絡し，融合して尿漿膜（漿尿膜）を形成し，卵殻から骨の形成に必要なカルシウムを取り込む重要な役割を果している．哺乳類では，尿膜の大きさは窒素含有老廃物を胎盤でどの程度除去できるかに依存する．ブタでは尿膜は老廃物除去のために重要で大きいが，ヒトでは痕跡的である．卵黄膜は爬虫類や鳥類に栄養を送る袋である．卵黄膜は中腸と連絡し卵黄管を形成し，卵黄嚢と中腸の壁は連続している．しかし，卵黄は内臓板の中胚葉の血管によって胚に運ばれ，直接卵黄嚢から中腸に入ることはない．タンパク質はアミノ酸に分解されて血管に入り，ビタミン，ミネラル，脂肪酸なども卵黄嚢から胚へ血管によって運ばれる．こうして，陸上でこれらの胚が発生することが可能になった．

第23講

骨と腎臓の形成

―テーマ―
- ◆ 胚のどこが中胚葉か
- ◆ 中胚葉から何ができる
- ◆ 脊索と体節と腎節はどう変わる

中胚葉の分化

 これまで，からだの外表面を覆う部分として，外胚葉が主機能を営む皮膚や神経系などの組織や器官の原基と，内表面を覆う部分として，内胚葉が主機能を営む消化管系や呼吸器系の原基の発生を考察してきた．最後に，中胚葉が主機能を営む組織・器官原基の発生を考察する．中胚葉性の組織は血管や筋肉のように他の胚葉と共同して器官形成にかかわる面があり，しかも外胚葉と内胚葉性の組織にはさまれたすべての器官が中胚葉を主体にして形成されるから，中胚葉性器官の発生は複雑で多岐にわたる（図22.1）．

 中胚葉は外胚葉と内胚葉の間に位置する胚葉である．哺乳類を例にすれば，神経胚の時期に，中胚葉は頭尾軸に沿って頭部（最先端部）の脊索前板中胚葉と胴部中胚葉に分かれ，背腹軸に沿って胴部中胚葉は脊索中胚葉，沿軸中胚葉，中間中胚葉，側板中胚葉に分かれる．

 発生が進むと，脊索前板中胚葉は頭部の結合組織や筋肉組織をつくる頭部間充織になる．脊索中胚葉は脊索になって神経管を誘導し，からだの前後（頭尾）極性を決定する機能をもつが，成体では退化して体節由来の間充織から分化する軟骨細胞と置き換わり，この部位に脊椎骨が形成される．原索動物では終生，あるいは幼生期の支持器官としてはたらくが，脊椎は形成されない．

 沿軸中胚葉は背側の脊柱（前後軸）に沿って並び，神経管の両側に位置する中胚葉で，体節と呼ばれ，硬節，筋節，真皮節に分かれ，それぞれ骨・軟骨，筋肉，真皮などをつくる．中間中胚葉は腎節とも呼ばれ，泌尿器系と生殖器官系をつくる．側板中胚葉は心臓，血管，血球などの循環器系や体腔や筋肉を除く四肢の中胚葉性細胞と羊膜類の胚に栄養を送る胚体外膜になる（図22.1；23.1）．

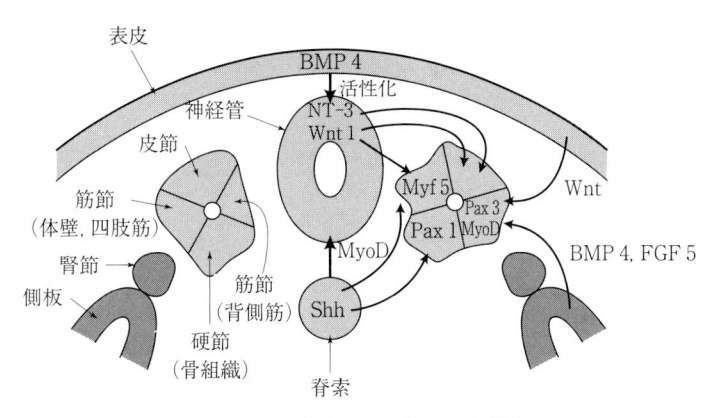

図 23.1 体節（沿軸中胚葉）の分化模式図

骨 の 発 生

　このような中胚葉の分化には，時間（発生）の進行と共にいろいろな遺伝子が発現したり，あるいは消失したりする．中胚葉ができて体節ができるのにはBMPのシグナルを阻害する *noggin* 遺伝子の発現が必要である．この体節に境界ができて節構造をとって並ぶのにはNotchタンパクが必要である．しかも体節が頭尾軸に沿って分化するのには，すでに述べた連鎖的な *Hox* 遺伝子の発現が必要である．

　神経管の腹側に近い体節（沿軸中胚葉）の細胞群は硬節と呼ばれ，間充織となって移動して脊髄を囲む脊柱や肋骨をつくるが（図23.1），これには脊索と神経管から分泌されるShhタンパクと，硬節細胞自身がつくる転写因子Pax 1タンパクがあってはじめて軟骨細胞に分化して軟骨になり，後でこれが硬骨に変わる．

　骨の形成は硬節の細胞群が *pax* 1 と *scleraxis* という遺伝子の発現で軟骨細胞になり，これが中央部で急激に増殖し，集まってコラーゲンやフィブロネクチンなどの基質を分泌し，周囲にはカルシウムやリン酸が蓄積し硬化がはじまる．その頃には中央の軟骨細胞は後述する細胞死（アポトーシス）によって死滅し，代わりに血管が入ってきて周囲の生きている細胞は *Cbfa* 1（または *Runx* 2）と呼ばれる転写因子の発現で骨芽細胞に分化し，骨細胞となって軟骨は硬骨に置き換わる．血管の多い中央部は造血組織の骨髄である（図23.2）．脊柱，骨盤，四肢骨，頭骨など，すべてこの方法で軟骨が硬骨に置き換わる形でつくられる．胸部腹面の硬節由来の間充織細胞は側方に伸びて肋骨の原基となる．

　もし，出産前に軟骨がすべて硬骨に変わったとしたら，出産後の成長は期待できず，せいぜい軟骨の原型が形成している程度の大きさだろうと思われる．しかし軟骨の原型の先端の骨化面の近くの軟骨細胞はまだ残っていて，増殖して肥厚し，硬骨の軟骨端を押し広げる．ヒトを含めた哺乳類の長い硬骨では，軟骨内骨化が硬骨の中心から両方向に進む．この長骨の先端の軟骨領域を骨端成長域と呼ぶ．骨端成

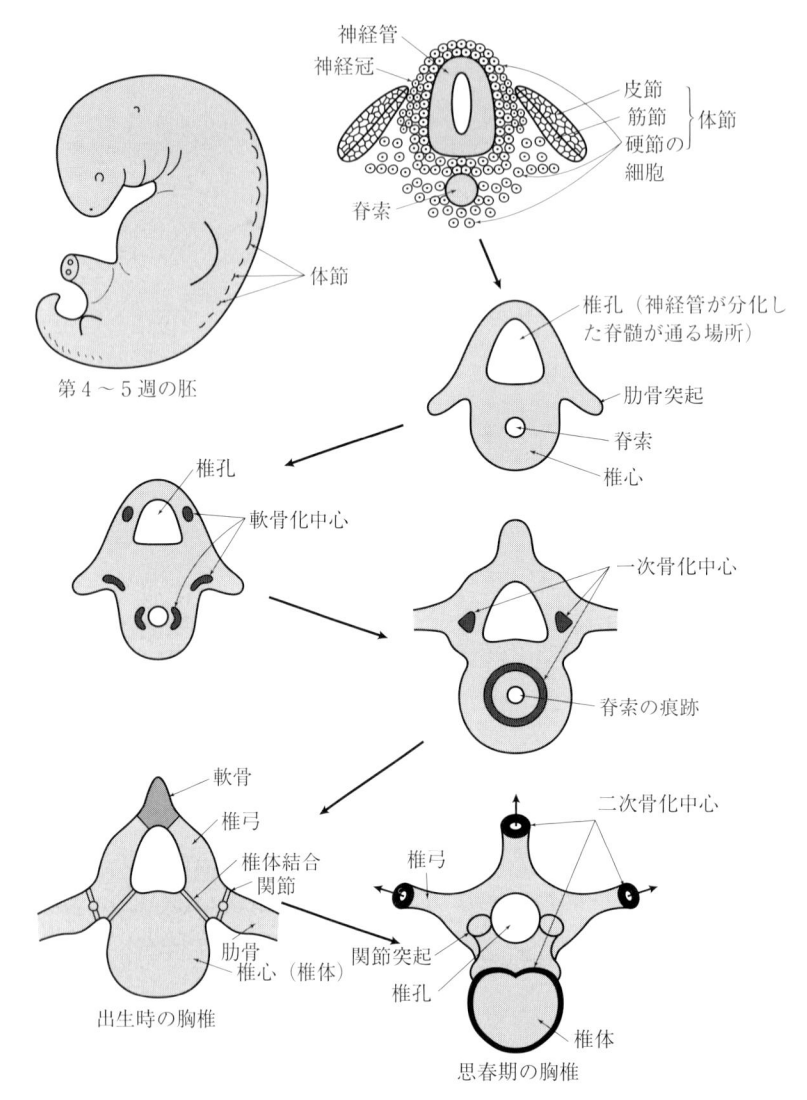

図 23.2 椎骨形成模式図（瀬口監訳（Moore and Persaud, 1998），2003 より）
出生時までに体節は 40 余りでき，体節と体節の間の位置に脊髄，脊索を包む形でできるが，成長につれて融合して 33 個の椎骨が 24 個（頸椎 7，胸椎 12，腰椎 5）となる．

長域には 3 つの領域があり，軟骨細胞増殖域，軟骨細胞成熟域，軟骨細胞肥厚域がある（図 23.3）．

　内部の軟骨が肥厚して硬骨端が外側へ伸長する限り，骨端成長域の軟骨細胞は増殖を続けるから，骨端成長域が軟骨細胞をつくり続ける限り，骨は成長を続ける．

　また，骨の成長は骨芽細胞と血流によって運ばれる破骨細胞のバランスによって決まる．骨芽細胞による骨組織の形成の一方で，血液と共に運ばれた破骨細胞は水素イオンを放出して酸性化し，Ca や基質を溶かして吸収する．このバランスがよければ骨の両端の骨端が離れて骨は長くなるが，破骨細胞が多いと骨粗鬆症にな

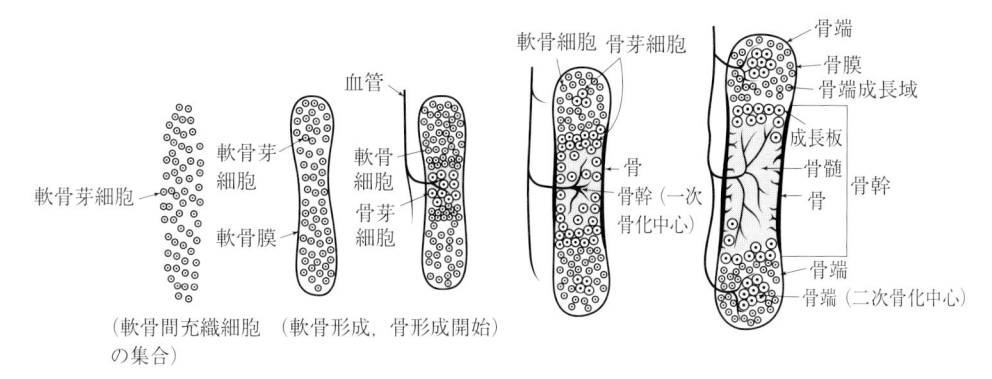

図23.3 長骨形成模式図（Gilbert, 2003などより）

る．破骨細胞の増加は老化に伴うホルモン分泌に依存する．

真皮と横紋筋の分化

体節の真皮節は神経管から分泌されるNT-3とWnt 1タンパクによって体節の細胞が真皮に分化したものであり，筋節は背側神経管からのWnt 1とWnt 3aの分泌によって筋芽細胞に変わり，側板中胚葉からのBMP 4タンパクによって筋芽細胞が背側に移動し，筋肉への道をたどる．筋芽細胞はPax 3やMyf 5という転写因子によってmyoD遺伝子が活性化され，筋肉細胞（横紋筋）になる．それは背側の筋肉になったり，四肢の筋肉になったりする．

体節や側板が分化し，さらに体節が硬節，筋節，真皮節に分化し終わると，脊索は少しずつ次第に退化していく．これもアポトーシスと呼ばれる現象による．

腎臓の発生

中胚葉の体節と側板の間にある中間中胚葉は腎節と呼ばれ，腎臓，卵巣，精巣，それらの輸管などが形成されるが，体節のような沿軸中胚葉からのシグナルが必要である．脊索以外の中胚葉はからだの左右にあるわけであるが，胚の右側の体節と腎節の連絡をガラス針で切断すると，正常な左側には前腎ができるのに，右側には前腎ができない．左右の体節が必要で，それぞれの体節からシグナルが送られて中間中胚葉でpax 2とpax 8遺伝子が発現して転写因子ができると腎臓の形成がはじまる．また，この2つの転写因子は中間中胚葉域の細胞死を抑制する作用もある．この転写因子を欠くと，中間中胚葉は細胞死を招く．

発生の早い時期（ヒトで受精後22日頃，マウスで8日頃）に，からだの前部に，腎節から分化する排出器官は前腎と呼ばれ，円口類，魚類，両生類の幼生では排出器官として機能するが，魚類や両生類では前腎の後方に中腎が発生して前腎は機能を失い，退化して，中腎が生涯の排出器官として機能するようになる．爬虫類，鳥

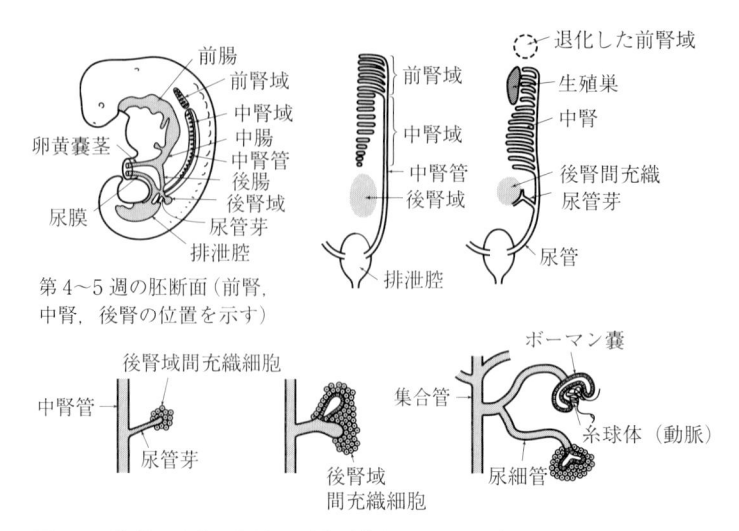

図23.4 腎節の分化＝腎臓の形成（前腎→中腎→後腎；Gilbert, 1997-2003より）

類，哺乳類などの羊膜類では前腎は一時的に現れるだけで退化し，中腎が排出器官としてはたらくが，中腎のさらに後方に後腎が発生し機能を営むようになると退化し，後腎がいわゆる腎臓として機能する．

脊椎動物の排出器官は前腎，中腎，後腎が区別されるわけであるが，これらはいずれも頭尾軸に沿って頭部から順に後部に時間的にずれてできるだけで，同じ腎節（中間中胚葉）の領域にできる相同器官である．ただ，生殖器官の講（第24講）でも触れるが，両生類の雄では中腎輸管は精子の通路ともなり，輸尿管と輸精管を兼ねている．羊膜類の雄では後腎が発生すると，中腎輸管（ウォルフ管）は輸精管として機能するようになる．雌では中腎輸管は退化する．

羊膜類の腎臓は後腎である．前部体節のシグナルで，体節のすぐ腹側の腎節の間充織細胞が管になり，前腎の形成がはじまる．前腎輸管が腎節域を後部に伸びるにつれて前腎は退化し，続く間充織細胞は中腎になり，さらに後部腎節域に後腎間充織ができる．そこに伸びている輸管（中腎輸管の後部）は総排出腔に連絡しているが，この一対の輸管のそれぞれから枝分かれが生じる．これが尿管芽である．尿管芽は後腎間充織細胞の中に入り込み，間充織細胞を濃縮して後腎をつくり，後腎間充織は尿管芽を分枝・発達させ，相互依存的に腎臓をつくっていく（図23.4）．腎節の間充織にはHox 11（Hoxa 11, Hoxc 11, Hoxd 11）とWT 1の転写因子が分布していてる．これによって尿管芽の進入に対して反応し，濃縮して腎臓を形成する．また，間充織はHox 11とPax 2の作用によってGDNFタンパクを分泌し，このタンパク質は尿管芽の形成を誘導する．尿管芽はFGF 2とBMP 7を分泌して後腎域間充織の細胞死を抑制し，さらにLIFとWnt 6タンパクを分泌して後腎間充織に上皮性尿管をつくらせる．この尿管上皮はWnt 4タンパクを分泌し上皮をさらに

発達させる．この時濃縮した間充織は BMP 4 と TGF-β 2 タンパクを分泌して尿管芽を分枝させる．

　間充織からできた尿管は分泌性のネフロン（腎単位）をつくり，その先端が血管の束（糸球体）を包んで袋状（ボーマン嚢）に突出したものである．その他端の枝分かれした尿管芽は腎集合管をつくり，それは輸尿管になって尿を排出する．哺乳類などの羊膜類では中腎（輸）管の基部から突出した尿管芽と共に尿膜（胚体外膜の1つ）の尿生殖洞部位に連絡しているが，尿管芽が輸尿管として発達し，中腎管とは離れて膀胱に開く．間充織がなければ尿管芽は分枝しないし，尿管芽がなければ間充織細胞はすぐに死んで腎臓はできない．最終的には，尿管芽は集合管や輸尿管を形成し，後腎域間充織はネフロンを形成するが，機能する腎臓の形成には，尿管芽と間充織の共存が必要である（図 23.4）．

=== Tea Time ===

膀胱の発生（図 23.5）

　一時的に尿をためておく器官であるが，両生類では中腎管の後部末端が合して形成される．両生類の膀胱は総排出腔の前面の壁が膨出したものである．その意味では膀胱も中胚葉由来であるといえるが，動物によって少し様子が違う．ダチョウを除いて鳥類には膀胱はなく，尿をためない．黒い糞と一緒に排出される白い部分（尿酸が主成分）が尿である．

　哺乳類の膀胱は胚体外膜の項（第 22 講の Tea Time）で述べた尿膜に起因するが，尿膜の起始部の腸管の後方端が膨出して排出腔が形成される．ここには尿直腸ヒダが排出腔に向かって伸び，直腸と尿嚢の間に入り込んできて両者は分かれる．こうして消化器系と尿生殖器系が完全に分離した後で，尿膜が発達し膀胱（尿生殖洞）になるが，中腎管（ウォルフ管）や後腎管（輸尿管）は離れて膀胱に開口する．膀胱の成長中に，中腎管の尾方部は膀胱に吸収される．男性では中腎管（輸精管）は後に尿道になる部分に開口する．女性ではテストステロンがないので最終的に中腎管は退化する．胎児の成長に伴って腎臓は上方に移動するので輸尿管（尿管）は引っ張られて伸び，膀胱の中央部のやや側方に腎臓の左右から開口する．尿管の2つの開口部と尿道の尿排出口とを結ぶ逆三角形の部分は膀胱三角といい，この部分の上皮は中胚葉起源である．他の部分の膀胱上皮は（胚体外）内胚葉である．

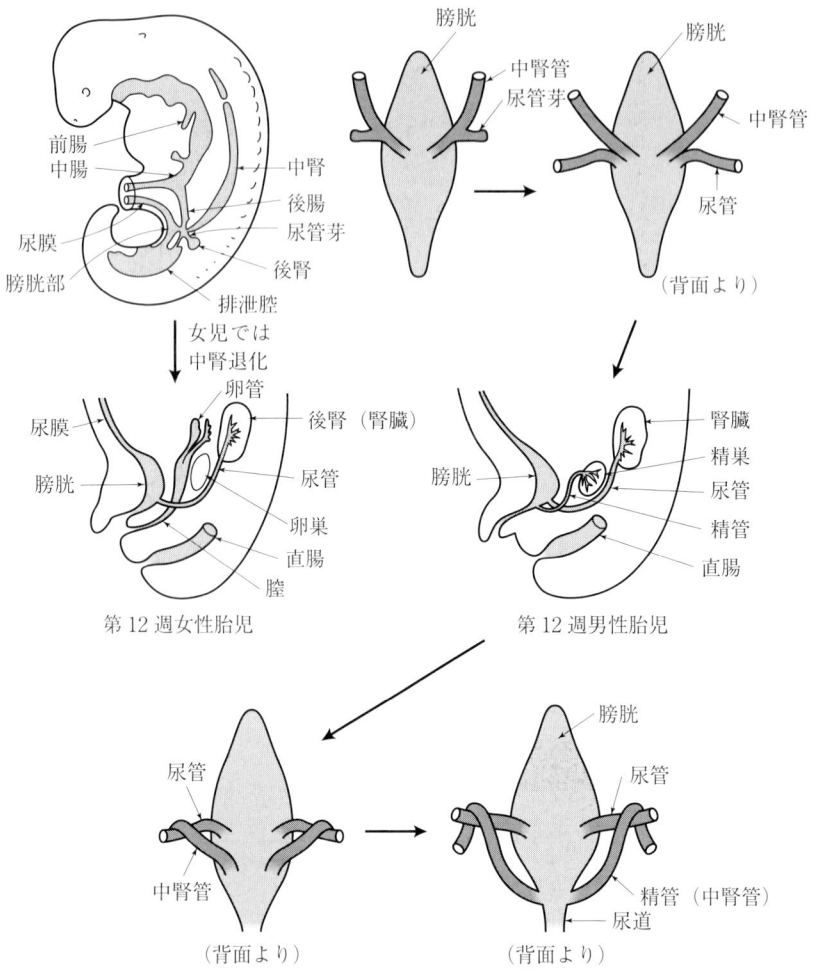

図 23.5 膀胱の形成（白井監訳（Carlson, 1988），1990 より）
尿膜の排泄腔に近い部分が膀胱になるが，中腎管は女性では退化し，男性では精管となる．腎臓が上方に移動し精巣が下降するために，男性の精管は膀胱の下部の尿道の近くに開口する．

# 第24講

生殖器官の形成

テーマ
◆ 性に支配される生殖器官
◆ 生殖器官を支配する遺伝子とホルモン

雌雄の生殖器官

　第4講の「性の分化」で述べたように，生殖器官には雌雄あるいは男女で器官の相違がみられるために，その器官形成は2段階で行われる．まず未分化な，あるいは両性に分化が可能な段階があり，雌雄の性が決定した後でそれぞれ雌型，雄型の生殖器官の形成が起こる．

　生殖器官は腎臓と同様に中間中胚葉から，からだの両側に対になって分化する（正確には中間中胚葉由来の中腎域と側板中胚葉の体腔上皮の合作）．ヒトでは受精後4週頃，分化する腎臓のすぐ近くにミュラー管と生殖巣の原基が現れ，これを尿生殖隆起と呼ぶが，7週までは未分化（両性）のままである．生殖器官原基の腹側に面した部分を生殖隆起と呼び，その上皮の細胞層を性索といい，これが発達して生殖器官になる．この生殖隆起に始原生殖細胞が移動してくるのが6週頃である（未分化生殖巣，図24.1）．

　胎児がXYの性染色体をもっていると，性索は分裂増殖を続け8週頃には髄質（内部性索）にネットワークをつくり，精巣網と呼ばれ，発達して精索になる．生殖細胞は精索の中で育つことになるが，精索には減数分裂の阻害因子があり，精子形成は思春期まで進行しない．減数分裂は起きないが，生殖細胞がおそらくプロスタグランディンを分泌して，精索の細胞はセルトリ細胞になる．セルトリ細胞は抗ミュラー管ホルモンを分泌し，後で精子形成を支えることになる．

　胎児の頃から中腎の萎縮は進行しているが，思春期になると，精索は細精管をつくり，生殖細胞はここに移動して精子へと分化する．この頃には精索は精巣と呼ばれ，細精管は精巣網を経て輸出管に連絡する．輸出管は中腎の残部で，精巣とウォルフ管（中腎管）をつなぐ．ウォルフ管は精巣上体（副精巣）と輸精管に分化し，

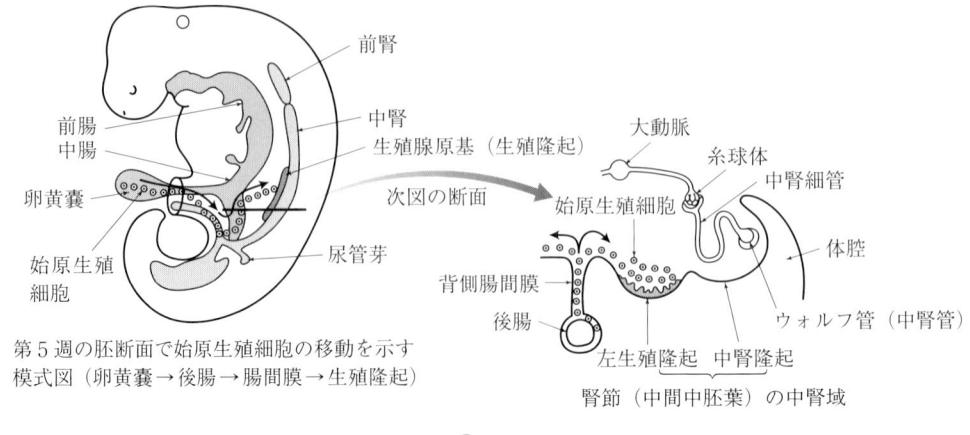

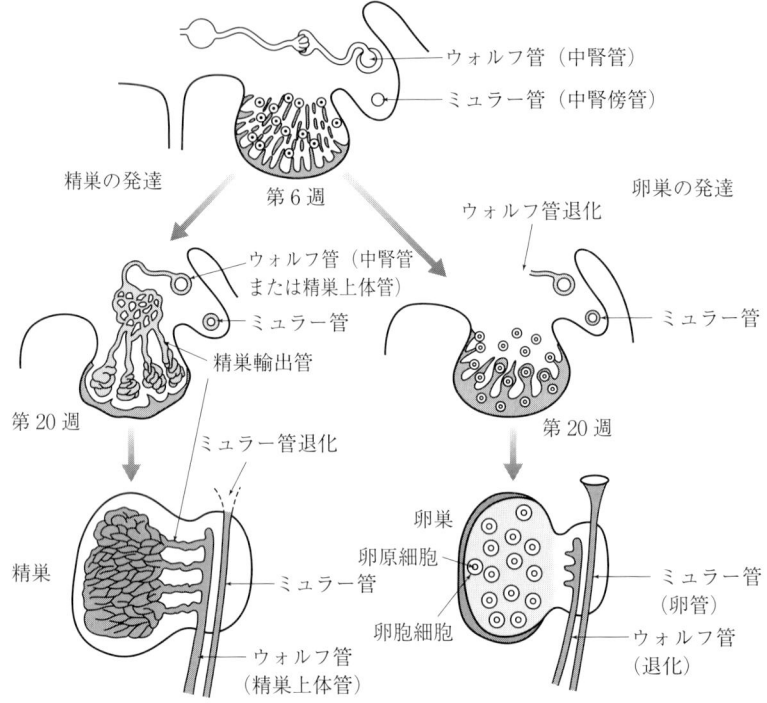

図 24.1 精巣，卵巣の形成模式図（Gilbert, 1997-2003 より）

精子の尿道への通り道になる．つまり，中腎と中腎管は退化するが，一部は精巣上体，輸精管，輸出管，射精管をつくるのに役立っている．胎児の精巣の分化の間に，精巣の間充織細胞はライディッヒ細胞に分化しテストステロンを分泌するようになる（精巣分化，図 24.1）．

女性では生殖細胞は生殖巣の皮層にあるが，男性の性索と違って分裂増殖し，XX 生殖巣の性索は退化し，皮層の上皮は新しい性索をつくる．これを皮質性索という．性索の中の生殖細胞は卵になる．皮質性索は顆粒膜細胞となり，間充織細胞は夾膜細胞になり，両者で卵胞を形成しステロイドホルモンを分泌する．卵胞には

```
                    WT 1, SF 1      Wnt 4 ↘  DAX 1→卵巣形成→エストロゲン→ミュラー管分化（子宮，輸卵管など女性
                                                                              生殖器官形成）
未分化生殖隆起 ──→ 両性生殖腺形成         ↗                    セルトリ細胞→AMH→ミュラー管退化
                                SRY ↗  SOX 9→精巣形成       SF 1
                                                            ライディッヒ細胞─→テストステロン→DHT
                                                              ウォルフ管 ──→ 副精巣，    ↓
                                                                          輸精管，   陰茎，前立腺形成
                                                                          精嚢形成
```

図 24.2 男女生殖器官にかかわる因子の作用機構模式図（Gilbert, 2003 より）
WT 1：尿管芽，生殖腺，腎臓形成にはたらく因子．SF 1：ステロイドホルモン（エストロゲン，テストステロンなど）形成因子．Wnt 4：DAX 1 を活性化する子宮形成因子．DAX 1：X 染色体にあり，SRY を阻害する子宮形成因子．SRY：Y 染色体にあり，SOX 9 を活性化する精巣決定因子．SOX 9：常染色体にあり，SRY に活性化される，精巣形成因子．AMH：抗ミュラー管因子．DHT：5α-ジヒドロテストステロン，陰茎・前立腺形成因子．

1つずつの生殖細胞があり，減数分裂が進む．ミュラー管はそのまま残り，輸卵管，子宮，膣上部に分化する．テストステロンが分泌されないからウォルフ管（中腎管）は退化する．女性では中腎管はほとんど完全に退化消失し，わずかに機能しない遺物が残る（卵巣分化，図 24.1）．

一次性決定と生殖器官

哺乳類の性のように，性染色体によって性が決まる例は多いが，ヒトの場合には2段階で成人の性が決まる．はじめに生殖隆起ができるが，これが未分化（両性）の生殖巣にまで分化するのには *Lhx 9*, *SF 1*, *WT 1* などの遺伝子が必要と考えられている．マウスを使っての実験では，この遺伝子のどれを欠いても生殖巣ができない．次にこれが雄か雌の生殖巣に分化するのが一次性決定である．

雄になるのには，Y 染色体の *SRY* 遺伝子と常染色体の *SOX 9* 遺伝子が主体となって精巣形成の流れをつくる．これらの遺伝子がないと卵巣形成への道をたどって雌になる．その際，*Wnt 4* 遺伝子が X 染色体の短腕にある *DAX 1* 遺伝子（*SRY* や *SOX 9* を抑制する）を活性化して卵巣形成を誘導する．こうして遺伝子による一次的な性決定は受精後1～2ヶ月の短期間で決まり，その後の性の発現には関係しない（図 24.2）．

二次性徴の発現

第二の性決定は二次性徴の形成である．男性には精巣，陰茎，精嚢，前立腺がある．女性には卵巣，膣，子宮頸，子宮，輸卵管，乳腺がある．また，男女の体形があり，声帯軟骨や筋肉の違いがある．このような二次性徴は通常生殖腺から分泌されるホルモンによって決定される．生殖腺がないと女性化が起こる．例えば，ウサギの胎児で生殖腺をそれが分化する前に除去すると，XX 型か XY 型かに関係なく，そのウサギは輸卵管，子宮，膣をもつ雌になり，陰茎などの雄の構造ができない．

男性では精巣ができると，セルトリ細胞から抗ミュラー管ホルモン（AMH）が分泌されてミュラー管が退化し，ライディッヒ細胞からテストステロンが分泌されてウォルフ管が精巣上皮，輸精管，精嚢などに分化し，テストステロンはさらに強力なジヒドロテストステロンに変わって陰茎や前立腺が発達する．これらはすべて胎児の生殖腺ホルモンによるものであるが，減数分裂は抑制されていて精原細胞の段階で止まっている．

女性では卵胞からエストロゲンが分泌されてミュラー管が子宮，輸卵管，膣上部などに分化し，テストステロンがないので，ウォルフ管は退化する．

思春期になって精子形成や卵形成が本格的に再開され，体形的に体外に現れるいわゆる二次性徴が発現される．それは視床下部の生殖腺刺激ホルモン（ゴナドトロピン）放出ホルモンや脳下垂体の生殖腺刺激ホルモンなどの分泌によって生殖腺から多量の性ホルモンが分泌されるようになってからである．

XO型のように，YがなくXが1つの場合には，卵巣はできるが，出産前に萎縮してしまい，卵原細胞も思春期前に死亡する．しかし，はじめは卵巣からのエストロゲン，やがて母体の胎盤からのエストロゲンの影響で，ミュラー管などの女性の生殖管をもって生まれるが，不妊である．

XY型の中には，Y染色体の損傷で*SRY*遺伝子を欠くために女性になる場合と男性ホルモン（テストステロン）不感性症候群の女性になる場合とがある．後者は*SRY*があり，精巣は形成されテストステロンは分泌されるが，テストステロン受容体タンパクを欠くために精巣でつくられるテストステロンに感受性がなく，副腎でつくられる女性ホルモン（エストロゲン）に反応して二次性徴は女性となる．しかし，ミュラー管などの器官はない．

═══════════ Tea Time ═══════════

精巣と卵巣の下降

胎児の成長に伴う伸長と骨盤の増大によって精巣は腹腔を下降して陰嚢を形成し，そこに入る．受精後6～7ヶ月頃，精巣の増大と中腎の萎縮に伴って精巣は腹壁後部に沿って尾方へ移動することができるようになり，AMHによるミュラー管の退化によって，さらに腹腔を横切って鼠径部まで移動できるようになる．さらに鞘状突起の肥大によって，精巣は陰嚢内に入る（図23.5；24.3）．

精巣下降の際には，精巣から腹腔の両側へ下行する精巣導帯と呼ばれる靱帯が精巣を引き寄せ，陰嚢へつないでいるようである．鞘状突起は精巣から分泌されるテストステロンに調節されて形成され，精巣の下降通路をつくる．精巣下降には2～3日を要し，精巣が陰嚢へ入った後，鼠径部は収縮して精巣は逆行できなくなる．

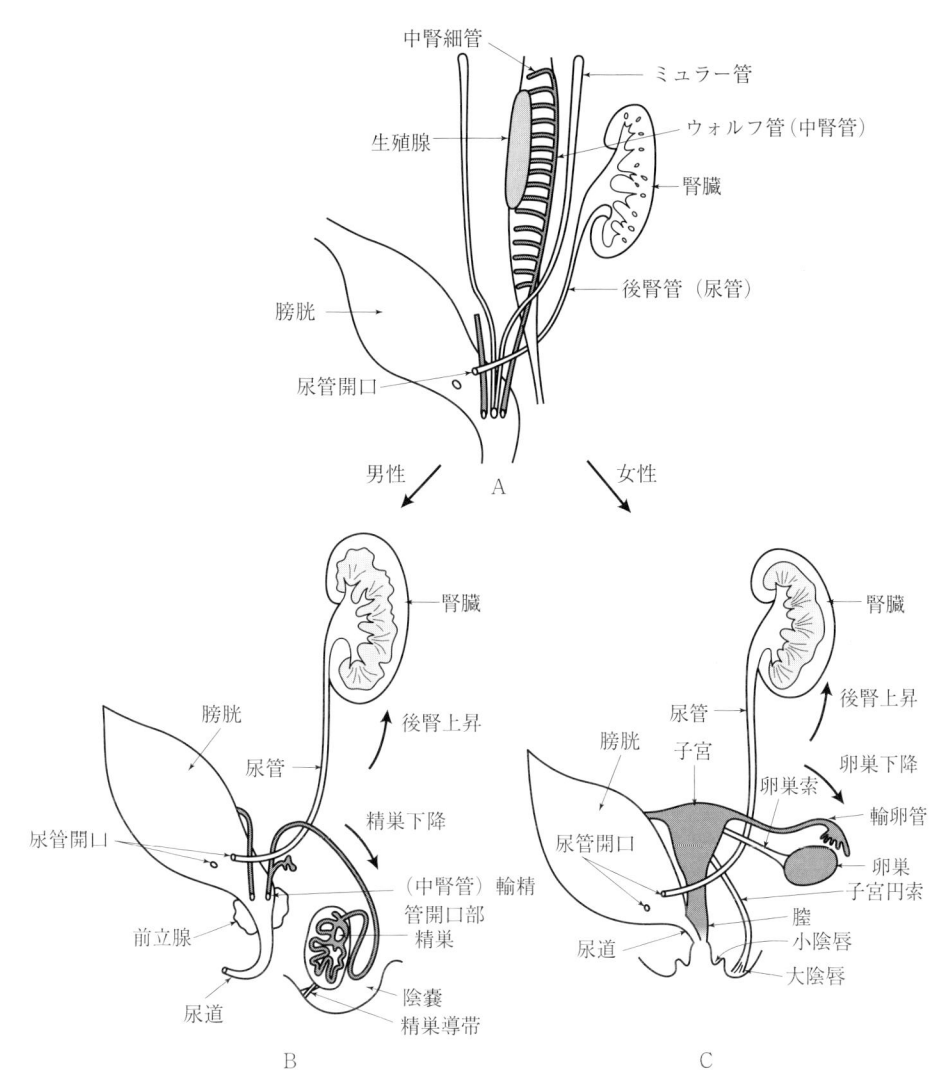

図 24.3 腎臓の上昇と生殖腺の下降
A：未分化期の両性生殖腺．B：男性生殖腺（ミュラー管は退化）．C：女性生殖腺（ウォルフ管は退化）．

卵巣も腹腔後部から骨盤まで下降する．卵巣導帯が卵巣を取り巻いて伸び（卵巣索），子宮に付着して下方に伸び，子宮円索と呼ばれて大陰唇の結合組織に結合している．卵巣と輸卵管の増大に伴って卵巣導帯と共に下降し，子宮を中心に左右に輸卵管と卵巣が位置し，尾方のやや腹側に位置を変えて収まる．

第25講

循環器官の形成

―テーマ―
◆ 側板中胚葉は何に分化するか
◆ 心臓や血管はどのようにできるか

側板中胚葉

　外胚葉と内胚葉の間に，からだの左右両側に伸びる中胚葉が側板中胚葉である．この中胚葉の中央にはすきまができて，からだの背側と内臓側に分かれる．背側を壁側中胚葉あるいは体壁板といい，外胚葉と一緒にして体壁葉という．内臓側を臓側中胚葉あるいは内臓板といい，内胚葉と一緒にして内臓葉という．その間の内腔は体腔といい，胸部を包む胸膜腔，心臓を包む心膜腔，腹部を包む腹膜腔に分かれる．体壁板は生殖腺の皮質やミュラー管，腹側皮膚の真皮，直腹筋，横隔膜筋などをつくり，内臓板は消化管などの平滑筋，心臓の心筋をつくる．正確には，体腔上皮や腸間膜は体壁板と内臓板の両方でできており，2つの中胚葉の合作である（図25.1）．

心臓の発生

　循環器系は心臓，血管，血球などからなり，胚の器官形成のうちで最も早く発生する器官である．からだの前部の左右両側の内臓板が合一してつくられる特徴のある器官である．この内臓板中胚葉は前部内胚葉のBMPとFGFタンパクの誘導によって心臓になることを決定される．内臓板中胚葉を分離して前部内胚葉と一緒にして培養すると心臓ができるが，からだの後部内胚葉と一緒にして培養しても心臓はできない．神経管から分泌されるWntタンパクは心臓の形成を阻害し，血液の形成を促進することがわかっているが，前部内胚葉はCerberus, Dickkopf, Crescentタンパクのような Wntタンパクの阻害剤を分泌するので，Wntの機能は抑制される．BMPも心臓と血液の形成を促進するが，脊索が分泌するNogginやChordinによって阻害される．しかし，心臓予定域中胚葉直下の内胚葉で，内胚葉

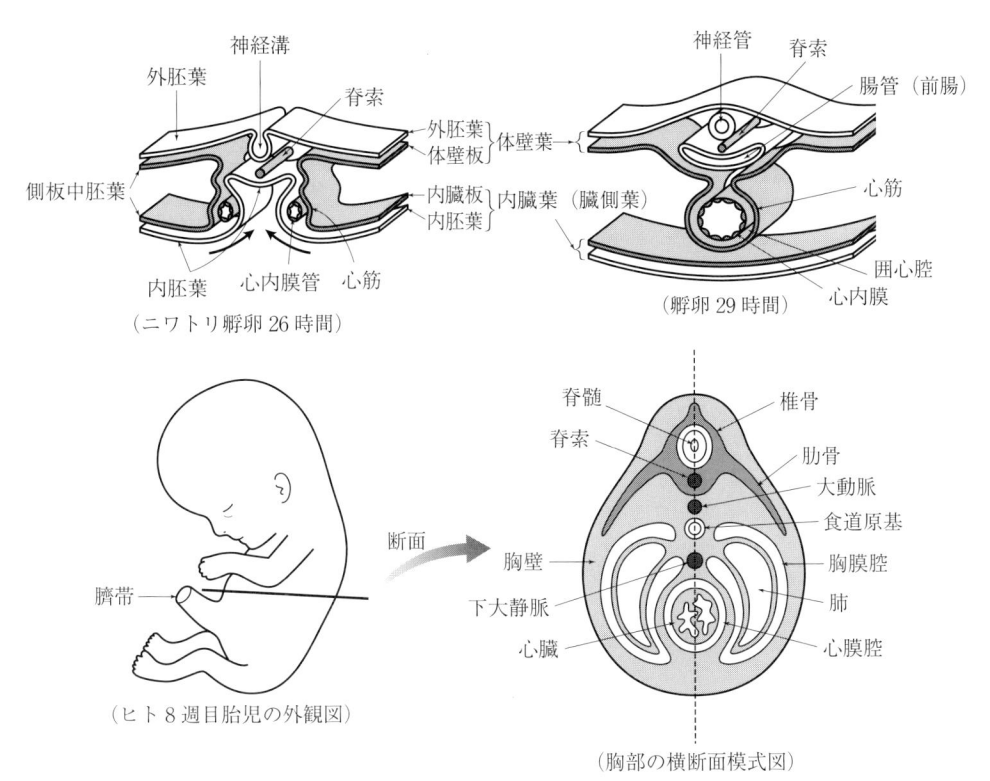

図 25.1 側板中胚葉（黒く描いてある）からできる器官
上：ニワトリ（Gilbert, 1997-2003 より）．下：ヒト（瀬口監訳（Moore and Persaud, 1998），2003 より）．

のBMPタンパクが心筋タンパクの合成に必須のFGFタンパクの合成を誘導するので，結局，心臓の形成や形成位置の設定はBMPとFGFに依存することになる．

実際にどのように心臓が形成されるかをカエルとニワトリでみてみよう．両生類の神経胚では，側板中胚葉が前部腹面に下がってきた時，その先端付近の内臓板由来の細胞が分離して散在している．これが心臓の内面を覆う心内膜をつくる細胞である．側板が腹面を下降するにつれて，この細胞は集塊となり，中にすきまができて1本の管になる．これが心内膜管で，この管の前端と後端で2本に分かれ，前端の2本の管が腹大動脈，後端の2本の管が静脈である．側板が腹面で合一した後で，内臓板を内側に体壁板を外側にして心内膜を包み，側板中胚葉から分離する．内側の内臓板由来の細胞層が心筋層，外側の体壁板由来の細胞層が囲心嚢で，この2つの細胞層の間が囲心腔である．このように両生類では，心臓原基ははじめ単純な管として形成されるが，やがて左右前後に屈曲してS字型になり，心房・心室の区別ができる．この心臓の屈曲は左右極性に支配され，NodalやLefty 2タンパクに誘導される（ヒトの心臓形成，図25.2）．

両生類の心臓は左右の側板が合一して生じた1つの心臓原基から形成されるが，左右の側板腹面の心臓予定域の一方を切り取っても，残りの1つで完全な心臓を形

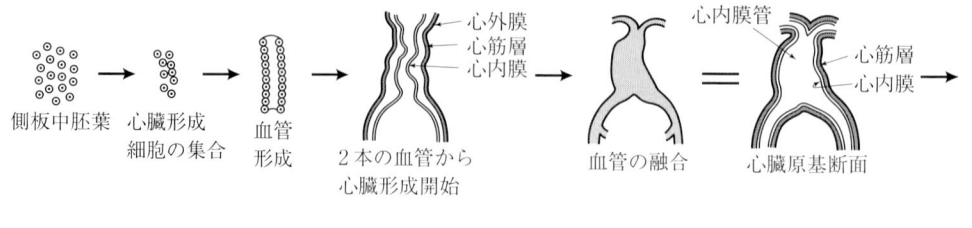

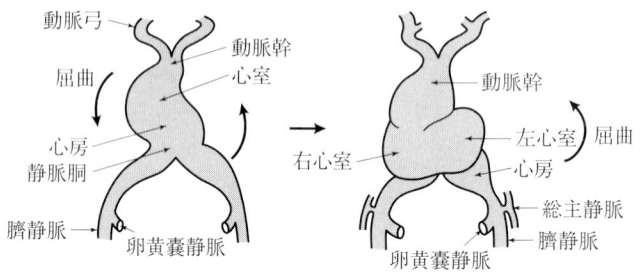

図 25.2 ヒトの心臓形成模式図
矢印は屈曲方向を示す．

成することができる．心臓は左右の原基がそれぞれ1つの心臓をつくる能力をもっているが，合一して1つの心臓をつくるものと考えられる．

盤割を行う鳥類でも，心臓は側板中胚葉の内臓板からつくられるが，最初に2本の管ができる．卵黄嚢の上にある側板中胚葉の内臓板が前腸の下部と卵黄嚢の間に左右から寄ってきて，左右1本ずつ管をつくる．これが心内膜の管である．胚の下面で発達する前腸は頭部から後方へ進み，心臓予定域で持ち上がり卵黄嚢から離れると，2本の心内膜管は中央へ移動することができるようになり，正中線で出会って融合し，1本の管になる．しかし前端と後端は2つに分離したままで，前端が腹大動脈で後端が臍腸間膜静脈である．左右に別々にあった囲心腔も合一して1つになる（図 25.1 上）．

心臓原基は移植したり外植しても発生し，心臓をつくることができるが，血液の流通がないと発生が止まってしまう．心臓の完全な発生には血液の流通が必要である．サンショウウオの心臓原基の移植実験で，大型のサンショウウオの心臓原基を小型のサンショウウオに移植すると，心臓は小型のサンショウウオの心臓の大きさにしかならない．逆でも同様で，心臓の大きさは移植する宿主の大きさか，あるいは心臓に流れる血液の量に依存する．生物の各器官や組織は相互依存的に調節しあって全体として個体のバランスを保ち，機能の維持を図っている．

血管の形成

心臓は最初にできる器官であるが，血管ができて循環機能ができるまでは拍動し

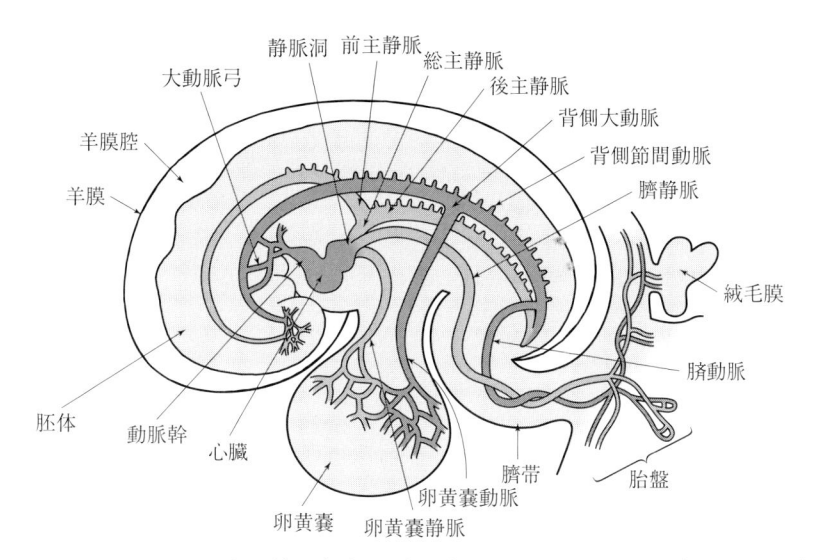

図 25.3 4 週頃のヒト胎児の循環系（瀬口監訳（Moore and Persaud, 1998），2003 より）

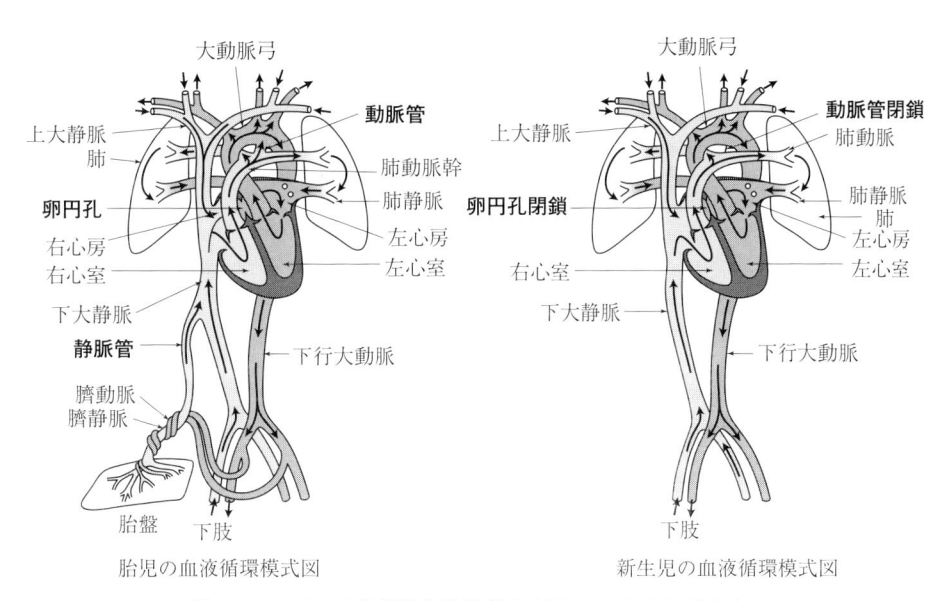

　　　　　　胎児の血液循環模式図　　　　　　　　　新生児の血液循環模式図
図 25.4 ヒトの血液循環比較模式図（Gilbert, 1997-2003 より）
新生児では，①臍動脈，臍静脈の消失による静脈管の消失，②一次中隔より生じた弁により卵円孔の閉鎖と，③動脈管の閉鎖によって血流が変わる．

ない．実は血管は心臓とは無関係にできて，できるとすぐに心臓につながる．複雑な動脈と静脈との連絡は遺伝子に支配されているわけではなく，毛細管の結合も偶然のチャンスが大きく影響し，個体差を生じる．しかし，進化に支配されて，肉体的な条件や生理的な機能は種内で共通であるから，個体間で大きく異なることはない．

　胚は消化管ができる前に栄養が必要で，肺ができる前には酸素が必要であり，腎臓ができる前に排泄しなければならない．養分は卵黄から，ガス交換は漿膜か尿膜

を通して行っている（図25.3）．

　血管と血球とは起源が同じで，比較的濃いBMPタンパクとFGFタンパクの影響で，内臓板中胚葉の細胞が一次血管芽細胞に分化し，それがさらにVEGF（血管内皮成長因子）の作用で，新たな二次血管芽細胞（血管をつくる）と造血幹細胞（血球をつくる）に分かれる．一次血管芽細胞は凝集し，血島と呼ばれる細胞塊をつくる．この細胞塊の外側が二次血管芽細胞で，内側の細胞が未分化の多能性のある造血幹細胞である．血管芽細胞は内皮細胞になり，これが基底膜に包まれて最初の血管ができる．この血管は太くなり伸び，分枝して発達し，からだの先端では毛細管になる．血管は内皮成長因子に似た作用をもつNotchタンパクの濃淡で影響され，強く影響されると動脈になり，細胞膜にEphrin-B 2タンパクができる．影響が弱いと静脈になり，細胞膜にこのタンパク質の受容体であるEph B 4チロシンキナーゼというタンパクができる．これらの細胞どうしが結合することで動脈と静脈の結合が成立し，毛細血管網が形成される（胎児と新生児の循環系の相違，図25.4）．

血球とリンパ系の発生

　血球やリンパ球のような細胞の発生は2段階に分けられる．脊椎動物の場合，胚の時期には卵黄の栄養を運ぶため，胚体外の卵黄に分布する腹側中胚葉にできる血島で血液細胞がつくられる．もちろん，上述のようにBMPタンパクによって活性化された造血幹細胞からである．

　最初は卵黄嚢の中胚葉に幹細胞が現れるが，これが造血幹細胞で，造血幹細胞はやがて未分化生殖腺や中腎に近い大動脈領域に現れるようになり，肝臓に移り，出生後はもっぱら骨髄でつくられるようになる．造血幹細胞は大きな2群に分けられる．血球幹細胞とリンパ幹細胞である．しかし，これらの分化は多岐にわたり，いろいろな因子が作用する．その主要なものにインターロイキンのようなサイトカインと総称される物質がある．これらがさまざまに組み合わさって作用し，赤血球やいろいろな白血球やB細胞やT細胞のようなリンパ球などをつくる．

　ヒトのリンパ系は心臓や血管系の原基が認められるようになってからさらに2週間程度遅れて発生し，受精後約1ヶ月半頃に発生を開始する．血管とは別に，リンパ管は血管と同様に内皮細胞に囲まれた管として発生するが，派生したリンパ管は互いに結合し，網状に発達した後で静脈と連絡する（図25.5）．

　はじめは大きな静脈に沿ったところでつくられ，後の主管となる部分になる．もちろん，細い管として出発し，ところどころで集合してリンパ嚢をつくる．鎖骨下静脈のそばの頸リンパ嚢，腸骨静脈のそばの腸骨リンパ嚢，腸間膜腹壁にある腹膜後リンパ嚢，その背側にある乳び槽などができて，これにリンパ管が結合したり，リンパ嚢が変形してリンパ管やリンパ節になったりする．

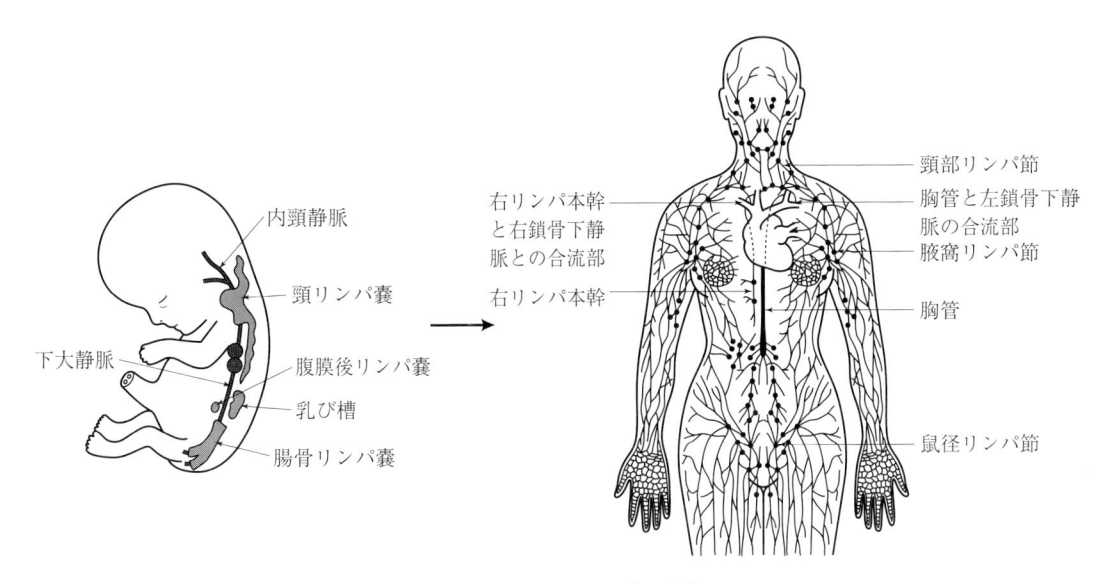

図 25.5 ヒトのリンパ系の形成
左：ヒト第8週頃のリンパ系（リンパ嚢や乳び槽はリンパ管で連結されてリンパ系をつくる：瀬口監訳（Moore and Persaud, 1998），2003 より）．
右：成人のリンパ管とリンパ節の分布（右上半身のリンパは右リンパ本幹を経て右鎖骨下静脈に入り，他のリンパはすべて胸管を経て左鎖骨下静脈に入る）．

　リンパ節はリンパ嚢に間充織細胞が入り込んで，皮膜と結合組織網を形成したものである．リンパ節の間充織細胞は後にリンパ球に分化する．

　脾臓は血管に富むリンパ腺である．ヒトでは胎児期の第5週に発生をはじめるが，背側の胃間膜の間にできた間充織細胞の凝集塊から発生する．脾臓の被膜と結合組織網がつくられ多数の血管が入り込んで，胎児期末まで造血器官として機能し，成人になってからも血球形成能力を保持している．

================ Tea Time ================

三胚葉と器官形成の相関

　これまで内・中・外胚葉の各胚葉からできる主要な器官について概略を述べたが，それらの個体形成における全体像を把握するのは難しい．1989年と1991年に，水野丈夫博士が各胚葉からの器官形成の関係を具体的にまとめているので，ここに引用しておく．この図は器官形成の全体像を把握するのに極めて有用であるので，これまで本書で述べられたやや複雑な記述を，この図と照らして器官形成の相関を理解するのに役立ててほしい．また，それぞれの器官がいくつかの胚葉の合作であることも理解してほしい．

内胚葉の分化（水野，1991）

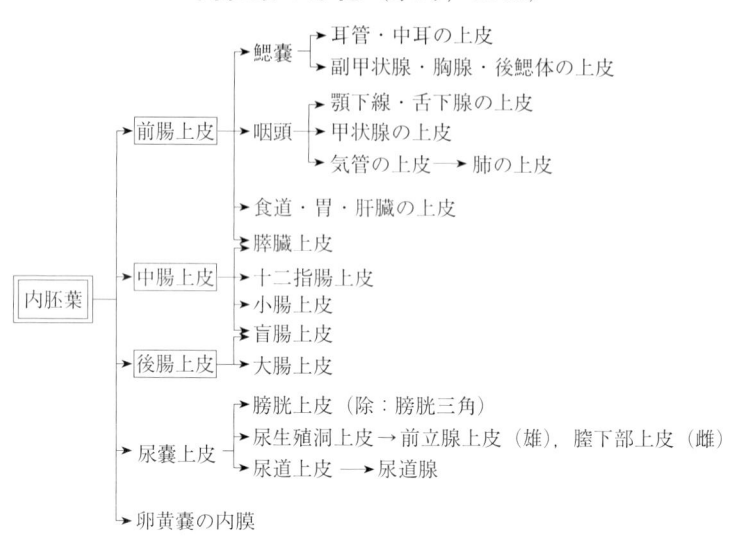

```
内胚葉─┬─前腸上皮─┬─鰓嚢─┬─耳管・中耳の上皮
       │          │      └─副甲状腺・胸腺・後鰓体の上皮
       │          ├─咽頭─┬─顎下線・舌下腺の上皮
       │          │      ├─甲状腺の上皮
       │          │      └─気管の上皮──肺の上皮
       │          ├─食道・胃・肝臓の上皮
       │          └─膵臓上皮
       ├─中腸上皮─┬─十二指腸上皮
       │          └─小腸上皮
       ├─後腸上皮─┬─盲腸上皮
       │          └─大腸上皮
       ├─尿嚢上皮─┬─膀胱上皮（除：膀胱三角）
       │          ├─尿生殖洞上皮→前立腺上皮（雄），腟下部上皮（雌）
       │          └─尿道上皮──尿道腺
       └─卵黄嚢の内膜
```

中胚葉の分化（水野，1991）

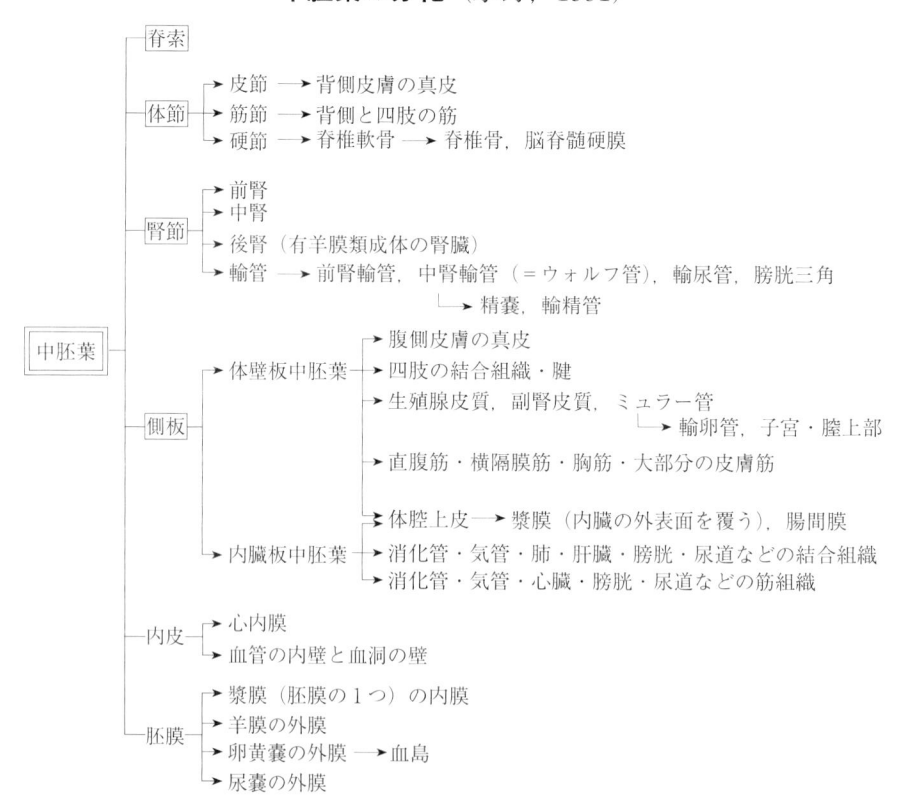

```
中胚葉─┬─脊索
       ├─体節─┬─皮節──背側皮膚の真皮
       │      ├─筋節──背側と四肢の筋
       │      └─硬節──脊椎軟骨──脊椎骨，脳脊髄硬膜
       ├─腎節─┬─前腎
       │      ├─中腎
       │      ├─後腎（有羊膜類成体の腎臓）
       │      └─輸管──前腎輸管，中腎輸管（＝ウォルフ管），輸尿管，膀胱三角
       │                    └─精嚢，輸精管
       ├─側板─┬─体壁板中胚葉─┬─腹側皮膚の真皮
       │      │              ├─四肢の結合組織・腱
       │      │              ├─生殖腺皮質，副腎皮質，ミュラー管
       │      │              │        └─輸卵管，子宮・腟上部
       │      │              └─直腹筋・横隔膜筋・胸筋・大部分の皮膚筋
       │      │              ┌─体腔上皮──漿膜（内臓の外表面を覆う），腸間膜
       │      └─内臓板中胚葉─┼─消化管・気管・肺・肝臓・膀胱・尿道などの結合組織
       │                     └─消化管・気管・心臓・膀胱・尿道などの筋組織
       ├─内皮─┬─心内膜
       │      └─血管の内壁と血洞の壁
       └─胚膜─┬─漿膜（胚膜の1つ）の内膜
              ├─羊膜の外膜
              ├─卵黄嚢の外膜──血島
              └─尿嚢の外膜
```

外胚葉の分化 (水野, 1991)

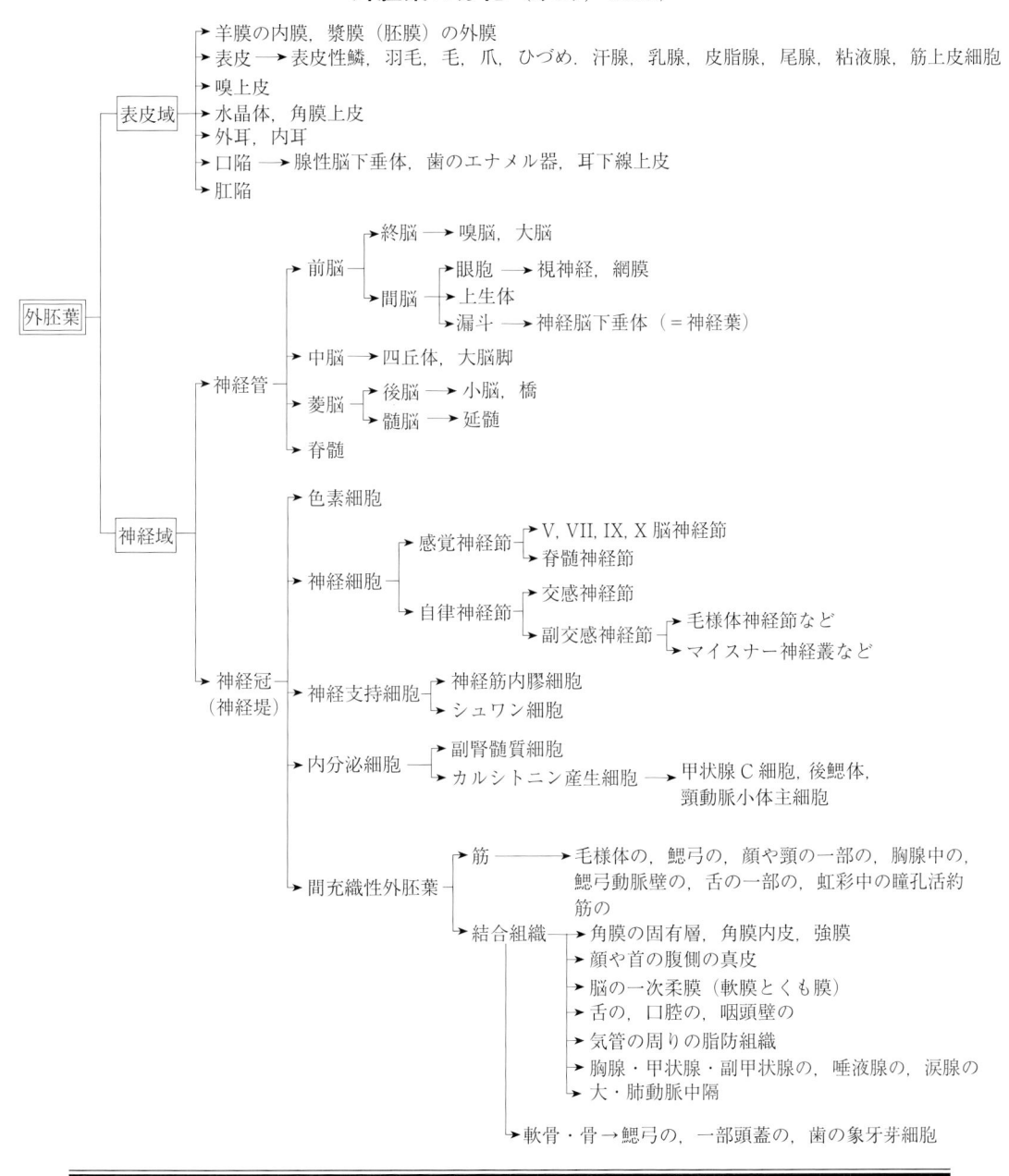

- 外胚葉
  - 表皮域
    - 羊膜の内膜, 漿膜（胚膜）の外膜
    - 表皮 → 表皮性鱗, 羽毛, 毛, 爪, ひづめ, 汗腺, 乳腺, 皮脂腺, 尾腺, 粘液腺, 筋上皮細胞
    - 嗅上皮
    - 水晶体, 角膜上皮
    - 外耳, 内耳
    - 口陥 → 腺性脳下垂体, 歯のエナメル器, 耳下線上皮
    - 肛陥
  - 神経域
    - 神経管
      - 前脳
        - 終脳 → 嗅脳, 大脳
        - 間脳
          - 眼胞 → 視神経, 網膜
          - 上生体
          - 漏斗 → 神経脳下垂体（＝神経葉）
      - 中脳 → 四丘体, 大脳脚
      - 菱脳
        - 後脳 → 小脳, 橋
        - 髄脳 → 延髄
      - 脊髄
    - 神経冠（神経堤）
      - 色素細胞
      - 神経細胞
        - 感覚神経節
          - V, VII, IX, X 脳神経節
          - 脊髄神経節
        - 自律神経節
          - 交感神経節
          - 副交感神経節 → 毛様体神経節など / マイスナー神経叢など
      - 神経支持細胞
        - 神経筋内膠細胞
        - シュワン細胞
      - 内分泌細胞
        - 副腎髄質細胞
        - カルシトニン産生細胞 → 甲状腺C細胞, 後鰓体, 頸動脈小体主細胞
    - 間充織性外胚葉
      - 筋 → 毛様体の, 鰓弓の, 顔や頸の一部の, 胸腺中の, 鰓弓動脈壁の, 舌の一部の, 虹彩中の瞳孔括約筋の
      - 結合組織
        - 角膜の固有層, 角膜内皮, 強膜
        - 顔や首の腹側の真皮
        - 脳の一次柔膜（軟膜とくも膜）
        - 舌の, 口腔の, 咽頭壁の
        - 気管の周りの脂肪組織
        - 胸腺・甲状腺・副甲状腺の, 唾液腺の, 涙腺の
        - 大・肺動脈中隔
      - 軟骨・骨 → 鰓弓の, 一部頭蓋の, 歯の象牙芽細胞

第26講

四肢の形成

―テーマ―
◆ 四肢はどの胚葉からできるか
◆ 手と足はどこが違うか
◆ 極性は四肢の何を決めるか

四肢の極性

　四肢の形成は極性と誘導に支配されている．手と足(脚)は基本的には同じであって，ただ頭尾極性の位置的関係が違うために遺伝子の発現が違う．手は胸部の左右にできており，脚は腹部の左右にできている．ヒトのからだ全体に頭尾，背腹，左右（基部末端）の極性があるように，その一部である手（前肢）をみても，親指から小指に向かう頭尾，手の甲と掌のような背腹，腕から指先の爪に向かう基部(近位)末端(遠位)の極性がある（図26.1）．四肢はこの極性を正しく認識して形成される．このような器官形成をパターン形成と呼び，複雑な方向性に従った形成様式である．

　四肢は側板中胚葉の体壁板の細胞（骨，腱などの前駆体）と体節の中央部にある

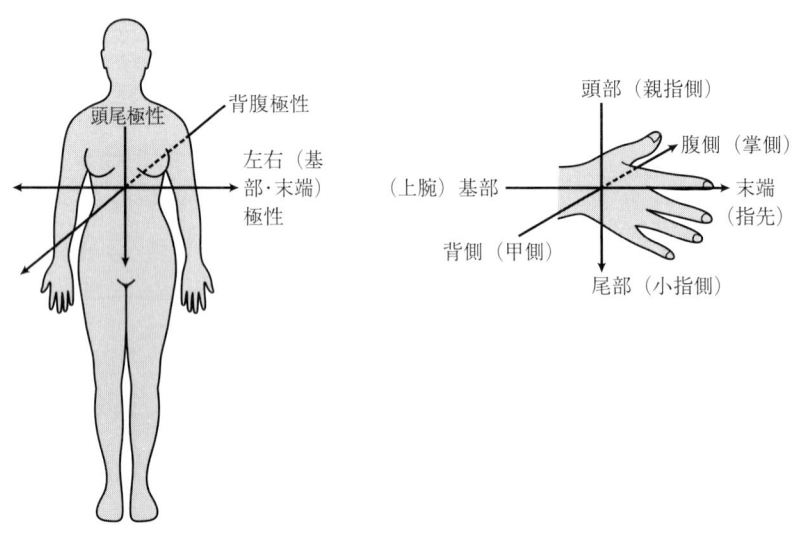

図 26.1 からだと手の極性（石原，1998b を改変）

筋節の細胞（筋肉の前駆体）などが間充織となって4箇所の表皮の内側に集まって肢芽を形成し，前肢，後肢になる．まずその概要を追ってみよう．

側板中胚葉は沿軸中胚葉（腎節）の外側（体側面）にあるが，胚の中腎域の前部のすぐ外側の側板中胚葉の細胞を少し広く円状に除去すると，前肢ができなくなってしまう部分がある．この除去した領域が前肢をつくる領域で，これを肢域という．この領域が頭尾（前後）軸に沿ってあり，例えば，魚類の胸鰭のところに前肢域があり，両生類，鳥類，哺乳類では，第一胸椎（$Hoxc\,6$ が発現する部分）の位置に前肢域があり，魚類の腹鰭にあたる位置には後肢域がある．この領域の表皮の下に側板中胚葉から分離した間充織細胞と筋節から分離した間充織細胞が集って突起ができる．これが肢芽である（図 26.2）．前後肢域の側板中胚葉は体節の筋節由来の

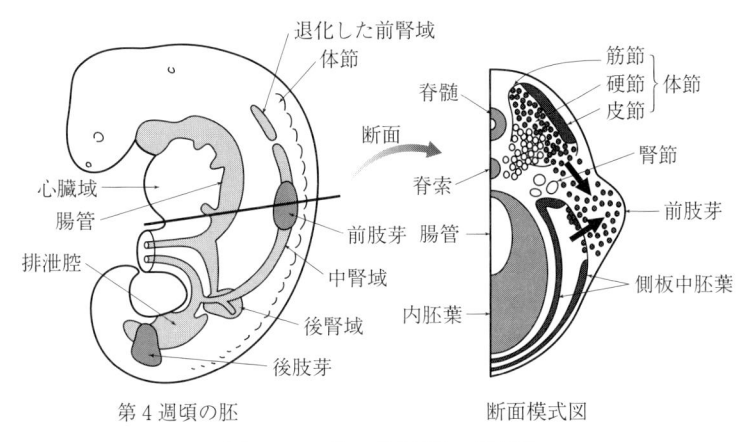

図 26.2 四肢の形成部位の概念図

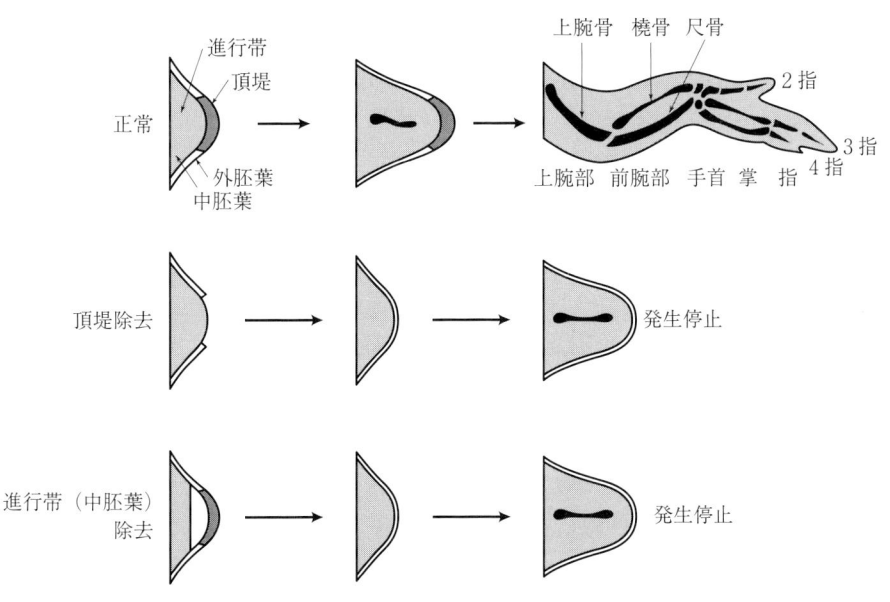

図 26.3 ニワトリの前肢形成と頂堤・進行帯の関係（石原，1998bを改変）

間充織細胞を誘導して筋原細胞に変える．側板中胚葉の分化はからだの頭尾に沿う位置で決まっており，肢域以外の側板中胚葉にはこの能力はない．肢域の先端の外胚葉は厚くなって頂堤（AER, apical ectodermal ridge）と呼ばれる．外胚葉の頂堤とその中の中胚葉（進行帯，PZ, progress zone と呼ばれる）とは相互依存的な誘導関係にあり，どちらが欠けてもだめで，肢芽の発達には両者の共存が必要である．肢芽の進行帯は頂堤の誘導能を維持し，頂堤は進行帯の分化を誘導する．

進行帯は分化を抑制された未分化の中胚葉細胞で，肢芽の発達・伸長に伴って中胚葉は頂堤の支配からはずれて，筋節由来の間充織細胞は筋肉に，側板（体壁板）中胚葉由来の間充織細胞は結合組織，軟骨などの細胞に分化する．このような四肢の形成は基部末端極性に依存し，四肢の成長につれて頂堤からはずれる順に時間を追って，前肢なら上腕，前腕，手，指の順に形成される（図 26.3）．

四肢の形成と遺伝子発現

このような四肢の形成は遺伝子の発現に支配されて，時間的に順に形成されるが，この様子をみよう．

ヘンゼンの結節から分泌されるレチノイン酸は前後極性に沿って濃度勾配（後部が濃く前部が薄い）ができている．そしてレチノイン酸の濃度に依存して一定の *Hox* 遺伝子（*Hoxa* と *Hoxd*）が発現し，陸生の脊椎動物はすべて左右に相称の 4 本の脚ができる．

最初に側板中胚葉の間充織細胞はFGF 10 タンパクを分泌し，これが外胚葉にも影響を与え，この部分を肢芽域に決定する．はじめFGF 10 は側板中胚葉の全域にあるが，Wnt タンパク（一般に，前部から後部に向かって濃くなる濃度勾配）によってFGF 10 タンパクの分布域が肢芽域に限定される．ニワトリではWnt 2b が前肢域に，Wnt 8c が後肢域に作用し*FGF 10* の発現を安定化させる．

こうして肢芽域が決定されると，DNA と結合能力をもつ *Tbx*（T-box）転写因子の発現が起こる．*Tbx* 5 は前肢に発現し，*Tbx* 4 は後肢に発現し，前後肢を正しく発現させる．ニワトリでは，Tbx 5 を含む肢芽は翼を，Tbx 4 を含む肢芽は脚を形成する．

FGF 10 によって肢芽の頂堤ができると，頂堤はFGF 8 を分泌し，中胚葉細胞の分裂能を維持させる．こうして分裂した細胞が基部から手の先端に向かって順に規則正しく，肩甲骨，上腕骨，尺骨と橈骨，掌骨，指骨など（基部末端極性）ができてくるのは，側板中胚葉の進行帯の細胞に順次 *Hoxa* と *Hoxd* の 9〜13 の遺伝子発現が起こるためである．しかし，進行帯の細胞にははじめからこの順序の発現が決定していて，それが肢芽の発達につれて広がっていくとする説もある．

次に，肢芽の前後極性については肢芽の後端部に極性化活性域（ZPA）と呼ばれ

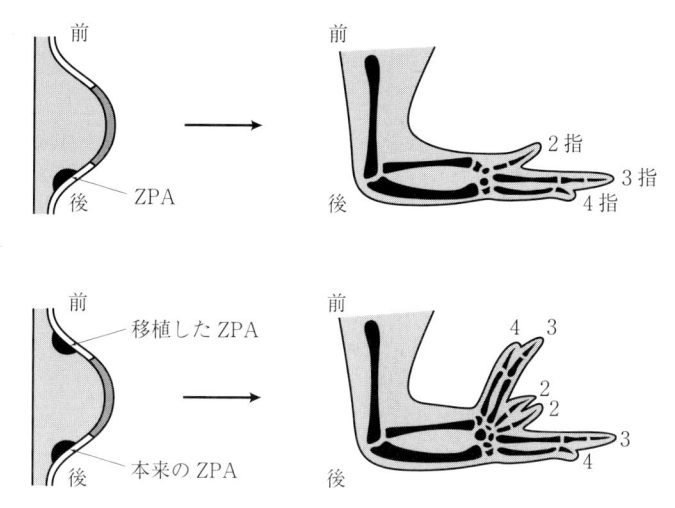

図 26.4 極性化活性域（ZPA）の作用（Wolpert, 1998 を参考に描く）
上：正常．下：ZPA 細胞を前肢芽の前部に移植した場合．

る領域があり，この肢芽域に Shh タンパクが最も濃く，前方に向かうにつれて薄くなる濃度勾配になって分布している．これが四肢の前後を決めている（AER から分泌される FGF 8 タンパクによって *shh* 遺伝子が活性化され Shh タンパクがつくられる）．例えば，肢芽の後部で Shh タンパクが濃い部分に小指が形成され，薄くなるに従って中指，親指の順に指あるいは羽が形成されるが，ZPA の細胞の一部を前部にも移植すると，指あるいは羽が鏡像的に二重に形成される（図 26.4）．最先端の指を分けるために指と指の間の細胞は死滅するが，これは BMP に支配される予定された細胞死（アポトーシス，第 27 講）による．

肢芽の背腹軸（背側・腹側）は肢芽の背側に発現する *Wnt 7a* の発現に依存する．*Wnt 7* 遺伝子は肢芽の背側で発現し腹側では発現しない．背側の Wnt 7 タンパクを除去すると両側が腹側の皮膚や筋肉になる．Wnt 7a タンパクは ZPA の *shh* の発現を維持し，頂堤後部の *FGF 4* の発現を維持するはたらきもある．

=============================== Tea Time ===============================

極性の連続性

前後，背腹，基部末端の 3 つの極性は個体全体に統一的に関連して確立されているもので，連続性をもっている．1 つの極性も物質の濃度勾配のように連続的な勾配であるが，移植の時などのように，人為的に 2 つの極性を不連続に並列する位置に並べて移植した場合でも，移植片は単に癒着して不連続な極性をつくることはない．発生過程の移植片の癒着では，細胞増殖によって連続性が保たれる．例えば，鏡像的な連続性をつくるか，それができない場合には，新しい構造を挿入する（新

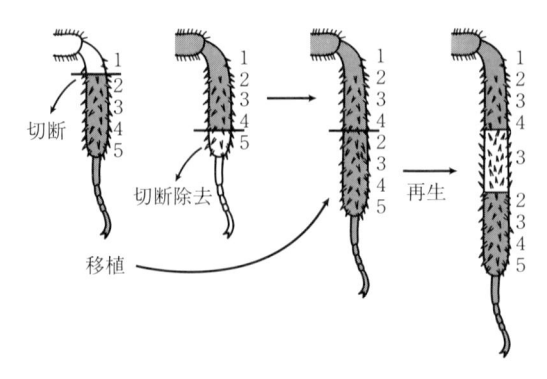

図 26.5 極性の連続性 A (Gilbert, 1994 より描く)
ゴキブリの脚の移植と再生．再生の際，3 の部位を余分につくることで極性の連続性ができる．余分につくられた 3 の部位の刺が逆向きになっていることに注意．

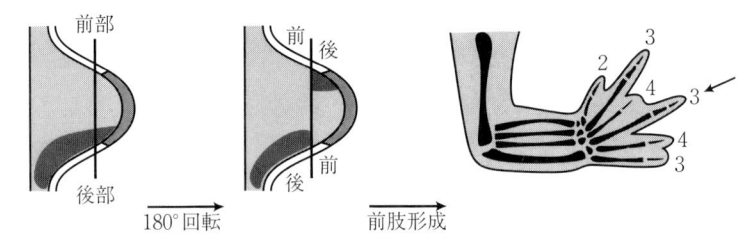

図 26.6 極性の連続性 B (Gilbert, 1994 より描く)
ニワトリの前肢芽の先端部を 180°回転することにより生じる奇形．3 指を余分につくることにより前後極性の連続性ができる．

しく余分な，部分をつくる）ことにより連続性を維持する．ゴキブリの脚の移植（図 26.5）や，イモリやニワトリの四肢の移植でそのよい例をみることができる．脚が長くなったり，鏡像的な余分な肢指（図 26.6）や余分な 3 本の後肢になったりする例がある．

第27講

形づくりの細胞死

―テーマ―
◆ 細胞の死は何を招くか
◆ 予定された細胞死はどうして起こる
◆ 細胞死を予定するものは何か

プログラム細胞死

　個体が傷を受けた場合のような一部の細胞の死は，傷の治癒とか再生による修復などによって形態や機能を復元することができる．しかし，病気や機能不全による組織・器官あるいはその一部の細胞の死は壊死（ネクローシス，necrosis）と呼ばれ，規模が大きくなると生命の喪失，つまり個体の死を招くことになる．さらに，細胞の老化による寿命に関連した細胞死もこれに含まれるかもしれない．しかし，これとは全く逆に，生命活動のための機能を営むために細胞死が必要な場合がある．生物個体の発生途上に起こる形づくりや変態などの際にみられる不要な細胞の死である．このような細胞死は予定されたというか，むしろ形態形成や機能発現のためにあらかじめプログラムとして決められている細胞死で，プログラム細胞死あるいはアポトーシス（apoptosis）と呼ばれ，ホルモンなどさまざまな調節因子の影響を受けて，タンパク質の生合成に依存しており，遺伝子の発現が関与するので，この遺伝子を細胞死遺伝子と呼ぶ場合もある．

　アポトーシスは神経線維の適切な配置，中耳の形成，膣口の開口，手足の指の分離（図27.1），水かきのない鳥の水かきの除去（図27.2）などの際にみられる．口蓋，網膜，心臓のような複雑な器官の形成における余分な細胞の除去や，神経のような特殊な組織の細胞数の調節にもアポトーシスがみられ，免疫反応にみられる免疫細胞の攻撃による細胞死もアポトーシスである．動物の変態の際の尾の退縮，生殖器官の発生で雄のミュラー管の退化，雌のウォルフ管の退化や前腎・中腎・後腎への変化や，雄あるいは男性の乳腺の除去のような，不要な細胞の除去などもアポトーシスによる．このようなアポトーシスは発生の初期にはみられないが，形態形成の後期，変態期あるいは成体になってからみられる現象で，形態的にも壊死における

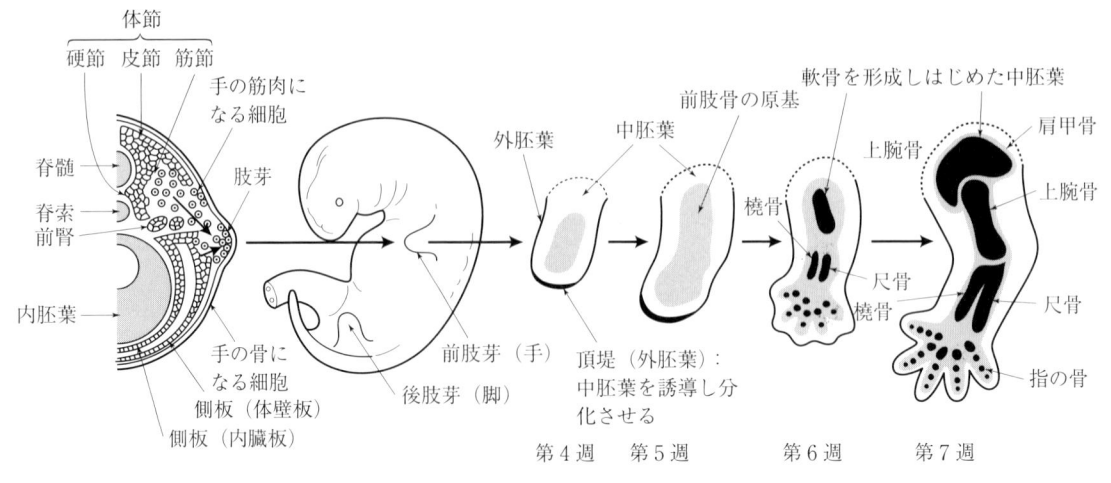

図27.1 前肢芽（手の原基）と腕の形成の関係を示す模式図

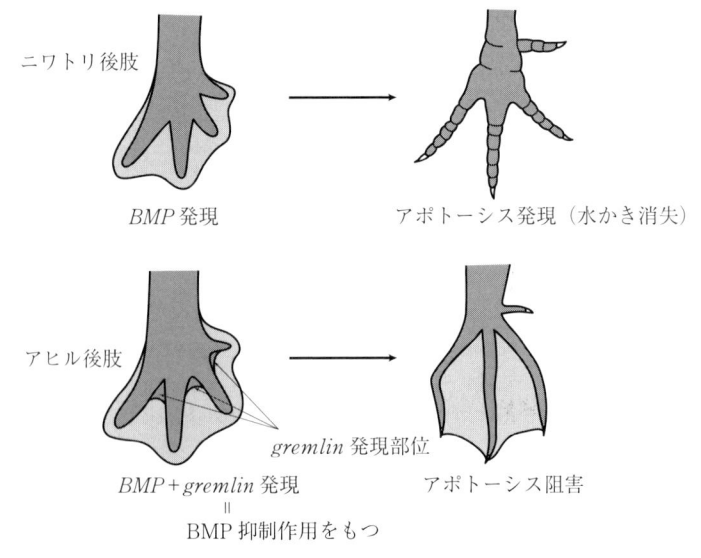

図27.2 ニワトリとアヒルの後肢の形成比較模式図
アヒルでは Gremlin タンパクによって BMP が阻害され，後肢の水かきのアポトーシスが阻害され水かきができる．

細胞死とは違う．

　このような発生過程の途上の形態形成の場合に起こる細胞死は遺伝的にコントロールされていると考えられるので，免疫反応における細胞死や消化管上皮細胞の更新などと区別して，特にプログラム細胞死として区別される場合があるが，細胞死の経過や遺伝子が関与することも同様であり，一括してアポトーシスと呼ばれることが多い．

細胞死の細胞変化

アポトーシスは細胞膜と核の構造変化が起こり，急速な細胞の縮小がみられるのが特徴である．まず，核のクロマチン（DNA とタンパク質の複合体）の網状構造がなくなり濃縮する．同時に細胞質も凝縮・縮小し，細胞全体が小さくなる．ミトコンドリアなどの細胞小器官の変化は遅れて起こる．やがて細胞表面にふくらみや突起を生じ，それがちぎれて細胞が断片化し，いわゆるアポトーシス小体を生じる．アポトーシス小体はマクロファージなどの食細胞によって貪食されたり，血流や消化管によって排出される．従って，アポトーシスは組織全体の細胞に集団的に起こるのではなく散発的であり，時間的にも急速に起こる．アポトーシスは細胞によりあるいは細胞の状態によって異なり，アポトーシスを起こすものと起こさないものがあり，誘発要因も違う．従って，一群の細胞群の全部が一度にアポトーシスを起こすことはない．変態におけるホルモンによるアポトーシス誘発——例えば，カエルやウニの変態におけるチロキシンによる誘発——の場合は，幼生の組織がカテプシンやコラーゲナーゼなどのタンパク分解酵素の活性化によって同時的に多量に死滅する場合などは例外的である．一定量のホルモンがなければアポトーシスを起こすことはなく，大きな幼生（オタマジャクシやプルテウス幼生）になる．

それに比べて心筋梗塞や脳梗塞などのような病気や火傷などによる細胞死（壊死）の場合は比較的多量の同時的な細胞死を招き，細胞の形態的変化は細胞質，特にミトコンドリアがふくらんで損傷し，機能を失って呼吸能をなくし，ATP（エネルギー）の産生能を失うことからはじまる．その他の細胞小器官も壊れ，リソソームが壊れ，分解酵素が出て細胞の破壊が促進されるが，核も遅れて崩壊し，細胞溶解が起こり，白血球などが集って炎症を起こすのが特徴である．

アポトーシスの誘発

アポトーシスはプログラム化された細胞死であり，いろいろなタンパク質のシグナルによって誘発される．カエルの変態の際の尾の短縮は，チロキシンあるいはトリヨードチロニンによって誘発される尾の表皮・筋肉・結合組織などの細胞のアポトーシスである．例えば，脊椎動物の結合組織は骨形成因子の BMP 4 タンパクに反応して骨に分化する．カエルの原腸胚の外胚葉も BMP 4 に反応して皮膚に分化する．このような細胞は感覚器や付属器官の形成などさらに微細な分化を遂げるが，形態形成が完了すると，BMP 4 タンパクやグルココーチコイドのような誘発因子の消失や細胞間結合を失うことなどによってアポトーシスが誘発される．

しかし，アポトーシスによって細胞死が予定されていても成長因子や分化因子の影響が生じれば細胞死を免れる．例えば，哺乳類の赤血球の分化の際にその例がみ

られる．赤血球幹細胞が骨髄で分化する際に，腎臓から分泌されるエリスロポエチンという造血促進因子の存在が必要で，これがなければ分化もできず，幹細胞はアポトーシスを起こす．

アポトーシスの遺伝子的経路は *C. elegans* という線虫と哺乳類でよく研究されている．この線虫では，*ced*-3 と *ced*-4 という遺伝子でつくられるタンパク質がアポトーシスを引き起こすのに必要である．CED-4 タンパクはプロテアーゼ（タンパク分解酵素）活性化因子で，プロテアーゼである CED-3 タンパクを活性化する．活性化された CED-3 タンパクは細胞破壊（アポトーシス）を引き起こす．しかし，*ced*-4 遺伝子や CED-4 タンパクは *ced*-9 遺伝子の産物である CED-9 タンパクによって阻害または不活性化される．その結果 *ced*-9 遺伝子がはたらく細胞は *ced*-4→*ced*-3 の活性化経路がはたらかないからアポトーシスを逃れて生存する．しかし，CED-9 タンパクは EGL-1 タンパクに阻害されるので，EGL-1 タンパクがあれば，*ced*-4→*ced*-3 の遺伝子経路がはたらいてアポトーシスが起きる（図 27.3）．

ced-4→*ced*-3 経路は多くの動物のアポトーシスを起こす共通の経路のようである．BMP 4 タンパクの分泌の消失とか細胞結合の喪失などが起こると，*ced*-4→*ced*-3 経路が活性化されるか *ced*-9 が不活性化されてアポトーシスが起こる．CED-9 タンパクと同類のものが，哺乳類では *bcl*-2 群の遺伝子産物である．*bcl*-2 遺伝子を線虫に投与すると，線虫のアポトーシスは阻止される．哺乳類のエリスロポエチンによって，*bcl*-2 群の 1 つである *bcl*-x が活性化されて赤血球のアポトーシスを阻害するタンパクがつくられる．

線虫 *ced*-4 の哺乳類の同類は APAF 1（アポトーシスタンパク分解酵素活性化因子 1）と呼ばれ，線虫の *ced*-3 と同類である哺乳類のタンパク分解酵素をコードする Caspase-9 や Caspase-3 を活性化する．Caspase は強いタンパク分解酵素で細

線虫（*C. elegans*）
　　EGL-1 タンパク→CED-9 抑制 ‖ CED-4 タンパク──
　　　　CED-3 タンパク（タンパク分解酵素）──→アポトーシス

　　EGL-1 タンパク不活性 ‖ CED-9 タンパク→CED-4 抑制──
　　　　CED-3 不活性──→アポトーシスなし

哺乳類ニューロン
　　Bik タンパク→Bcl 2 抑制 ‖ APAF 1 タンパク→Caspase-9 タンパク
　　　　──→Caspase-3 タンパク→アポトーシス

　　Bik タンパク不活性 ‖ Bcl 2 タンパク→APAF 1 抑制 ‖ Caspase 不活性
　　　　──→アポトーシスなし

哺乳類リンパ球
　　CD 95 タンパク→FADD タンパク→Caspase-8 タンパク
　　（リンパ球の受容体膜タンパク）　　──→アポトーシス

図 27.3　アポトーシスのシグナル伝達経路の例

胞内部から構成タンパクを分解し，DNAを断片化する．

哺乳類ではアポトーシス経路は1つではない．リンパ球のアポトーシスはAPAF1やCaspase-9には影響されない．細胞膜にあるCD95と呼ばれる膜タンパクによってはじまり，FADDというタンパク質を介してFADD→Caspase-8という別の経路でアポトーシスが引き起こされる（図27.3）．

============ Tea Time ============

四肢形成とアポトーシス

　四肢のアポトーシスのシグナルはBMP2, BMP4, BMP7などのBMPタンパクである．これらのタンパクはいずれも四肢の指の間の間充織細胞に分布している．発生初期には，肢芽の進行帯ではBMPシグナルは抑制されてアポトーシスがなく肢の形成が進む．BMPシグナルの阻害は指の軟骨の形成にあずかるNogginタンパクによる．もし，*noggin* が肢芽全体に発現するとアポトーシスは起こらない．

　しかし，四肢の発生では，BMPはアポトーシスを起こすようにはたらくこともあるし，間充織細胞を軟骨細胞に分化させるようにはたらく場合もあり，同じBMPがアポトーシスを誘起するか，分化させるほうにはたらくかは四肢の細胞の分化の進行度に依存する．シグナルの情報依存性，つまり状況によって作用が違ってくることは発生現象ではよくみられることである．

　水かきのついたアヒルの脚（後肢）をつくるにはBMPの制御が必要である．アヒルの足指の間の部分にはニワトリと同様に *BMP* 遺伝子が発現している．しかし，ニワトリではBMPによってアポトーシスが起こるようになり，水かきはなくなる．アヒルでは，ニワトリと違って水かきの部分で *BMP* と *gremlin* という2つの遺伝子が同時に発現して，BMPタンパクの作用は阻害され，Gremlinタンパクの合成によって，この部分のアポトーシスは起こらなくなる．ニワトリでも水かきのアポトーシスが起こる前に指の間にGremlinタンパクを注入するとアポトーシスは起こらず，水かきは消えないで残る．

　BMPは水かきの細胞死を起こすが，逆に軟骨をつくる軟骨細胞の分化に必要である．BMP2やBMP7は肢芽の初期の軟骨が凝縮する前にアポトーシスを誘導するが，その2日後には肢芽の細胞を軟骨に分化させる．このような時間経過に従って異なった作用を現し，骨の間に軟骨をつくることによって，指の関節をつくり，指が曲がるようになる．

第28講

変　態

> ─テーマ─
> ◆ 変態とは何か
> ◆ どんな動物が変態するか
> ◆ なぜ，どうして変態は起こるか

変態は発生の後期に起こる

　多くの動物は個体発生の後期に幼生（昆虫では幼虫という）と呼ばれる時期を経て成体（親）になる．動物によってはいくつもの幼生を経て成体になるものもある．このような発生過程の幼生から成体への過程，あるいは幼生から別の幼生への転換の過程を変態という．

　動物の多様性と同様に変態も多様であるが，多くの変態に共通の特徴は，変態によって顕著な形態変化を起こすこと，生息環境が変化すること，食性が変化することなどがあげられる．例えば，カエルはオタマジャクシという幼生時代は水中で生活し藻類を食べているが，変態すると陸生生活になり（アフリカツメガエルを除く），小動物を食べるようになる．しかし，タニシのように雌の親貝（タニシはカタツムリと違って雌雄異体）の体内の卵殻の中で卵からトロコフォアやベリジャーという幼生になり，変態して巻貝の子タニシまで育ち，孵化してから出産するものは，同じ環境で変態する例外である．

　哺乳類の発生では，幼生を経て変態して成体になるということはない．それは，哺乳類には母親の胎内で親から十分な栄養を得て幼体（個体）にまで成長することのできるしくみが備わっているからである．逆の言い方をすれば，多くの動物で幼生の時期をもっているのは，出産された生息環境で栄養を獲得して成長するのに有利だからであり，成体に変化するために変態という手段をとると考えられる．

　変態は単に形が変わるだけでなく，食べる食物から生息環境や行動様式なども変化するから，多くの場合，幼生の形や機能がほとんど退化して，新しく成体の構造と機能がつくられる．従って，変態は変態にかかわるホルモンによって誘起されるが，このホルモンによって活性化される遺伝子はカテプシンやコラーゲナーゼのよ

うな結合組織を分解してしまう酵素の遺伝子だけでなく，多くのタンパク合成のような新しい構造をつくるための酵素の遺伝子も含まれるわけであるから，発生に必要な形態形成のためのほとんどの遺伝子がホルモンによって活性化される．

例えば，カエルの変態の際に，新しい小腸上皮が形成されるが，その時には *BMP* 4 や *shh* などの遺伝子が変態時に甲状腺ホルモンによって活性化されるが，これなども変態によって再度同じ遺伝子が活性化されて成体形成のために使われるわけである．

両生類の変態

両生類は受精を成立させるために水中で産卵され，受精卵は成長してオタマジャクシになる．オタマジャクシは鰓をもっていて酸素呼吸をし，藻類を食べて成長する．それが変態によって，尾がなくなり4本の脚ができ，鰓がなくなり肺ができる．このような変態による変化で退化する幼生器官と形成される成体器官の主要なものを列挙すると，次のようである．

	幼生器官	成体器官
運動系	水生，尾・鰭	陸生，無尾四脚
呼吸器官	鰓，皮膚，肺	皮膚，肺
循環器官	大動脈弓，大動脈，頚静脈	頚動脈弓，大動脈弓，主静脈
消化器官	草食性，長いらせん腸管，小さい口	肉食性，短い腸管，大きい口と長い舌
神経系	瞬膜なし，側線，マウスナー神経	眼筋，瞬膜，ロドプシン，アフリカツメガエルを除き側線なし，マウスナー神経退化，鼓膜
排出器官	主アンモニア，微量尿素	主尿素，尿素回路発達
皮膚	薄い2層表皮と薄い真皮，粘液腺なし	重層扁平表皮と成体ケラチン，抗菌ペプチドを分泌する粘液腺をもつ真皮の発達

これからも明らかなように，カエルではほとんどの器官が幼生から成体になる際に入れ替わる．オタマジャクシの頭蓋の軟骨も硬骨の頭蓋骨に変わるし，舌の筋肉が発達する．幼生の草食性の腸管はタンパク分解酵素を含めて肉食性の腸管になる．鰓は退化して肺が大きくなり，ガス交換に適したように筋肉や軟骨が発達する．感覚器も側線が退化して，眼や耳が発達する．中耳が発達し，外耳の鼓膜ができる．眼には瞬膜や瞼ができる（図 28.1）.

生化学的にも大きな変化が起きる．オタマジャクシの眼の色素は淡水魚と同様にポルフィロプシン（ロドプシン様の視物質の1つ）であるが，変態後は陸生や海洋性の脊椎動物と同様にロドプシンに変わる．オタマジャクシのヘモグロビンは幼生型から成体型に変わり，酸素とゆっくり結合し急速に遊離するようになる．肝臓の酵素も変わる．淡水魚のようにアンモニアを排出していた幼生が，尿素合成回路の形成によって尿素を排出できるようになる．

このような変態を誘導するのは変態にかかわるホルモンによるものであり，変態

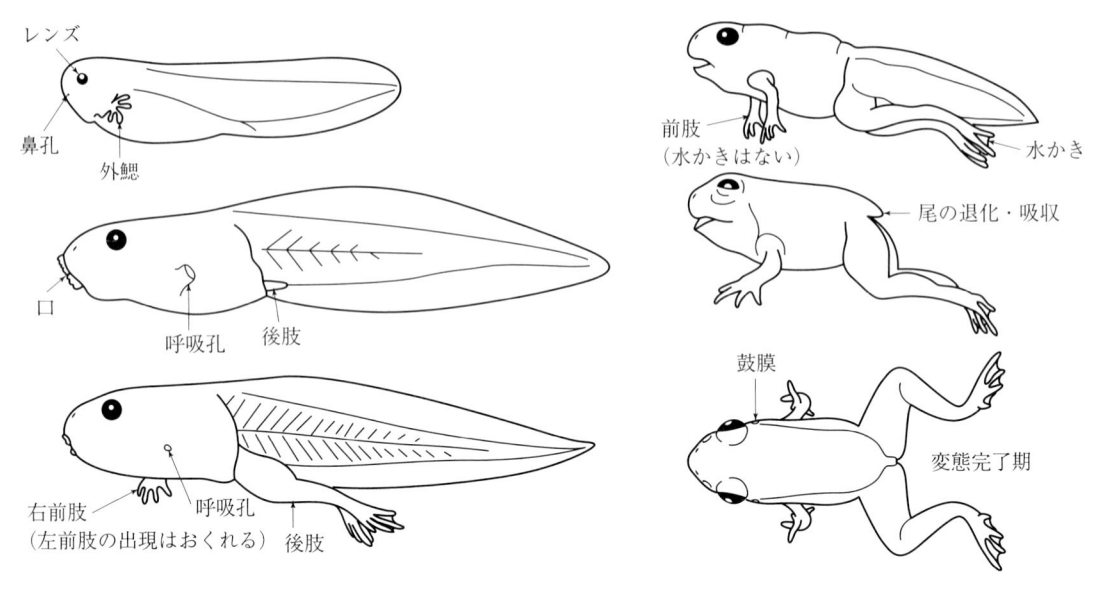

図 28.1　トウキョウダルマガエルの変態（岩澤，1996 より）

するすべての動物で明らかになっているわけではないが，ホルモンが関係しているものと考えられている．ホルモンの分泌腺を除去すると，大きな幼生になり変態しない．

両生類では甲状腺で甲状腺ホルモン（チロキシン：T4）が合成され，標的器官でⅡ型脱沃素酵素によってトリヨードチロニン（T3）に変えられ，これがチロキシンによって活性化されて形成された核内の甲状腺ホルモン受容体（TR）と結合する．TR はレチノイド受容体（RXR）と結合し二量体をつくり，これが T3 と結合して T3-TR-RXR の複合体の形で DNA と結合し，転写因子を合成させ変態に必要な遺伝子を活性化する．従って，カエルの変態誘起作用は T4 より T3 のほうが強い．やがて T3 は Ⅲ 型脱沃素酵素によって T3 の沃素が分離されチロシンになって，活性を失い，変態が終わる．

昆虫の変態

昆虫はからだが大きくなるとクチクラを脱いで脱皮し，新しいクチクラをつくるという方法で成長する．昆虫の変態には大きく分けて3つの様式がある．シミ類のように外部生殖器以外は特別な変化もなく，何度も脱皮を繰り返して成長し，成熟して成虫になる様式を無変態といい，卵から孵化する時にはすでに小さい肢もできており，この孵化直後の幼虫は前若虫（プロニンフ）と呼ばれる（図 28.2）．

コオロギ，バッタ，セミ，トンボなどは幼虫の時から外形が成虫に似ていて，脱皮して成長するが，幼虫の時にはからだの外側に羽をもちながら，その羽が伸長しないのが特徴で若虫（ニンフ）と呼ばれ，最後の脱皮後に羽が開き（羽化），生殖

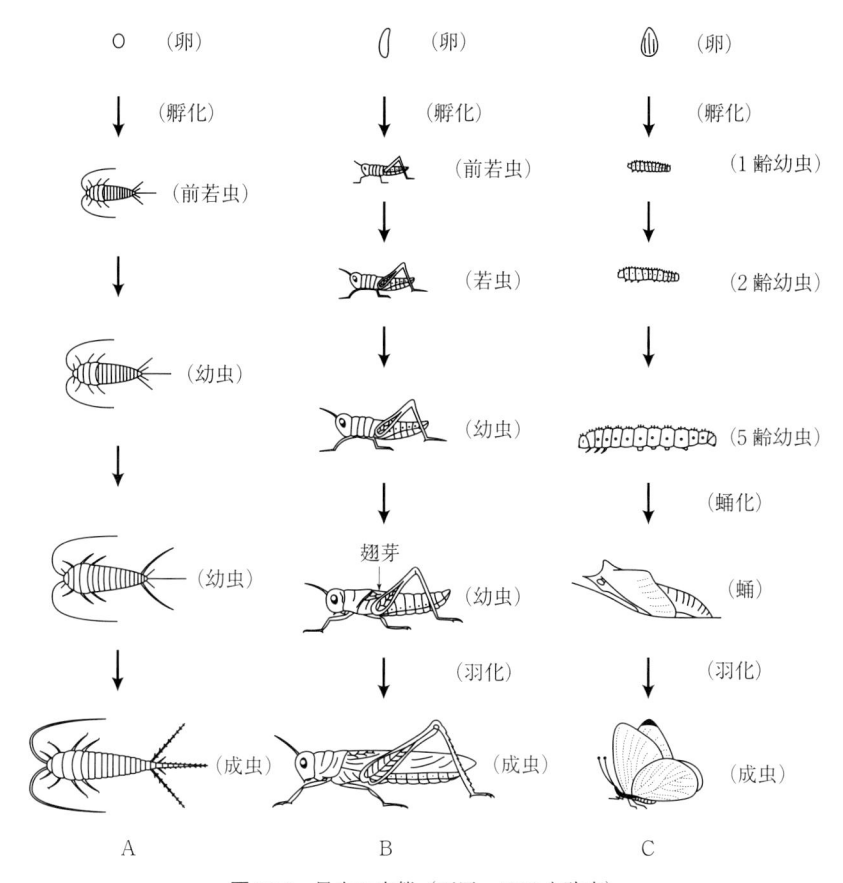

図 28.2 昆虫の変態(石原, 1986 を改変)
A:無変態(シミ). B:不完全変態(バッタ). C:完全変態(モンシロチョウ).

能力をもつ成虫になる.このような変態を不完全変態という.

チョウ,ガ,ハチ,ハエ,甲虫などは幼虫から成虫になる間に,蛹と呼ばれる,外見が休止期のようにみえ,体内で成虫原基が成長する時期をもつ変態様式で,完全変態と呼ばれる.前若虫や若虫という時期はなく,卵から孵化した幼虫は1齢幼虫といい,脱皮する度に2齢,3齢と順次呼ばれる毛虫のような幼虫として成長し,変態脱皮で蛹になり,成虫原基が成長すると,成虫脱皮により蛹を出て羽化して成虫になる.幼虫の時期に成虫原基はできており,肢原基の伸長は初期の蛹ではじまり,脚の細胞分化は蛹の時期に完全に終了する.ショウジョウバエでは3齢幼虫の時期に *wg* と *dpp* という2つの遺伝子産物のタンパクが分泌されて,その濃度に依存して, *distal-less, dachshund, homothorax* という3つの遺伝子が発現して,脚の基部末端軸を含めて各節の構造が蛹の時期に決定する.また羽の原基は別の遺伝子によって形成されるが,羽の形成には200個以上の遺伝子が関係する.

これらの変態は脳の神経分泌ホルモンで調節されている.前胸腺を刺激して脱皮ホルモン(エクジソン)を出させる前胸腺刺激ホルモンと,アラタ体を刺激して幼

表 28.1 変態する動物とその幼生

動物名		幼生名
海綿動物	ケツボカイメン類	中空幼生（両胚胞胚）
腔腸動物	ヒドロ虫類	プラヌラ，アクチヌラ
	鉢クラゲ類	プラヌラ，ストロビラ，エフィラ
	花虫類	プラヌラ，アラクナクテイス，ゾアンテラ
	クシクラゲ類	フウセンクラゲ型幼生
扁形動物	多岐腸類	ミュラー幼生，ゲッテ幼生
	吸虫類	ミラシディウム，スポロシスト，レディア，セルカリア
	条虫類	六鉤幼生（オンコスフェーラ）
紐形動物		ピリディウム（帽形幼生），デゾル幼生
環形動物	多毛類	トロコフォア（担輪子幼生），ネクトケータ幼生
	ユムシ類	トロコフォア
触手動物	ホウキムシ類	アクチノトロカ幼生
外肛動物		キフォナウテスなど
腕足動物		シャミセンガイの幼生など
軟体動物（頭足類を除く）		トロコフォア，ベリジャー
	イシガイ類	グロキジラム幼生
節足動物	甲殻類 切甲類	ナウプリウス，メタノウプリウス，キプリス
	軟甲類	ナウプリウス，メタノウプリウス，カリプトキス，プロトゾエア，ゾエア，フリキリア，メタゾエア，アミ，メガロバ，フィロソマなど
	昆虫類	不完全変態昆虫の幼虫，完全変態昆虫の幼虫
棘皮動物	ウニ類	プルテウス
	ヒトデ類	ビピンナリア
	ナマコ類	オーリクラリア
半索動物		トルナリア
原索動物	ホヤ類	オタマジャクシ型幼生
脊椎動物	円口類	アンモシーツ
	硬骨魚類	ウナギ，カレイ，イワシ，アユなどの仔魚
	両生類	オタマジャクシ

若ホルモン分泌を促進するアラトトロピン，抑制するアラトスタチンの3つで調節されている．前胸腺から分泌されるエクジソンは活性の強い20-ヒドロキシエクジソン（20 E）に変えられて，幼虫や蛹の脱皮を促進する．幼若ホルモンはアラタ体から分泌されて幼虫の脱皮を促進するが，変態脱皮には無効である．幼若ホルモンがある時期には20 Eによって脱皮し幼虫から新しい幼虫になるが，幼若ホルモンが抑制され，少なくなると変態脱皮して蛹になる．次いで幼若ホルモンを欠く状態で多量の20 Eがはたらいて成虫脱皮が起こり，成虫になる．

その他，いろいろな動物で変態が知られているが，ここでは表28.1にその例を示すに留める．

=========== Tea Time ===========

ウニの変態

ウニではプルテウス幼生（4腕，6腕，8腕）を経て変態して稚ウニになること

はよく知られており，特に形態的変化はよく知られている．原腸形成の際に述べたように，小割球の一部（小小割球）は陥入した原腸の先端部にあり，左右に分かれて体腔嚢になり，左側の体腔嚢（中胚葉）は他の細胞（内胚葉，外胚葉）と共同して発達しウニ原基をつくり，やがて変態して稚ウニになる（図28.3）．

ここで幼生の観察のための方向を確認し，左右をはっきりさせておこう．プルテウス幼生の口があってその周りに腕が開いているほうを前，その反対側を後とし，肛門の開いている側を腹，その反対側を背として，前後・背腹の方向を決めておけば左右は明確になる．

原腸胚の原腸の先端の中心部にある小小割球(4個の細胞)は分裂して8個になり，4個ずつ左右に別れて袋状になり体腔嚢になる．6腕プルテウスになると左後背腕と左口腕にはさまれた部分の表皮が陥入を起こす．このへこみは羊膜陥と呼ばれる．羊膜陥は次第に深く陥入してその先端が広がる．羊膜陥が形成される頃，左右の体腔嚢はそれぞれくびれて体腔房となる．体腔房は将来水管系となる水腔をつくる．

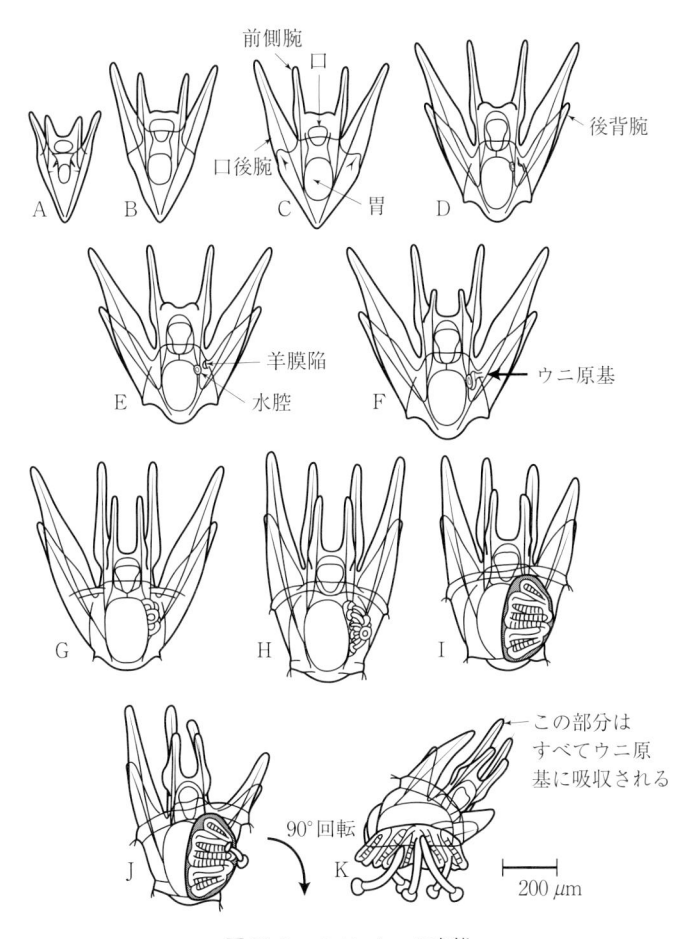

図28.3 バフンウニの変態
A, B：4腕プルテウス．C, D, E：6腕プルテウス．F〜J：8腕プルテウス．
K：稚ウニ．J→K：変態．

8腕プルテウスになると羊膜陥と水腔とが接するようになり，羊膜陥は陥入口が閉じて独立した袋（羊膜腔）となる．羊膜陥と水腔とをウニ原基と呼ぶ．発生が進むにつれて，その中にウニの棘，管足，口器など成体に必要な器官をつくっていく中心となるものである．ウニ原基が発達・成長するにつれて，管足や棘などができ，大きくなって，プルテウス幼生の表皮を破って稚ウニが出てくる．管足を下にして動くので，体軸は90°変化することになる．

ウニ原基が幼生の左側にできるのは小小割球の左右への配分によるらしい．小小割球を動かして左右の配分を乱すと，ウニ原基が右側にできることがある．小小割球の中に将来ウニ原基になる細胞が決まっていて，それが移動した位置によってウニ原基の位置が決定するらしい．

ウニの幼生は両生類と同様，チロキシン（T4）がないと変態しない．チロキシンは8腕プルテウスが変態する際に必要で，幼生の腕の短縮に有効のようである．チロキシンを含まない餌（珪藻）を与えると幼生は大きくなるが変態しない．餌を与えずにチロキシンだけを与えると幼生は大きくならないが，小さいままで変態する．この変態は両生類とは逆で，幼生のチロキシン（T4含量）はT3含量より少ないが，T4のほうが活性が高い．

第29講

再　　生

> ── テーマ ──
> ◆ 再生はどうして起こる
> ◆ 分化した細胞はどうなるか

再生とは何か

　ある程度発生が進んだ個体や，あるいは成体になった個体が何かの原因で失った部分を修復する現象を再生と呼んでいる．そのためには新しく修復する部分をもとの形と同じ形にし，順序正しく修復するために正しい極性を維持することが必要である．しかし，再生はどんな動物でも起こるとは限らないし，からだのどの部分でも再生できるとは限らないので，修復できない場合もある．

　再生には3つの場合があり，最近は人工的に新しい再生も可能になってきている．トカゲの尾を捕まえると尾だけが切れてトカゲは逃げてしまう場合や，両生類の幼生の四肢が傷ついて切断された場合，あるいはエビやカニの一方のハサミが失われてしまった場合など，時間が経つと失われた部分が修復されてもとの完全な個体に戻ることができる．この再生は付加再生（真再生）と呼ばれている．ヒドラやプラナリアの場合には個体を切断すると，その断片のそれぞれが新しい個体を再生したり，移植によって規則正しい再生を示す．この再生は再編再生（形態調節）と呼ばれる．哺乳類の肝臓が失われた場合に起こる再生の場合は代償再生（代償肥大）と呼ばれる．最近，成人の骨髄や脳（神経）など多くの組織で未分化幹細胞が存在していることが見出され，これに細胞分裂や分化のきっかけとなる刺激を与えることで，組織や器官の再生が可能になり，再生医療として注目を浴びるようになってきた．これは組織の一部を人工的に再生させるのであって，現在，発展途上というべきであるが，将来性が期待される（第29講 Tea Time 参照）．

付加再生（真再生）

　両生類のカエルの幼生やサンショウウオの成体などでは，失われた部分の近くの

細胞が脱分化して傷の部分に集まり再生芽と呼ばれる細胞塊をつくり，これが分裂・増殖して，再分化し，元通りに修復するのが特徴である．

サンショウウオの成体の四肢の一部を切断すると，そこに血漿の塊（凝血）ができる．そこに表皮細胞が集まって傷を覆うことが不可欠条件である．通常，数時間で起こる．この表層下では細胞の著しい脱分化が起こる．骨細胞，軟骨細胞，繊維芽細胞，筋細胞，神経細胞など，みんな分化の状態を失う．そこにマクロファージがはたらいて，タンパク分解酵素を分泌し細胞外基質を分解し，細胞は互いに離れる．そこで新しく遺伝子の発現が起こるが，例えば筋肉組織に分化する細胞は mrf 4, myf 5 などの遺伝子が発現し，一方では msx 1 が急速に発現して損傷部位の増殖をはじめる．これは正常な胚の四肢形成の場合の間充織細胞の分化と同様である．このような増殖した細胞塊を再生芽と呼んでいる．

再生芽の増殖には神経が必要である．神経が分泌するグリア細胞増殖因子（GGF）と FGF 2（繊維芽細胞増殖因子）が重要であるためである．再生には血液の供給が必要であるから，FGF 2 による血管形成と細胞分裂の促進が欠かせないからでもある．また，カエルの場合には，幼生や変態前期では四肢の再生は起こるが，変態後期や変態後の成体では再生が起きないのが特徴である．カエルの後肢の再生には前変態期の後肢の間充織に FGF 10 タンパクが必要である．後肢の間充織は変態後期には FGF 10 を合成しないので，変態後期や成体では後肢の再生は起きない．しかし，変態後期の後肢に FGF 10 を実験的に与えると，後肢の再生が起こる．その際，FGF 10 は外胚葉の fgf 8 の発現を誘導することからも，再生が正常の発生の際の四肢形成と同様であることを示す．正常の四肢形成では中胚葉間充織に FGF 10 タンパクがつくられ，それに接する外胚葉に FGF 8 が発現することと一致する．このような機構が，再生の際に神経を通じて側板中胚葉にはたらいているようである．

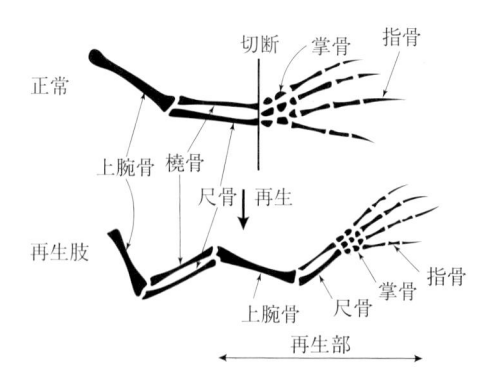

図 29.1 サンショウウオの肢の再生におけるレチノイドの影響（Gilbert, 1997-2003 より）
サンショウウオの肢を切断しレチノイン酸中で 15 日間飼育しておくと余分な上腕骨などができる．

再生芽の性質は四肢の正常発生の際の進行帯に似ている．再生の切断面の背腹軸や前後軸は再生組織でも保たれている．再生芽を発生中の肢芽に移植すると，再生芽は肢芽のシグナルに反応して再生する．分子レベルでみると，発生中の肢芽の進行帯の後部域に Shh タンパクがあるが，再生芽でも初期後部域に Shh タンパクがみられる．*Hox* 遺伝子の発現にしても *Hoxa*・*Hoxd* 遺伝子の発現パターンが四肢再生の際にみられるようになる．

　Hox 遺伝子の発現はレチノイン酸に調節される．再生芽を濃いレチノイン酸で処理すると，基部末端軸に沿って重複肢を再生する（図 29.1）．この再生は濃度依存的で，再生芽を高濃度のレチノイン酸で処理すると，切断面の位置に関係なくその先端部を再生し，完全な新しい肢をつくる．さらに濃度を濃くすると再生は阻害されるが，これはレチノイン酸が基部を分化させる性質があるためと考えられる．再生芽は分化転換さえ受ける．筋肉に分化した細胞が軟骨組織になることもある．

　レチノイン酸は傷を受けた再生肢の表皮で合成され，基部末端軸に沿って濃度勾配をつくる．このレチノイン酸の勾配が再生芽に沿って *Hoxa* 遺伝子を活性化し，再生芽を分化させる．

再 編 再 生

　ヒドラは 1 cm 以下の管状の小動物で，基部は足あるいは足盤といい，岩や水中植物に付着する．末端（先端）を頭部と呼び，口がある中央を口丘といい，周りを触手が囲んでいる．このヒドラを数片に切断すると，それぞれの断片の各細胞は分化の多能性をもっており，もとの基部先端の方向に従って極性をもった頭部・胴体・足盤をつくり，細胞分裂もしないで細胞の再編によって，断片の数だけ小さいヒド

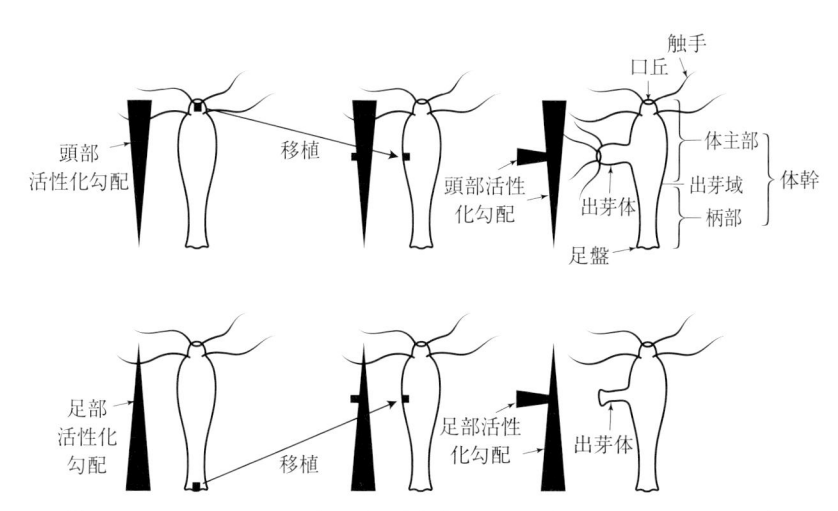

図 29.2 ヒドラの口丘や足盤の断片を体主部へ移植（Gilbert, 1997-2003 より）
　　　　 移植片の活性化勾配に従って頭部（上）や足盤（下）が出芽する．

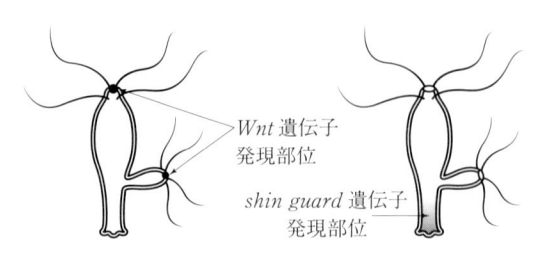

図 29.3 ヒドラの出芽時の *Wnt* 遺伝子と *shin guard* 遺伝子の発現（Gilbert, 1997-2003 より）

ラの個体を再生する．これを再編再生（形態調節）という．各個体は栄養を与えられ時間が経てば成長する．

ヒドラでは移植実験から4つの形態形成の勾配があると考えられている．頭部活性化勾配（頭部に高い），足盤活性化勾配（足盤部に高い），頭部抑制勾配（頭部に高い），足盤抑制勾配（足盤部に高い）である．

ヒドラの口丘の組織を他のヒドラの中央部に移植すると，頭部を先にした新ヒドラができる．足盤部位を他のヒドラの中央に移植すると，極性が逆になって足盤を先にした新ヒドラができる．口丘部と足盤部を一緒に移植すると，新ヒドラは形成されないか形成されても極性のないわずかな芽ができるだけである．これは頭部あるいは足盤活性化勾配があり，一緒にすると相殺されるためと考えられる（図29.2）．

しかし，口丘の近くの組織を他のヒドラの口丘の側に移植すると何もできてこない．これは抑制がはたらいているためと考えられる．頭部を切断除去して口丘の近くの組織を移植すると，口丘を外に向けたヒドラができる（頭部の活性化は強いが，強い抑制力と共に除去された）．口丘の近くの組織を足盤に近いほうに移植すると，新ヒドラができる．これはここに頭部活性化勾配の強い口丘近くの組織が移植されたためと考えられる．

これらの結果は，ヒドラでは口丘がオーガナイザーとしてはたらいていることを示す．口丘のオーガナイザー域では，WntタンパクとGoosecoidタンパクが局在している（図29.3）．また，口丘を胴部に接触させると，そこに *brachyury* 遺伝子が発現する．これらはいずれも脊椎動物のオーガナイザーでみられる現象と同じである．

一方，ヒドラが成長するとからだの2/3辺りの胴体に出芽が起きて小ヒドラができる．これは若いうちは頭部抑制勾配も足盤抑制勾配も強いが，成長するにつれて2つの勾配が弱い部分ができる．この部位が出芽部位である．このような抑制勾配も仮定しないと出芽を説明できない．

このような勾配をつくる物質として，いくつものペプチドが発見されている．例えば，足盤近くの外胚葉でつくられる *shin guard* 遺伝子の産物であるチロシンキ

ナーゼが上方に勾配をつくって広がる．しかし，この勾配は胴部で薄くなっており，その上部には広がらず胴部の下部だけに局在する．ここで出芽が起こるようである．*shin guard* 遺伝子は，足盤の外胚葉に発現する転写因子をコードする *manacle* 遺伝子の産物（転写因子）によって活性化される．

　このような活性化や抑制の勾配は先端・基部軸の方向性をヒドラに与えている．頭部を除くと，頭部抑制物質はつくられない．この切断面は頭部活性化が最も強いから新しい頭部をつくる．頭部がつくられると，頭部は頭部抑制物質をつくって個体としての平衡状態を回復する．

　ヒドラの口丘はオーガナイザーとして機能していると考えられている．口丘部位を移植すると，移植体にもう1つの頭尾極性をつくることになるし，口丘部位が頭部活性化シグナルと頭部抑制シグナルの両方を発信し，自律分化できる唯一の領域であり，再生芽ができる位置は頭部抑制勾配が弱い部位で，頭部抑制シグナルが新しいオーガナイザーの形成を阻害するシグナルになっていると考えられるからである．

代償再生（代償肥大）

　肝臓が，一部切除された部分を補って肥大することは古くから知られていた．肝臓は多数の肝小葉からなるが，これまで述べたように，失った肝葉を修復して元通りにするというわけではなく，残された肝葉の肝組織が大きくなる．しかし，再生される肝臓組織の量は失ったものに相当する量である．

　肝臓の再生の場合は完全な脱分化をして再生芽をつくるわけではない．5つの肝臓細胞――肝細胞，導管細胞，脂質貯蔵細胞，内皮細胞，クッパーマクロファージ――がそれぞれ分裂して増える．もちろん，ブドウ糖調節，解毒作用，胆汁合成，アルブミン生成など，肝機能に必要な肝特異的酵素の合成能も保持している．

　これにはサイクリンのような細胞周期に必要な因子もあるが，再生の際には，肝細胞成長因子（HGF）が重要である．肝臓の部分的切除のような外傷の際には金属タンパク分解酵素がはたらいて，HGFを活性化すると共に細胞外基質（ECM）を消化して細胞の接着をゆるめ，肝細胞を増殖できるようにする．

======================== **Tea Time** ========================

再生医療

　細胞は一度分化してしまうと，再分化は難しくなる．ヒドラのような下等動物の細胞や動物の幼生の細胞のように，ある程度変化しうるような柔軟性が残ってお

り，脱分化して再分化するとか，分化転換が起こるというような多分化能をもっている細胞がある場合，あるいはもともと未分化の細胞が残っているなどすれば，再生が可能である．からだの一部の細胞が特殊な事情で，老化が進んで機能しなくなったり，病気のために機能を失ってしまった場合など，これを再生するという修復作用がなくなると生命の存続にかかわることも生じてくる．

　生命の維持にかかわるけれども再生できない，となれば人工的ないわゆる移植手術などが治療に必要になってくる．しかし，そこには拒絶反応という重大な免疫反応がかかわっていて簡単ではない．

　このような難関を解決する方法に少しずつ光がみえている．これにはさまざまな問題があるが，幹細胞という未分化細胞の発見と，細胞分化の方向を誘導する細胞成長因子や形態形成にかかわる遺伝子の発見との2つの発見と，それらを使っての細胞・組織・器官の培養方法の開発が特に重要である．ヒトの個体から幹細胞を取り出して培養し，特定の組織や器官を新しく再生させ，損傷を起こした組織・器官と交換することができれば，拒絶反応の心配もなくなる．これが再生医療である．

　皮膚の表皮や消化管上皮，分泌腺上皮などや血球のように，古い細胞に代わって新しい細胞がつくられているような組織では十分な未分化幹細胞があって組織が絶えず再生されているが，神経組織，筋肉組織，骨組織などは胎児が出産されてからは幹細胞から新しくつくられることはないと考えられていた．

　現在，幹細胞の研究はその最盛期にある．幹細胞とはES細胞（embryonic stem cell，胚性幹細胞）と体性幹細胞（成体幹細胞，組織幹細胞）である．卵はすべての組織・器官をつくる全能性をもつが，受精後，分裂初期の細胞数が少ない時期の未分化の細胞は処理によって全能性をもつか，あるいはある程度の多能性をもつ幹細胞である．特に胚盤胞と呼ばれる時期の内細胞塊の細胞は，成長因子などの生理活性物質やその組み合わせの種類や濃度によって多様な分化を示し，ES細胞と呼ばれる．分化を誘導する生理活性物質（成長因子，アクチビン，レチノイン酸，BMP，インターロイキンなど）の種類と濃度を適度に調節してES細胞を培養することによって筋肉組織や神経組織ができる．しかし，これは特定の組織形成が可能であって，全能性を引き出してクローン動物と呼ばれる個体ができるのは4細胞期や8細胞期などのごく初期のES細胞だけである（表29.1）．

　表皮や臓器導管の上皮や造血細胞などは成体でも絶えず再生されているから，こ

表29.1　幹細胞の利用法

(1)	始原生殖細胞の培養→卵成熟→受精→発生→個体形成→個体形成の研究
(2)	未受精卵の核除去・移植→発生開始刺激→発生→個体形成の研究
(3)	未受精卵の核移植→発生開始刺激→発生→卵割初期の割球分離→培養→発生→個体あるいは特定組織の形成の研究
(4)	受精卵の2細胞期〜8細胞期の割球を単離・培養→個体形成の研究
(5)	哺乳類の胚盤胞（胞胚）の内細胞塊の細胞を特定の成長因子などと共に培養→発生→特定の組織形成の研究
(6)	体性幹細胞を特定の成長因子などと共に培養→発生→特定の組織形成の研究

れらには未分化幹細胞がある．これらは適刺激によって分化を開始するので，培養条件によって分化の方向を変え，器官再生の研究に用いられる．しかし，これらの幹細胞は単離や培養が難しい．

　最近，従来否定されていたいろいろな成体組織から未分化の幹細胞が発見されている．通常，これらの幹細胞はES細胞ほどの多能性は示さず，限られた範囲の組織の再生に利用できると考えられているが，最近の研究では再生範囲が広がっている．骨髄の幹細胞は赤血球，白血球，リンパ球，免疫細胞などに分化する幹細胞である．最近の研究では，骨髄幹細胞から血球だけでなく，神経細胞，軟骨細胞，心筋などの筋肉細胞などもできるという．また，コラーゲンと共用したり，BMPを共用することによって骨の再生が可能である．脳には神経細胞の幹細胞が発見されており，これを培養してパーキンソン病や脊髄の損傷などの治療に利用する研究が進められている．

　もちろん，このような体性幹細胞の発見は重要であるが，この肝細胞の数は極めて少なく，分化した細胞に混じって1/1000以下しか見出せないことが大きな障害となっている．さらに，得られた幹細胞を目的の細胞に分化させるための培養技術の開発など，今後の研究の発展を期待しなければならない．

第30講

老化と寿命

―テーマ―
◆ 老化とはどんなことか
◆ なぜ老化が起こるのか
◆ 老化は防ぐことができるか

すべての生物に寿命がある

　すべての生物に寿命があることは経験的に知っているが，実験的にも寿命があることは知られている．卵が幸運を得て受精した時から生存期間が決まっている．発生が進み，生殖能力を得て成体になってから老化がはじまる．体力の低下とか白髪になるとかいうような，いわゆる老化現象に伴って個体の死が訪れる．日本人の平均寿命は17世紀頃までは10歳台であり，20世紀の初頭にやっと30歳台なり，それが食生活や生活習慣などの飛躍的改善によって，現在では80歳台にまで伸びている（図30.1）．ヒトの最長寿命は120年で，カメの最長寿命は150年と考えられている．寿命は環境要因や生活習慣などによって変化するが，動物種によって寿命は一定であるから遺伝的に決まっているはずである．しかし，老化と寿命の関係はあまり明瞭でない．というか，少ない紙面で関連事項を多角的に解説できそうもない．

　寿命を決める老化はどうして起こるのであろうか．老化とは生命活動や生殖に必

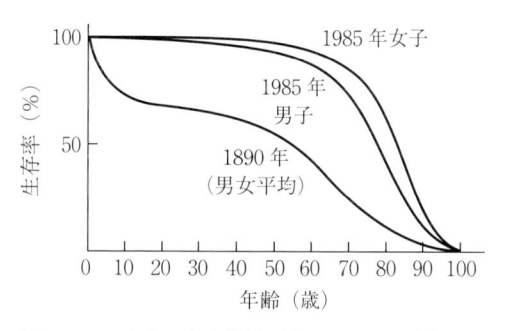

図30.1　日本人の生存曲線（広川，1995より）
　　　　過去100年近くの間の生存率の変化．

要な生理的機能の時間的経過（加齢）に伴う機能低下を指し，ガンや心臓病などの老人病とは区別されている．老化の原因には体細胞の分裂寿命と呼ばれる細胞の老化と，分裂を終え，組織・器官を形成した後の個体の老化の2つの老化を考える必要がある．

動物個体の大きさも種によって遺伝的にほぼ一定であるが，この大きさは細胞の数，つまり細胞の分裂回数に依存する．ヒトの場合，出生直後の幼児の体細胞は通常およそ50回分裂すると，分裂できない状態に入る．成人の繊維芽細胞と胎児の繊維芽細胞を同じ条件で培養して分裂回数を調べてみると，成人の細胞はあまり分裂しない（約10回）ことが知られ，動物の大きさや寿命は細胞分裂の回数が遺伝的に制御されていると考えられた．しかし，表皮細胞や上皮細胞あるいは血球のように，細胞の寿命が短く絶えず幹細胞から分裂と分化によって補われている組織と，神経，筋肉，骨の細胞のように，主として出生前におおよその分裂を終えて，その後は細胞の発達とわずかな幹細胞の補足があっても，主として分裂を終えた細胞が生後の生命活動を連続的に担っている組織・器官がある．ここではヒトの老化・寿命に集中して，後者の組織・器官の老化を考えることにする．

組織・器官が老化して個体の老化に至る原因には大きく分けて2つの原因が考えられている．1つは，生活環境の中で加齢と共にからだの構成成分が消耗したり傷ついたりして次第に機能が衰えていく場合（環境要因）であり，他の1つは，遺伝的にはじめから定まったプログラムに従って老化が進む場合（遺伝要因）である．もちろん，後者の場合でも生活環境や生活習慣が遺伝子発現に影響を与える．その中には，老化遺伝子，老化抑制遺伝子，寿命制御遺伝子といえるものも考えられており，また，組織・器官の機能低下は遺伝子の活性化の低下に依存する面もあろうから，遺伝的な要因が老化あるいは寿命にかかわるであろう．そのために，老化にかかわる遺伝子の探索やDNAに起こる損傷という面で研究が進められている．こ

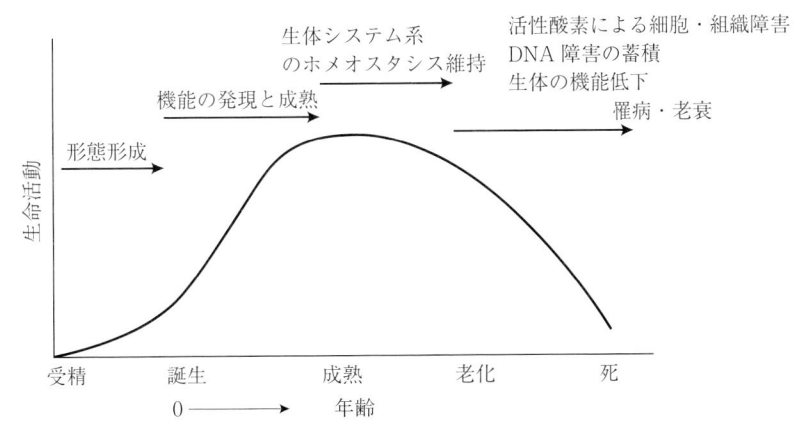

図30.2 個体の推移（年齢に伴う生体システム系の構築と破綻）

の2つの老化に対する考え方は定説となっているわけではなく，重要な要因として配慮に値する証拠があるものである．また，互いに相関し，切り離して考えられない面もある．

からだのDNAを含めた構成成分の消耗の蓄積や機能の低下（環境要因）については，生体内における高分子化合物のわずかな変化（摩滅，擦り切れ）や，生体内物質の必要成分の含有量の低下（高齢化によるコラーゲンやアスコルビン酸などの減少），有害物質の蓄積（特に活性酸素）などの影響が考えられ，特にDNAの損傷は体内成分の合成につながるから影響が大きい（図30.2）．生体外からの影響として，放射線，紫外線，排気ガス，食品防腐剤，化粧品などに含まれる有害物質の影響が考えられる．もう1つのプログラムされた老化説（遺伝要因）は，プログラムに従った遺伝子発現による発生や成長に続く遺伝子発現が動物の一生を左右するという考えで，断定的にはいえないが前述したアポトーシスを考える説もある．

老化を促進する障害

加齢に伴ってからだに加わった小さな障害は，蓄積すれば外に現れる障害になるし遺伝子にも変化が起きる．このような突然変異は数が増え，それにコードされている遺伝子は減少する．もし，変異がタンパク合成系に起これば多くのタンパクは機能を果たせないものになってしまう．もし変異がDNA合成酵素に起これば，生物個体の変化につながる．事実，DNA合成酵素の変異が老化細胞にしばしば見出されている．

逆に，DNA修復は老化防止に有効である．ヒトの早発老化症候群がDNA修復酵素の変異によって起こることがある．有効にはたらく修復酵素を十分にもってい

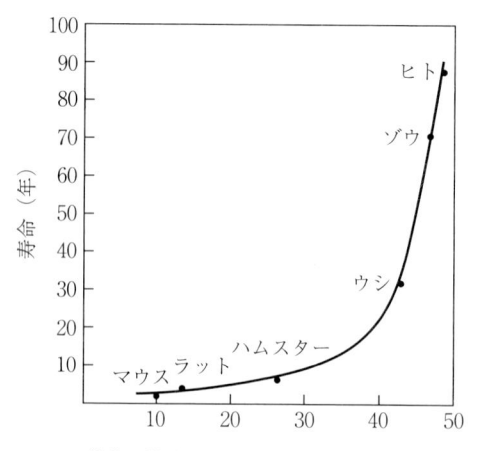

図30.3 動物の寿命と繊維芽細胞のDNA修復能の関係
細胞核当たりのチミジン粒子数．

る個体では生存年齢が伸びる．DNA修復遺伝子欠損と寿命の関係も研究されている（図30.3）．

　また，老化がプログラム化された遺伝子によるものとする説では，多くの動物で進化的に共通の寿命制御機構として，SIR2（silent information regulator 2）やインスリンとインスリン様タンパク受容体などを含むインスリンシグナル経路などが考えられており，グルコース代謝の制御システムが重要であると考えられている．それらが時間に伴って低下するのが老化であろうとする考えであるが，これは線虫 C. elegans やショウジョウバエなどを使った実験からの推論であり，これを哺乳類に適用できるかどうかはわからない．

　さらに，老化の原因として大きなものに物質代謝にみられる障害がある．正常な物質代謝の副産物として生じる活性酸素である．普通，呼吸によって取り入れた酸素がミトコンドリアでの栄養素の分解によってエネルギーを産生し，生じた水素を受け取って安定無害な水（H_2O）となった場合には問題はないが，一部の酸素は直接生体物質の酸化に関与し，その際不安定な遊離基（フリーラジカル）を生成する．これを活性酸素という．活性酸素は酸化力が強く，生体にとって有毒である．このような活性酸素は酸化反応によって細胞膜やタンパク質，核酸などを傷つける．

　活性酸素にはいくつかの例が挙げられる．種々の酸化還元酵素反応で生成されるスーパーオキシド（O_2^-）は酸素分子に余分の電子が1個ついたもので，容易に酸化力の強い活性酸素に変わる．過酸化水素（H_2O_2）は微量ではあるが，血液などにあり，カタラーゼで水と酸素に分解される．水酸化ラジカル（・OH）は強い活性酸素である．酸化力が強く，酸化後は水酸化イオン（OH^-）になる．過酸化水素が変化してできたりするが，タンパク質，脂質，核酸などを酸化する．放射線や光照射でできる活性酸素もある．広義には脂質ペルオキシラジカルなども活性酸素に含まれる．

　このような活性酸素が老化に深くかかわっている1つの要因と考えられる．ショウジョウバエを使って，過酸化水素を分解するカタラーゼや $2O_2\cdot^- + 2H^+ \rightarrow O_2 + H_2O_2$ の反応を触媒する酵素スーパーオキシドジスムターゼ（SOD，超酸化物不均化酵素）などの酵素を強く発現させると，野生種よりも30〜40％寿命が延びることが観察されている．また，活性酸素に抵抗性のある突然変異種が野生種よりも35％寿命が延びることも知られ，老化は遺伝子支配の可能性が高いが，活性酸素も老化に強く関係すると考えられている．線虫 C. elegans では，活性酸素を分解する（SOD活性の高い）変異種や活性酸素の生成を阻害する変異種が野生種よりもかなり長命であることが知られている．しかし，哺乳類ではまだよくわかっていないが，SODは金属の結合によって細胞内の分布に相違があり，Cu, Zn-SODは細胞質に，Mn-SODはミトコンドリアにあり，細胞外には別のSODがある．

このような活性酸素を減少させるいわゆる抗酸化物質にはいろいろあるが，その名を列挙すると，SOD，ビタミンC，ビタミンE，グルタチオン，リノール酸，β-カロチン，尿酸，セルロプラスミン，カタラーゼ，ペルオキシダーゼなどがある．

一方では，活性酸素に影響を受けて起こる老化に伴うミトコンドリアの機能低下が考えられている．ミトコンドリアの変異率は核DNAの変異率の10～20倍であるからその影響は大きい．ミトコンドリアの機能低下によって，エネルギー生成量の低下，電子伝達系の不活性化による活性酸素の増加，アポトーシスの増加などが起こる．老化に伴うミトコンドリアゲノムの変異が複製される頻度は変異のないものに比べて大きい．それは子孫に伝えられるし，その変異で活性酸素が多くできれば，活性酸素によって受ける障害はさらに多くなる．

ミトコンドリアは体内で活性酸素の最大発生源であるから，ミトコンドリアの損傷は重要な老化の原因となる．また，個体全体の代謝率の小さい動物ほど長寿であり，カロリーの摂取が多いほど短命である．このことは，日本の諺にある「腹八分」が実際に長寿に有効であることを物語る．

———————— Tea Time ————————

テロメアDNA

DNAは細胞分裂の度に半保存的複製をされるが，染色体の末端のDNAには，テロメアと呼ばれるDNAの繰り返し配列がある．DNAの複製の開始にはプライマーRNAがDNAに結合することが必要で，この部分は転写・複製されないから，複製されたDNAは複製の度に短くなる．複製されない部分がテロメアで，一定以上短くなると遺伝子領域が複製されなくなるから複製が止まる（新生児のテロメア長は15 kb，高齢者は5 kb）．ここで細胞分裂は停止し，テロメアDNAの長さが細胞分裂の回数を決めると考えられていた．

若い細胞ほどテロメアは長く，老化した細胞のテロメアは短い．また，絶えず分裂している生殖細胞（精子形成のための）のテロメアは老化個体でも長い．これはテロメアDNAを合成するテロメラーゼ活性が高いためで，分裂停止細胞のテロメラーゼは不活性である．このため，テロメアが短くなることは老化が進むことと関係するという考えもあった．

ところが，細胞分裂が盛んになるガン化した細胞を調べるとテロメアは長くない．これはガン化した後すぐに細胞分裂を開始しテロメアは短くなるが，次いでテロメラーゼの活性化が起これば，分裂に必要なテロメアの長さが保たれればよいわけであるから，必ずしもテロメアの長さと老化は関係しない．実際に，ヒトのテロメアはハツカネズミのテロメアより短いし，ヒトのテロメアの長さもヒトによって異なり，年齢とは関係がない．おそらく，テロメアが短くなって細胞分裂が停止するの

は，老化の開始シグナルというよりも，細胞のガン化防止機構として役立っているのではないかと考えられている．

　テロメアはヒト以外の動物では極めて長く，チンパンジーなどの類人猿を含む霊長類でも 40～50 kb くらいであるから，テロメア短縮が老化に関係する可能性はヒトの場合に限られる．

　一方，幹細胞の細胞分裂の開始やガン細胞の細胞分裂の再開が起こる時，何が分裂の再開を誘発するかが重要であるが，まだ明らかでない．発ガン遺伝子の発現かガン抑制遺伝子の失活であろうか．これも将来の問題である．

遺伝子，分泌因子などの用語解説

遺伝子と遺伝子産物のタンパク質の表記法：遺伝子については発見者の命名により遺伝子名が記されているので，本書でも，発音の問題もあり，他書に従って英文で示す．著書によって異なるが，本書では遺伝子名は原則として小文字を用い（斜体），遺伝子の発現によって合成されたタンパク質の場合には頭文字を大文字とする（立体）．例えば，ショウジョウバエの前後軸の極性を決定する遺伝子ビコイド（？）は *bicoid* と表記し，その産物タンパクは Bicoid あるいは Bicoid タンパクと表記する．複合語の場合には大文字で表記することとし，例えば，骨形成タンパク（bone morphogenetic protein）は遺伝子名は斜体で *BMP*，合成されたタンパク質は立体で BMP と表記することとした．

遺伝子などは本書に用いられた遺伝子を解説し，それが使われている講でのみ解説する．また1つの遺伝子名がいくつかの講にわたって出てくる場合があるので，比較参照していただきたい．

ノックアウトマウス（knockout mouse, mice）：遺伝子ターゲッティングマウス．哺乳類の実験用代表種としてマウスを用い，機能・作用を調べたい遺伝子（標的遺伝子）について，その遺伝子（DNA）の一部を制限酵素で切り出す．遺伝子組換えと同じ方法で，正常なES細胞（胚性幹細胞）に挿入すると，小数ではあるが，一方の対立遺伝子が改変あるいは破壊された変異DNAをもったES細胞ができる．この細胞を胚盤胞期の内細胞層に注入し，胚を子宮に戻すとキメラマウスが生まれる．これを正常マウスと交配することにより，約25％のホモ遺伝子の変異マウスが生まれる．これをノックアウトマウスという．この特定の標的遺伝子の変異マウスの機能を調べることにより，正常マウスと比べて遺伝子の発現欠如，異った形質の発現などの変異から，標的遺伝子の機能・作用を知ることができる．

ここで述べられている遺伝子については，ほとんどの遺伝子がノックアウトマウスにより，発生における実験の時期や実験部位を変えて（定めて）検証されているが，本書では，この実験に関しては全く触れていない．

第2講

基本転写因子：DNAの転写（RNA合成）ではDNAのTATAボックスに基本転写因子と呼ばれるタンパク質と転写開始因子が結合し，その下流に隣接するプロモーター領域にRNAポリメラーゼが結合し，基本転写複合体を形成する．これらの因子はすべての細胞にあり，基本的にはこれで転写がはじまる．しかし，その速さや量は極めて遅く少なく実質的には機能しない．これに転写調節因子の結合による調節（促進，抑制など）が必要である．本書では基本転写因子については扱わない．

転写調節因子：転写調節因子はDNAの遺伝子領域の上流や下流のさまざまな調節領域に結合するタンパク質で，DNAに結合するためにDNA結合ドメイン（結合領域，DNAに結合するアミノ酸配列）をもち，結合することによって転写・翻訳されるタンパク質は他の遺伝子の転写調節因子として作用する．最終的な目標遺伝子が発現するためには連鎖的な遺伝子発現が必要な場合が多い．本書では転写調節因子は単に転写因子と表記されている．

第4講

Sxl（*sex-lethal*）：ショウジョウバエの性決定マスター遺伝子で，ショウジョウバエのX染色体にある性決定にかかわる遺伝子．X染色体は *Sxl* を活性化する転写因子を産生し，常染色体は *Sxl* を抑制する転写因子を産生する．X染色体と常染色体の転写因子の競争関係で *Sxl* の調節領域に結合し，X：A＝1のとき活性化因子が優勢で *Sxl* が活性化され，Sxl タンパクがつくられ雌になる．常染色体が多いと *Sxl* は発現しない．

tra（*transformer*），***tra* 2**（*transformer 2*）：それぞれ連鎖的に作用する転写因子をつくる遺伝子で，雌に分化させる．*Sxl*→*tra*→*tra* 2→*dsx* の経路ではたらき，雌特異的なスプライシングが起きて，雌に分化させるのに有効な Dsx タンパクが形成される．この経路が発現しない時，雄特異的なスプライシングが起こり，雄に分化するのに有効な Dsx タンパクをつくる．

dsx（*doublesex*）：雌雄どちらの分化にも必要で，*Sxl*, *tra*, *tra* 2 などの発現の有無でスイッチが切り替わる．

ix（*intersex*）：間性を誘導する遺伝子で，*dsx* が欠損していると，*ix* が発現しXXやXYの個体に関係なく間性になってしまう．

SRY（*sex-determining region of Y chromosome*, Y染色体の性決定領域）：実際には基本的な精巣決定遺伝子で，Y染色体の短腕の先端に近い部位にあり，精巣形成の主要遺伝子である．このDNAには雄に特有の223個のアミノ酸からなるペプチドをつくる遺伝子領域があり，精巣形成の中心的な役割をする転写因子の構成ペプチドである．

***SOX* 9**（*autosomal testis-determining gene*）：常染色体の精巣決定遺伝子．DNAのエンハンサー（促進領域）に結合して調節因子としてはたらく因子で，性決定因子SRYと類似したDNA結合ドメインをもつものをSOXファミリーと呼び，およそ20種類ぐらいある．性分化に関係するだけでなく神経誘導や感覚器の形成にもはたらく．*SRY* の発現によりスイッチが入り，常染色体の *SOX* 9 が発現し男性化にはたらく．しかし，*SRY* がなくても，XXのヒトでSOX9タンパクの多いヒトは男性的になる．

***FGF* 9**（*fibroblast growth factor 9*）：精巣の構成細胞を分化するのに必要な遺伝子．FGF（繊維芽細胞増殖因子）は，繊維芽細胞やその他さまざまな細胞の増殖活性や分化誘導など多彩な作用を示す多機能性細胞間シグナル因子である．その構造上の類似からヒトでは22種のファミリーを構成している．FGFタンパクの多くは細胞外に分泌され，細胞の膜受容体型チロシンキナーゼに結合して細胞内にシグナルを伝える．*FGF* 9 は生殖腺形成に必要で，*SRY* がXY個体の生殖隆起で走化性物質を分泌し中腎細胞を生殖隆起に移動させ，中腎細胞は生殖上皮となり，これをセルトリ細胞に分化させる．この時，*FGF* 9 はライディッヒ細胞の増殖とセルトリ細胞の分化に必要である．*FGF* 9 遺伝子の発現がないと，この細胞分化が起きなくて雌になる．

***SF* 1**（*steroidogenic factor 1*）：SRYタンパクによって活性化される遺伝子で，転写因子をつくる．未分化の生殖腺が両性生殖腺に分化するのに *WT* 1, *Lhx* 9（中間中胚葉で発現し腎臓，生殖腺の分化に関与する）と共に必要で，欠損すると両性生殖腺はできない．さらに両性生殖腺は *Wnt* 4, *DAX* 1 の存在で卵巣を，*SRY*, *SOX* 9 の存在で精巣になる．さらに *SF* 1 は発現を続け，精巣では，SF1タンパクはセルトリ細胞にはたらきAMH（抗ミュラー管ホルモン）を生成させ，ライディッヒ細胞にはたらきテストステロンを合成・分泌させる．

***DAX* 1**：X染色体の短腕にあり，未分化生殖隆起を卵巣に分化させる遺伝子で，*Wnt* 4 により活性化されて発現し，*SRY*, *SOX* 9 に拮抗する．

***Wnt* 4**：*Wnt* 遺伝子はWntシグナル経路を形成する，共通性の高い，保存された領域をもつ遺伝子である．Wntタンパクはシステインの多い特殊な領域をもつ糖タンパクで，19種類の

ファミリーが存在する．*Wnt* の名はショウジョウバエの分節遺伝子の *wingless* と脊椎動物の相同遺伝子 *integrated* を一緒にしてできた命名である．*Wnt 4* は未分化生殖隆起で発現し，XY では *SRY*, *SOX 9* によって抑制されるが，XX では発現が継続し，その Wnt 4 タンパクによって *DAX 1* その他の遺伝子を発現することで卵巣を形成する．

第5講

delta：隣接する細胞間のシグナル伝達系（Notch-Delta 経路）において，細胞から分泌されるリガンドとなる Delta タンパクをコードする遺伝子．基本的に2系統に分化できる可能性をもつ細胞において，一方の分化を抑制し，他方の系統への分化を促進する．神経細胞の分化，免疫細胞，血管の分化，腎臓の形成などにはたらく．

notch：隣接する細胞の分化の際にシグナル伝達経路，特に Delta タンパクの受容体タンパクをコードする遺伝子．その産物は細胞膜の膜貫通タンパクで，外胚葉が表皮と神経系に分化する際にはたらく．

***lag*-2**：ショウジョウバエの Delta タンパクと相同の膜貫通タンパク（LAG-2）をコードする遺伝子．線虫 *C. elegans* の末端細胞突起の細胞膜にあり，体細胞分裂を維持し，減数分裂を阻害する．結果として，線虫の末端細胞近辺では将来生殖細胞になる幹細胞が増加する．

***glp*-1**：ショウジョウバエの Notch 受容体と相同の膜受容体タンパク（GLP-1）をコードする遺伝子で，線虫 *C. elegans* の末端細胞のシグナルに反応して発現する．GLP-1 タンパクは減数分裂を誘導し，精子形成が起こる．

fem：線虫 *C. elegans* の生殖細胞で発現し *fog* 遺伝子を活性化する遺伝子．この遺伝子が発現すると，その産物 Fem タンパクは *fog* 遺伝子を活性化し，その産物 Fog タンパクは精子形成を誘導する．線虫のごく初期に発現して精子形成を誘導する．

fog：線虫で Fem タンパクに活性化されて，生殖細胞を精子形成に導く遺伝子．線虫が成長すると *fem* 遺伝子は阻害され，*fog* 遺伝子が発現せず，卵形成因子がはたらいて卵形成が起こるようになる．

BMP 8b：BMP（bone morphogenetic protein，骨形成タンパク）は本書の中で，これからいくつかの場面で現れる物質である．BMP は，*BMP 2* ~ *BMP 10* の一群の遺伝子群と共に *Vg 1*, *nodal*, *dorsalin* などを含めた遺伝子群の産物（タンパク質）や，TGF-β やアクチビン，抗ミュラー管因子などと分子構造上類似性の高いサイトカインと共に，30種を超える TGF-β スーパーファミリー（巨大集団）を構成するシグナルタンパクである．BMP タンパクは文字通り，骨の形成を引き起こす因子として骨から単離され，いろいろな場所の骨形成機能をもつが，無脊椎動物でも見出され，骨形成以外にも神経や血管形成の他，アポトーシスや細胞分裂，細胞移動，細胞分化にも関係し，器官形成などさまざまな場面で重要な役割を果たしている．BMP は TGF-β スーパーファミリーであるが，保存された7つのシステインをもつことで他の TGF-β と区別できる．また，BMP は Nodal のようなタンパク質も含むが，BMP 1 はタンパク分解酵素であり，BMP ファミリーに入らない．胚では腹側に濃く背側に薄い濃度勾配を形成して存在している．BMP 8b は思春期に多量に合成されるようになり，BMP 8b タンパクが一定量を超えると精子形成の開始を可能にすることが知られている．BMP 8b を欠く雄マウスでは思春期であっても精子形成が起きない．

TGF-β スーパーファミリー：TGF-β に属するタンパクを TGF ファミリーといい，BMP に属するタンパクや Vg 1, Nodal, Dorsalin タンパクなどを含めたタンパクを BMP ファミリーと呼ぶ．さらに，アクチビンやインヒビンなどを含めた構造上類似の大群を TGF（transforming growth factor）-β スーパーファミリーと総称する．

第6講

CDK（cyclin-dependent kinase）：サイクリン依存性キナーゼ．細胞周期においてサイクリンと結合することでタンパク質リン酸化酵素として活性を発現し，細胞周期を進行させる．

サイクリン：CDK や Cdc 2 キナーゼなどのタンパク質リン酸化酵素の調節分子となるタンパク質ファミリーで，A, B, D, E, F, G などがある．細胞周期の M 期はサイクリン B と Cdc 2 タンパクとの複合体（Cdc 2 キナーゼという）によって進行する．細胞周期の休止期は他のサイクリン（例えば，G_1 サイクリンと CDK 複合体）によって進行する．

Cdc 2：細胞周期の主として M 期を進行させるタンパク質リン酸化酵素をコードする遺伝子で，CDK の 1 種で CDK 1 に相当する．

MPF（mitosis promoting factor，分裂促進因子）：M 期促進因子ともいう．細胞周期の分裂期を進行させる因子．真核生物の細胞分裂に共通する分裂期促進因子で，サイクリン B と Cdc 2 との複合体であり，その実体は Cdc キナーゼである．

c-mos：セリン・スレオニンキナーゼ型ガン遺伝子であるが，カエルの成熟卵では母性 *c-mos* mRNA として蓄えられプロゲステロンによって活性化され，C-Mos タンパクはリン酸化によって MPF を活性化する．MPF は卵核胞を壊して染色体を二分させ，卵の細胞分裂が起こる．しかし，受精による Ca の流出で壊れる．

CSF（cytostatic factor）：分裂抑制因子．C-Mos と CDK 2 の 2 つのタンパクの複合体で，卵の成熟分裂において第二減数分裂中期で細胞周期を停止させる．しかし，受精の刺激で MPF のサイクリン B が分解することによって解除される．

第10講

bicoid（bcd）：ショウジョウバエの母性遺伝子で，その遺伝子は保育細胞で転写される．mRNA は卵母細胞に移送され前極の結合タンパクと結合し，卵前極に局在する．受精後翻訳され Bicoid タンパクは拡散して，前極で濃く後極で薄い濃度勾配をつくる．Bicoid タンパクは転写因子として *hunchback* 遺伝子などを活性化して *caudal* 遺伝子の発現を阻害し，前後極性をつくると共に前部形態の形成に関与する．

nanos（nos）：母性遺伝子で，卵母細胞に移送された NanosRNA は卵の後極の結合タンパクに結合し，受精後翻訳される．Nanos タンパクは Bicoid タンパクとは逆に，後部に濃く前部に薄い濃度勾配で分布する．Hunchback タンパクの阻害作用がある．

dorsal（dl）：背側化遺伝子と名づけられた腹側化遺伝子の活性化遺伝子．ショウジョウバエの胚が多核体の時期には転写因子 Dorsal タンパクは胚全体に広がっているが，腹側で次第に核に移行する．濃度依存的に胚の遺伝子を活性化して背腹極性に沿った領域の遺伝子を発現し，細胞を腹側化して，腹側の形成にあずかる．*dorsal* の欠損で，腹側のない背側化奇形ができるのでこの名がついた．

gurken（grk）：他の母性遺伝子と違って半数体の卵母細胞の核から転写される遺伝子で，核は前方細胞膜の一方に偏って移動するが，Gurken mRNA は一方に偏った卵母細胞の核と細胞膜の間に局在する．そこで翻訳される Gurken タンパク質は，Dorsal タンパクの腹側化に対して，核が偏った側の背側化因子を活性化する．Dorsal と Gurken の濃度勾配によって背腹極性が明確になる．つまり，核が偏った側が背側になる．

dicephalic（dic）：保育細胞，濾胞細胞，卵母細胞の位置関係を正常に保つのに必要な遺伝子．*dic* は卵形成のごく初期に発現する遺伝子であるが，この遺伝子の欠損で卵門が前極と後極の両方にある卵ができる．保育細胞は 2 群に分かれて，卵細胞の前後に分配される．胚は双頭の奇形胚となり生育できない．

第 14 講

N-CAM（neural cell adhesion molecule）：神経系細胞接着因子．カルシウム非依存性免疫グロブリンスーパーファミリー細胞接着因子の 1 つ．N-CAM は 20 種類以上あり，N-末端が細胞外にあり，C-末端が細胞膜あるいは細胞質にあり，同種の CAM どうしの結合で直接細胞が接着している．免疫グロブリン様タンパク構造のためにこの名があるが，他に糖鎖によっても種類が分かれる．CAM の mRNA は単一の RNA からスプライシングの違いによって異なった CAM になる．従って，同じ N-CAM の遺伝子から異なる N-CAM ができる．カドヘリンなどの接着因子と同様に，遺伝子は発生の形態形成の時間的経緯や形態の変化に伴って，遺伝子発現が促進されたり抑制されたりする．

第 15 講

Dsh, Dvl（Dishevelled）：Wnt シグナル伝達経路，あるいはショウジョウバエでは Wingless シグナル伝達経路の一員．Wnt タンパクが膜貫通受容体である Fz（Frizzled）に結合すると，Dsh を介して β-カテニン（伝達因子，転写因子）の酸化が抑制されて，β-カテニンが安定的に作用できるようにする細胞間シグナル伝達タンパク．Dsh タンパクは GSK-3（グリコーゲンシンターゼ-3＝セリン・スレオニンキナーゼ）の作用を抑制して，β-カテニンの作用を安定的に機能させる．

Vg 1：母性遺伝子の発現によりアフリカツメガエルの卵母細胞から胞胚期にかけて植物極に局在するタンパク質で，TGF-β ファミリーに属する内胚葉と背側中胚葉誘導因子である．Vg 1 は母性 RNA によって発現するもので MBT（中期胞胚遷移，第 13 講）以降には発現しない．Vg 1 タンパクと β-カテニンが重なる部位にニューコープセンターが形成され，そこから出るシグナルが隣接する部位をオーガナイザー形成に導く．

β-カテニン：細胞接着因子カドヘリンの裏打ちタンパクとして見出され，今では発生・形態形成にかかわる Wnt シグナル伝達因子として重要な役割を果たす．Wnt シグナル伝達経路は，Wnt→Frizzled（膜受容体）→Dishevelled→GSK-3→β-カテニン→標的遺伝子の活性化，であるが，Wnt が Fz（Frizzled）に結合すると，dsh を活性化し，その産物タンパク Dsh は GSK-3 を抑制する．GSK-3 は本来 β-カテニンをリン酸化することで抑制する作用をもつが，GSK-3 が抑制されると，β-カテニンは活性を維持する．その結果，β-カテニンは他の因子と複合体を形成して転写因子としてはたらき，標的遺伝子を活性化する．β-カテニンは *siamois*（シアモア）と呼ばれる転写因子をコードする遺伝子を活性化し，Siamois タンパク（転写因子）は *goosecoid* 遺伝子を活性化し，オーガナイザー形成にかかわっている．しかし，その機能は中胚葉誘導など多岐にわたる．β-カテニンの変異はガン化にもかかわることが知られ，その研究が注目される．Wnt→β-カテニン系経路の最終的な標的遺伝子が何かはまだわかっていない．

GSK-3（glycogen synthase kinase 3）：グリコーゲン合成酵素キナーゼ 3．GSK-3 の mRNA と β-カテニンの mRNA は共に卵内に均一に分布している．GSK-3 は β-カテニンを分解する作用をもっているため，卵の片側の GSK-3 RNA の発現（翻訳）を抑制すると，その部位の β-カテニンの活性によって背側化が起こり，逆に GSK-3 を過剰発現させると，その部位の腹側化が起こる．

アクチビン（activin）：脳下垂体に作用して濾胞刺激ホルモン（FSH）の分泌を促進するペプチドで，逆に抑制するペプチドをインヒビンという（TGF-β＝形質転換増殖因子に属す）．アクチビンの機能は極めて多様であるが，カエル胚では中胚葉誘導作用をもち，濃度依存的に異なった中胚葉組織を形成する．

Tcf 3：*siamois* や β-カテニンなどの遺伝子のプロモーターに結合する転写因子で，Tcf 3単独では *siamois* を抑制し，β-カテニンと複合体をつくって結合すると *siamois* を活性化する．

siamois（シアモア）：*siamois* 遺伝子の産物 Siamois タンパクは軸形成に関与し，オーガナイザーに特異的な遺伝子の発現に必要な転写因子である．例えば，*goosecoid, Xlim*1, *cerberus, Frzb* などの転写因子の遺伝子を活性化する．

nodal, Xnr：この遺伝子の発現産物のタンパク質は TGF-β スーパーファミリーに属し，強い中胚葉誘導因子で，ツメガエルでは Xnr と表記する．*Xnr* は β-カテニンと Vg 1, VegT の共存によって発現し，そのタンパクは中胚葉の背腹に濃度勾配を形成して分布する．腹側に薄く，背側に濃い．薄い所で腹側中胚葉を，中程度の濃さで側面の中胚葉を，濃いタンパクは *goosecoid* 遺伝子を活性化することでオーガナイザーの形成にあずかる．また，哺乳類では左右軸形成にあずかる（第20講参照）．

goosecoid：Vg 1, VegT と β-カテニンが共存する領域で発現し，実験的にはこの領域に存在するアクチビンの濃度勾配に沿って最も濃い領域で発現する．Siamois と TGF-β ファミリーの2つのタンパク質が共存すると *goosecoid* の発現が最大となり，オーガナイザーが成立する．

VegT：母性の内胚葉決定因子と考えられる転写因子で，T-box と呼ばれる特徴的な配列をもち，ツメガエルでは卵母細胞の植物極側の表層に，受精後の胞胚では植物極側割球に局在する．内胚葉形成因子で，濃いと中胚葉誘導作用もあるが，VegT mRNA を阻害すると，植物極側が内胚葉化しないで中胚葉が形成される．

Noggin, Chordin, Follistatin, Cerberus：いずれもオーガナイザーが分泌するタンパク質，BMP 4タンパクの活性を拮抗的に阻害し，神経誘導活性を示す．背側に分泌されるこれらのタンパク質によって腹側から背側に向かう BMP 4活性の勾配が生じ，BMP 4の濃度が低い背側外胚葉では神経板が誘導される．BMP が腹側化因子と呼ばれるのに対して，これらの因子は背側化因子あるいは神経化因子と呼ばれる．

FGF（fibroblast growth factor）：繊維芽細胞増殖因子．細胞の増殖，分化誘導など多機能性細胞間シグナル因子で，22種のファミリーを形成する．血管形成，骨・軟骨形成などの中胚葉誘導因子としてはたらく他，上皮細胞の増殖，神経細胞の増殖など，その他多くの組織，細胞の増殖に関与し，再生医療への応用が期待されている．

Wnt 8：第4講参照．Wnt タンパクは胚軸の中胚葉腹側化，後方化を誘導し，オーガナイザーの誘導にもかかわっている．四肢の極性の確立にも必要で，特に *Wnt* 8は神経誘導の阻害，頭部誘導の阻害により腹側化，側面化，後方化の作用をもつ．また，四肢の形成に必要な FGF 10 の発現を安定化させる．四肢では *Wnt* 2b が前肢，*Wnt* 8c が後肢ではたらく．

cerberus（サーベラス）：前方内胚葉で発現する神経化遺伝子．

frzb-1（フリスビー）：脊索前板で発現する神経化遺伝子．

dickkopf-1（ディコッフ）：前方内胚葉と脊索前板で発現する神経化遺伝子．

発現された3者のタンパク質（Cerberus, Frzb, Dickkopf）は，いずれも共同して *Wnt*8 を阻害することにより強い頭部誘導能をもつ．

neurogenin：外胚葉の BMP のない領域で発現して転写因子をつくり，*neuroD* 遺伝子を活性化することにより外胚葉を神経化する．BMP があると阻害されて表皮に分化する．

neuroD：*neurogenin* によって活性化され，その転写因子は神経の構造発現に必要な遺伝子を活性化する．

レチノイン酸（retinoic acid, RA）：哺乳類の前後軸の形成に重要な因子．胚のレチノイン酸分泌の中心はヘンゼン結節である．後部神経板に最も濃い濃度勾配をつくり，濃度依存的に神経管後方の特異化にはたらき，特に後脳の分化に必要である．Wnt タンパクと共に濃度依

存的に神経管の部域特異性を発現するために Hox 遺伝子を発現させる．四肢の形成，肢芽の形成に必要であるが，発生中の四肢にはそれほど高濃度を必要としない．

サイトカイン（cytokines）：可溶性のタンパク質で，代表的なものにインターフェロン，ケモカインなどがあり，特にリンパ球が産生するサイトカインはインターロイキンと呼ばれる．細胞表面に各サイトカインに特異的な受容体がある細胞に作用する．タンパク質であるから，遺伝子発現で調節され，産生細胞の近傍の細胞に作用するパラクリン因子（paracrine factor）や産生細胞自身に作用するオートクリン因子（autocrine factor）があり，いわゆるホルモンとは異なる．

第 16 講

Noggin, Chordin, Follistatin, VegT, Vg 1, β- カテニン，レチノイン酸：第 15 講参照．

インスリン様増殖因子（IGF）：成長ホルモンによって促進され，主に肝臓で合成・分泌される，インスリンと構造がよく似た増殖因子．成長ホルモンとの共存で細胞分裂を促進し，インスリンとよく似た生理作用もある．

BMP：第 5 講参照．BMP 2 と BMP 4 は Noggin, Chordin と結合することによって BMP の受容体との結合を阻害される．ツメガエル（Xenopus）では，表皮誘導は BMP 4 による．BMP 4 とオーガナイザーは拮抗的関係にある．Xenopus の卵に BMP 4 の mRNA を注入すると，中胚葉はすべて腹側と側面中胚葉になる．BMP 4 は外胚葉細胞を表皮に誘導するが，オーガナイザーでは Noggin, Chordin, Follistatin が分泌され，オーガナイザーの近辺の外胚葉，中胚葉に BMP タンパクが結合することを妨げる．BMP 4 はもともと胞胚では外・中胚葉の全域に発現しているが，原腸胚になると BMP タンパクは腹側，側面の縁帯のみに限定される．濃度の薄い BMP 4 は中胚葉に作用し，筋肉の形成，中レベルの BMP 4 は腎臓の形成，濃い BMP 4 は血球などをつくらせる．従って，BMP 4 は腹側外胚葉を表皮に，腹側中胚葉を血球や結合組織にするなど，BMP 4 の濃度勾配や他の因子あるいはオーガナイザーとの相関関係などによりさまざまな組織・器官形成を行う．

　魚類（ゼブラフィッシュ）では，BMP 2B は胚細胞に腹側，側面をつくらせ，Wnt 8 も胚組織の腹側化，側面化，後部化を行う．Goosecoid, Noggin, Dickkopf などのオーガナイザーの遺伝子産物が BMPs や Wnts を抑制し，神経系外胚葉，背側中胚葉の形成を可能にする．神経管形成の結果，側面からはい上がってきた表皮の BMP 4 や BMP 7 などが神経管の上面屋根の部分にシグナルを送り，神経管の下から脊索の Shh タンパクが神経管床面にシグナルを送り，神経管の誘導タンパクの分布をつくる．

Wnt 8：第 4, 15 講参照．Wnt 8 や BMP 4 の抑制因子とその分泌部位，作用結果の関係は次のようである．

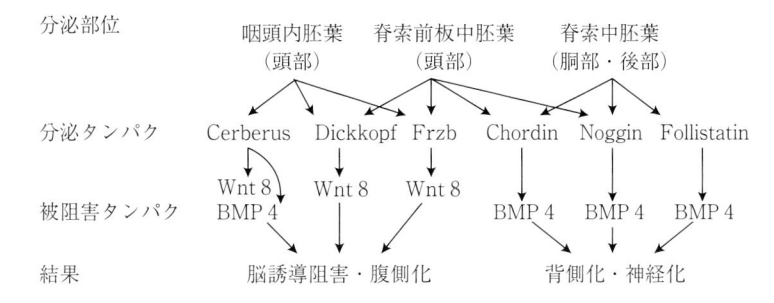

分泌部位	咽頭内胚葉 （頭部）		脊索前板中胚葉 （頭部）		脊索中胚葉 （胴部・後部）	
分泌タンパク	Cerberus	Dickkopf	Frzb	Chordin	Noggin	Follistatin
被阻害タンパク	Wnt 8 BMP 4	Wnt 8	Wnt 8	BMP 4	BMP 4	BMP 4
結果	脳誘導阻害・腹側化			背側化・神経化		

Ephrin タンパク：体節の中の後部硬節の細胞が発現・分泌するタンパク質．Ephrin 受容体と結合し，受容体のチロシンキナーゼ領域を活性化し，アクチン系細胞骨格と連携するタンパ

クをリン酸化することにより，シグナル伝達を行う．神経冠細胞は膜貫通 Ephrin 受容体をもっており，Ephrin タンパクを認識して移動する．神経突起の成長円錐も Eph 受容体をもっていて，Eph タンパクを認識して伸びる．また，血管の内皮形成にも関与し，動脈は Eph B 2 を，静脈は Eph B 4 をもち，毛細管のような両者の結合部位は動脈と静脈を連絡させる．

Hox **遺伝子群**：DNA と結合する特殊なアミノ酸配列の領域をもつタンパク質をコードする遺伝子で，頭尾軸に沿って極性を保ちながら分節化を行う遺伝子である．昆虫などで，頭尾の方向に向かって頭部，胸部，腹部があり，それがさらに細かく分かれて分節しているように，脊椎動物では椎骨や筋肉などに明らかな分節がみられ，後頭骨，頚骨，胸骨，腰骨，仙骨，尾骨が区別され，これに細かい分節がみられる．これが現れるのは脊索に隣接する沿軸中胚葉（体節）である．これが分節化して骨，筋肉などがつくられる．このような体節あるいは分節はすべての動物でみられ，四肢の形成を含めて頭尾の位置とその特性の決定に主要な役割を果たしているのが *Hox* 遺伝子群である．この遺伝子はホメオボックスと呼ばれる動物に共通の塩基配列をもち，共通のアミノ酸配列の領域（ホメオドメイン）を含むタンパク質を産生する．この遺伝子は染色体上にクラスター（集団）を形成して順序よく配列し，頭尾に沿うパターン形成を支配する遺伝子群である．

第 19 講

ギャップ遺伝子群（gap genes）：ショウジョウバエで，母性遺伝子群（*bicoid* などの極性決定遺伝子群）に次いで，接合子遺伝子群の中で最初に発現する遺伝子群．未受精卵の時期から発現し，連続する体節の形成に関与する．

ペアルール遺伝子群（pair rule genes）：多核体胞胚期においてギャップ遺伝子産物に活性化され，幼虫の擬体節の 7 本のバンド状に発現し，分節化がはじまる．

セグメントポラリティ遺伝子群（segment polarity genes）：分節遺伝子群．ペアルール遺伝子群に活性化され，原腸胚に相当する時期から 14 本のバンド状に発現し，擬体節（分節化，区画化）を確立する．

ホメオティック遺伝子群（homeotic genes）：細胞化が起きた胚の各細胞に，前後軸（頭尾軸）に沿った細胞の位置特性を与える遺伝子．この遺伝子発現を誤ると，その体節にからだの別の構造（奇形）が形成される．

hunchback：ギャップ遺伝子群の 1 つ．その産物タンパクは頭部から尾部に濃度勾配を形成し，*bicoid* と協調して，頭部形成と他のギャップ遺伝子の制御を行う．

fusi tarazu：ペアルール遺伝子群の 1 つで，7 本のバンドの偶数番目の擬体節を発現する．

engrailed：セグメントポラリティ（分節）遺伝子群の 1 つ．擬体節の前部区画を確定し，同じ分節遺伝子の *hedgehog*（*hh*）を活性化する．

***antennapedia* 遺伝子群**（antennapedia complex, ANT-C）：ホメオティック遺伝子群は *antennapedia* 遺伝子群と *bithorax* 遺伝子群に分けられ，その遺伝子群の 1 つ．頭部，前胸，中胸の形成を支配する．

***bithorax* 遺伝子群**（bithorax complex, BX-C）：ホメオティック遺伝子群の 1 群で，後胸，腹部，（尾部）の形成に関与する．

antennapedia（*antp*）：ANT-C の 1 つ．擬体節 4 の前部境界に発現し，胸部の特異化に関与し，肢の発生を支配する．

ultrabithorax（*ubx*）：BX-C の 1 つ．擬体節 6 の前部境界に発現し，腹部などの形成にあずかる．

bicoid：第 10 講参照．

Hox **遺伝子群**：第 16 講参照．

Vg 1：第15講参照．

goosecoid：第15講参照．

nodal：構造的にBMPと同様にTGF-βスーパーファミリーに含まれ，強い中胚葉誘導因子として機能するNodalタンパクをコードする遺伝子．哺乳類の左右軸の形成にあずかっている．からだの左右性に関しては（図20.3），神経胚の左側に*shh*が発現しており，これが左側の側板中胚葉の*nodal*遺伝子を活性化し，最終的には*pitx* 2遺伝子を活性化して，からだの左側の構造が構築される．特に*nodal*遺伝子は心臓の形成やその左右非相称性の形成に関与し，心臓がねじれを形成することにより正常な心臓をつくる（第15講参照）．

Wnt：第4, 16講参照．

レチノイン酸：第15講参照．

otd（*orthodenticle*）：ショウジョウバエの頭部最先端で発現する遺伝子で，BicoidとHunchbackタンパクに活性化される転写因子．ギャップ遺伝子群の1つ．

ems（*empty spiracles*）：ショウジョウバエの頭部後部で発現する遺伝子．*otd*と同様にギャップ遺伝子群の1つ．

otx：ショウジョウバエの*otd*に相同の遺伝子で，神経管に発現する前脳形成に重要で，ホメオドメインをもつ転写因子をコードする．ウニではβ-カテニンと共に植物半球で発現して骨片形成遺伝子の活性化にあずかる．

emx：ショウジョウバエの*ems*に相同の遺伝子で，神経管に発現する中脳形成に重要なホメオドメインをもつ転写因子をコードする．

第20講

nodal：第15, 19講参照．

***pitx* 2**：傍分泌因子として分泌されるNodalタンパクとLefty 2タンパクに活性化され，からだの左側の側板中胚葉に発現する遺伝子．からだの左側の構造や心臓（右巻き）や腸管（反時計回り）の非対称な形態の形成にかかわる転写因子をコードする．

アクチビン（activin）：第15講参照．

shh（*sonic hedgehog*）：*shh*は分泌型のシグナルタンパクをコードしており，発生過程においてさまざまな場面で発現し，細胞分化の制御や形態形成に主要な役割を果たす．例えば，脊索における発現により生じたShhタンパクは近接する神経管の腹側に移行し，神経管のShhの背腹軸方向への濃度勾配により，異なる神経細胞の分化を誘導する．四肢の発生では，肢芽の先端の外胚葉性頂堤（AER, apical ectodermal ridge）の領域に発現し，前後軸の極性決定に関与する．また，ヘンゼン結節での発現は胚の左右非相称性の決定に関与する．その他，肺，心臓，歯，毛，消化管，造血細胞などの組織の分化に関与している．

FGF 8（fibroblast growth factor 8）：FGFは第15講参照．FGF 8タンパクは四肢のAER（外胚葉性頂堤）で分泌され*shh*遺伝子を活性化する．Shhタンパクは肢芽の後部から前部に向かう濃度勾配で分布し，移植実験などにより，ZPA（zone of polarizing activity, 極性化活性域，第26講）の有効物質はShhタンパクであろうと考えられている．それを誘導するのがFGF 8である．

BMPs（bone morphogenetic proteins, 骨形成タンパク）：第5, 16講参照．

***lefty* 1, *lefty* 2**：脊椎動物の左右非相称性を決定するキー遺伝子として*lefty*遺伝子の名がつけられた．ニワトリ胚の最初の分子的非相称性がみられるのは，アクチビンの分泌とアクチビン受容体の右側特異的な発現である．アクチビンの*fgf* 8の発現の誘導と*shh*の発現の抑制によって，FGF 8タンパクは結節の右側だけで機能し，Shhタンパクは左側だけで機能する．そのため，*nodal*と*lefty* 2が左側の側板中胚葉で発現し，左側構造の形成を誘導する．

lefty 1 は原条の正中線で発現し，正中線障壁として機能し，左側のシグナルが右側に漏れるのを防止し，右側の側板中胚葉の右側構造の形成を保持する．

snail：ショウジョウバエでは腹側で発現し，腹側構造の形成にあずかる．ニワトリ，マウスのような左右非相称の動物では，左側は Nodal タンパクによって阻害され，右側だけ活性化され，右側の側板中胚葉由来の構造形成にあずかる．

iv（*situs inversus viscerum*）：左右性を決定する遺伝子で，特に左右軸をランダムに極性化する．*iv* の欠損で各器官の極性が独立に決まってしまい，左右の統一性を失う．

inv（*inversion of embryonic turning*）：これも左右性を決定する遺伝子であるが，*inv* は統一的に左右性を支配する．そのために *inv* の欠損は完全な左右の内臓逆位を起こす．この場合は内臓逆位のまま生存が可能であるが，*iv* の欠損の場合には多くの場合，死に至る．

　　カエルの場合には，TGF-β ファミリーの一員である Vg1 タンパクがはじめは植物半球全体に発現しているが，やがて胚の左側だけでプロセッシングによって活性型に変えられる．その結果，左側だけに *Xnr*（*Xenopus nodal*）が発現することが左右性を決めるようである．

　　例えば，活性型 Vg1 タンパクを左側の植物極側細胞に注入しても影響はないが，右側の植物極側細胞に Vg1 タンパクを注入すると，左右両方の側板に *Xnr* 1 が発現して，肺や腸管の配置が不規則になる．

rotation：*nodal* や *lefty* 2，*pitx* 2 の遺伝子発現を誘導するタンパク質をコードする遺伝子．

lrd（*left-right dynein*）：繊毛運動に必要な繊毛のモータータンパクをコードする遺伝子で，繊毛運動によって羊水の左向きの流れを引き起こす．

レチノイン酸：第 15 講参照．

Act-RIIA（activin RIIA）：アクチビン受容体の 1 つで膜貫通受容体タンパクであり，胚のヘンゼン結節の右側に発現するタンパク質．FGF 8 を活性化し，Caronte（カロンテ）タンパクの阻害などを経て右側構造の形成に導く．

第 21 講

BMP, Wnt, Noggin, Chordin, Follistatin：第 16 講参照．

notch, ***delta***, **TGF-β ファミリー**：第 5 講参照．

shh：第 20 講参照．眼の形成に関しては 1 つの眼域で 2 つの眼ができる際にはたらき，顔の中での Shh タンパクの分泌が眼域を 2 つに分ける．Shh タンパクの中央部への分泌は，顔の中央の *pax* 6 遺伝子の発現を抑えて眼域を 2 つに分け，2 つの眼ができる．*shh* の発現がないと顔の中央に単一の眼ができる．

Neurogenin, ***neuroD***：第 15 講参照．

Dorsalin 1：TGF-β ファミリーに含まれるタンパク．神経管が閉じると，BMP のシグナルで神経管の背側で誘導・合成され濃度勾配をつくり，神経系の分化を誘導する．

Rx 1, Pax 6, Six 3：この 3 者のタンパク質はいずれも転写因子で，眼の形成に際して神経板の最先端で共存して発現することが必要である．Rx 1 は Pax 6 や Six 3 の上位にあり，Otx 2 の誘導によって発現し網膜の初期形成に関与する．Pax 6 や Six 3 は眼域の特異化に関与する．

***otx* 2**：*otx* は第 19 講参照．ホメオボックス遺伝子 *otx* 2 のタンパク Otx 2 は Rx の発現を誘導し，Rx タンパクは逆に負のフィードバックにより予定神経網膜における *otx* 2 の発現を抑制する．

第 22 講

cdxA：腸管の形成において領域特異的に発現する転写因子をコードする遺伝子．*cdxC* が小腸，*cdxA* が大腸で発現し，消化管の形成に関与している．

SOX 2：第 4 講参照．SOX ファミリーの 1 つで，消化管の形成では食道や胃の分化にはたらく．

Shh：第 20 講参照．

***Hox* 遺伝子**：第 16, 19, 23, 26 講参照．

FGF：第 15, 20 講参照．

***pdx* 1**：十二指腸，膵臓領域の広い範囲で発現する転写因子をコードする遺伝子．*pdx* 1 と *shh* の両者の発現で十二指腸が分化し，*shh* の発現が阻害され Shh がなく Pdx 1 タンパクだけで膵臓が分化する．Pdx 1 がなく Shh タンパクだけだと胃の発生が促進される．

***ngn* 3**：*pdx* 1 は膵臓のすべての細胞で発現する遺伝子である．内分泌細胞と外分泌細胞への分化の時に，内分泌細胞の前駆細胞が *ngn* 3 を発現し，内分泌細胞に分化する．

***Tbx* 4**：T-box という，類似した配列の DNA 結合ドメインをもつ転写因子をコードする遺伝子群（*Tbx*）の 1 つ．内臓の内胚葉が *Tbx* 4 を発現すると，肺芽ができ気管支の分化と成長が起こる．四肢の形成では，それぞれの間充織で発現し，Tbx 5 タンパクが前肢芽の形成，Tbx 4 タンパクが後肢芽の形成に関与する．

第 23 講

BMP：第 5, 16, 20 講参照．TGF-β スーパーファミリーに属し，分子量約 30 kDa の糖タンパクが -SS- 結合によって二量体を形成している分泌タンパクである．BMP は膜表面の受容体を介してシグナルを伝達し，骨・軟骨の形成に関与するだけでなく機能は多様で，消化管の分化や心臓の心筋細胞の分化，後脳や指間細胞のアポトーシスの誘導因子でもある．BMP は BMP と拮抗作用のあるさまざまな因子と結合して微妙なバランスを保って組織形成を行っている．

Noggin：第 16 講参照．BMP は中胚葉の腹側化や体節の形成にあずかっているが，Noggin は BMP の拮抗因子として BMP と結合し，BMP の受容体との結合を防ぐことで BMP を阻害し，背側外胚葉の神経誘導を行う．

notch：第 5 講参照．神経化および体節の前後極性に沿う分節化を行う遺伝子．Notch は膜貫通タンパクで，そのリガンドは Delta である．Notch シグナル系の遺伝子を阻害すると頭尾に沿う体節に分節ができない．

***Hox* 遺伝子**：第 16 講参照．からだの前後（頭尾）極性の確立や四肢形成において主役をなす遺伝子で，*Hox* 遺伝子の発現が椎骨（肋骨も含めて）形成の特殊化に機能する．どの *Hox* 遺伝子が発現するかによって，どの椎骨ができるかが決定される．

shh：第 20 講参照．脊索で発現し，分泌された Shh タンパクは神経管に背腹に向かう濃度勾配をつくり，部位によって異なる神経細胞を分化させる．体節では体節の一部を硬節に分化させ，四肢の前後極性の決定，からだの左右性の決定にあずかっている．

Pax 1：ショウジョウバエのペアルール遺伝子群の産物の 1 つ，*paired* 遺伝子がコードするタンパク質と類似の DNA 結合配列をもつタンパク質を Pax ファミリーという．Pax 1 はその 1 つで，Shh に反応して体節の中央部の細胞を間充織に分化させ，さらに Pax 9 と Scleraxis などと共に間充織細胞に硬節特異的な転写因子を発現させる．この因子が軟骨細胞特異的遺伝子を活性化し，軟骨を形成し，後で骨化する．

Scleraxis：軟骨形成遺伝子を活性化する転写因子で，その遺伝子は硬節から分散した間充織，顔の間充織，四肢の間充織などで発現する．間充織細胞は軟骨細胞の前駆体となり，後で骨

化する.

***Cbfa*1＝*Runx*2**（runt-related gene 2）：軟骨芽細胞には *sox* 遺伝子がはたらくが，骨芽細胞の成熟には Cbfa 1 タンパクがはたらく．これをコードする遺伝子が *Cbfa* 1 遺伝子である．Cbfa 1 は骨芽細胞の成熟と骨細胞間基質の形成にあずかるが，骨形成の後期には抑制的にはたらく．

NT-3（neurotropin-3）：NGF（神経増殖因子）などと共に，神経突起の分化や神経細胞の生存維持に必要なタンパク質である．

***Wnt*1, *Wnt*3**：第 16 講参照．*Wnt* は部位によってさまざまな機能を示す．体節の分化では，神経管から分泌される Wnt 1 は NT-3 と共に体節の背側を真皮節に分化させる．また，Wnt 3 との共存で体節を筋節に分化させる．

Pax 3：Pax ファミリーの 1 つ．体節形成前の沿軸中胚葉と体節形成初期の体節域に発現する転写因子で，体節の腹側で *myf* 5 や *myoD* を活性化する．

***myf* 5**：Pax 3 によって活性化される遺伝子で，筋形成にかかわる転写因子群の 1 つをコードする．

myoD：Myf 5 によって活性化され，体節の腹側で発現する．筋特有のクレアチンリン酸化酵素を活性化したり，自ら *myoD* 遺伝子を活性化することで，MyoD タンパクや *myoD* 遺伝子そのものの活性化状態を維持する．

Pax 2，Pax 8：Pax ファミリーに属し，この両者の転写因子が中間中胚葉（腎節）で発現することで腎臓の形成がはじまる．

***Hox* 11**：*Hox* 遺伝子群に含まれ，*Hoxa* 11, *Hoxc* 11, *Hoxd* 11 がセットになって発現し，後腎中胚葉の発生を可能にする．WT 1 と共に後腎から尿管芽を発生させる．

WT 1：腎臓と生殖腺の両方の発生に必要な転写因子で，*WT 1* 遺伝子は中間中胚葉に発現する．

GDNF（glial cell line-derived neurotrophic factor）：グリア細胞由来の神経親和性因子．*Hox* 11 と WT 1 で開始した尿管芽形成は，その成長のために，後腎間充織で *gdnf* 遺伝子の発現によって生じる GDNF タンパクが必要である．*gdnf* 遺伝子は Pax 2 と Hox 11 の転写因子による経路を経て発現される．

FGF 2, BMP 7：FGF（第 15, 16 講参照）は細胞間シグナル因子で中胚葉誘導因子であるが，尿管芽が分泌する FGF 2 と BMP 7 はアポトーシス（細胞死）を防止し，腎節由来の間充織細胞の凝縮を促進し，WT 1 タンパクの合成を維持する．

LIF（leukemia inhibitory factor）：白血病抑制因子．FGF 2 と LIF の共存で腎節由来の間充織を凝集して腎管上皮をつくる機能をもつ．尿管芽は FGF と LIF を分泌し，間充織細胞はこれらの分泌因子の受容体をもっていて反応する．

***Wnt* 4, *Wnt* 6**：第 16 講参照．Wnt 6 は尿管芽の先端で分泌され，FGF とは無関係に間充織の凝集を促進する．Wnt 4 は凝集した間充織細胞で発現し，S 字形腎管をつくる．

BMP 4, TGF-*β* 2：第 16 講参照．共に凝集した間充織から分泌され，尿管芽の分枝にはたらく．

第 24 講

LHX 9, WT 1, SF 1：3 者のタンパク質の共存で生殖隆起を両性生殖腺に分化させる．

***Lhx* 9**（*LIM* homeobox 9）：*LIM* ホメオボックス 9．運動ニューロンの分化に関係する LIM ホメオボックスファミリーの 1 つであるが，*Lhx* 9 は生殖腺の発生にかかわる転写因子をコードする遺伝子である．WT 1 との共存で *SF* 1 の活性化因子として作用し，生殖隆起を両性生殖腺に分化させる．*SF* 1 はさらに発現し続け，生殖腺の成熟まで関与する．

WT 1：第 23 講参照．

***SRY*, *SOX* 9, *SF* 1, *Wnt* 4, *DAX* 1**：第 4 講参照．

第 25 講

BMP：第 15, 16, 20 講参照．予定心臓形成域に接する内胚葉では BMP が FGF 8 の合成を促進し，この内胚葉の FGF 8 が中胚葉にはたらいて心臓タンパクを発現させる．

FGF 8：第 15, 16 講参照．FGF 8 は心臓のタンパク合成に必須の転写因子である．

Wnt：第 15, 16 講参照．神経管から分泌され，特に Wnt 3a と Wnt 8 は心臓形成を阻害する．しかし，これらのタンパク質は内胚葉の先端部から分泌される Cerberus, Dickkopf, Crescent によって抑制される．従って，BMP がはたらいて Wnt が阻害される場所に心臓がつくられる．

Cerberus, Dickkopf：第 15 講参照．

Crescent：心臓の形成に特異的にはたらくタンパク質．

Noggin, Chordin：第 15, 16 講参照．

nodal：第 19 講参照．

***lefty* 2**：第 20 講参照．

VEGF：血管内皮増殖因子．細胞膜の特異的受容体と結合し，内皮細胞の増殖，血管新生，血管透過性亢進を誘導するタンパク質．その他，循環系因子の産生などにはたらく．

notch：第 5 講参照．

Ephrin-B 2：Ephrin ファミリーの 1 つ．膜貫通受容体と結合し，細胞の移動，増殖，接着などを誘起する．

Eph B 4：第 16 講参照．Eph A 群，Eph B 群に分けられる．膜貫通 ephrin 受容体で，チロシンキナーゼファミリーを構成する受容体群の 1 つ．Ephrin-Eph 結合が生じることにより，リガンドと受容体の両方がリン酸化され，細胞接着と細胞内シグナル伝達が起きる．Eph B 4 は Ephrin-B 2 の受容体である．

第 26 講

レチノイン酸：第 15 講参照．

***Wnt*, *Wnt* 2b, *Wnt* 7, *Wnt* 8c**：第 15, 16 講参照．

***FGF* 4, *FGF* 10**：第 15, 20 講参照．

***Hoxa*, *Hoxc*, *Hoxd*, BMP**：第 16 講参照．

shh：第 20 講参照．

Tbx（T-box），**Tbx 4, Tbx 5**：第 22 講参照．

第 27 講

BMP 4：第 15, 16, 20, 25 講参照．

エリスロポエチン（erythropoetin）：造血促進因子．腎臓から分泌され，骨髄の前赤芽球に作用し，赤血球の生成を促進するサイトカイン．*bcl*-x 遺伝子のプロモーターに結合することにより，抗アポトーシスタンパク（Bcl-x タンパクなど）の合成が活性化される．エリスロポエチンがなければ前赤芽球はアポトーシスを起こす．

***bcl*-2**：アポトーシスを阻害するタンパク質 Bcl-2 をコードする遺伝子．

Bcl-x：Bcl-2 ファミリーに属するタンパク質で，アポトーシスを阻害する．

***ced*-3**：アポトーシスを起こすのに必要な CED-3 をコードする遺伝子で，CED-4 によって活性化される．

CED-3：タンパク分解酵素活性をもつタンパク質で，CED-4 タンパクによって活性化され，アポトーシスを引き起こす．

ced-4：CED-4 タンパクをコードする遺伝子．
CED-4：タンパク分解酵素活性をもつタンパク質で *ced*-3 を活性化する．
ced-9：CED-4 を不活性化する CED-9 タンパクをコードする遺伝子．
CED-9：CED-4 を不活性化するタンパク質．
EGL-1：CED-9 タンパクの活性を阻害するタンパク質．
APAF 1（apoptotic protease activating factor 1）：アポトーシスを誘起するタンパク分解酵素を活性化する因子．線虫の CED-4 に相同の哺乳類のタンパク分解酵素で，Caspase-9 や Caspase-3 を活性化する．
Caspase-9, Caspase-3：哺乳類にみられるタンパク分解酵素．アポトーシスに関与し，線虫の CED-3 と相同の酵素で，細胞内で細胞内タンパクの分解や DNA の断片化を行う．
CD 95（common docking 95）：リンパ球の膜受容体タンパクで，細胞内シグナル伝達によりシグナルが Caspase-8 に伝えられるとアポトーシスを起こす．
FADD（fas-associated protein with death domain）：アポトーシス経路の1つで，Caspase-8 と結合することにより，Caspase（タンパク分解酵素）作用が活性化されアポトーシスを起こす．
Caspase-8：リンパ球で発現し，FADD により活性化されるタンパク分解酵素．
Noggin：第 16, 23, 25 講参照．
gremlin：四肢の中胚葉で発現する BMP を阻害する Gremlin タンパクをコードする遺伝子．
BMP 2, BMP 7：第 16 講参照．

第 28 講

BMP 4：第 16 講参照．
shh：第 20 講参照．
wg（*wingless*）：昆虫の成長や眼，肢，翅のパターン形成に必要な遺伝子．
dpp（*decapentaplegic*）：昆虫の背側構造を誘導する遺伝子であるが，腹側では抑制されているため，Dpp タンパクは背側だけで分泌され，胚の背側に濃く，腹側に薄い勾配をつくる．その結果，Dpp の最も濃い背側で背側表現型をつくる．
dll（*distal-less*）：胸部だけで発現するホメオボックスを含む遺伝子で，肢の発生にかかわる．その腹部での発現は Ubx と AbdA タンパクによって抑制され，Wg や Dpp の最も濃い胸部で発現し，肢の先端をつくる．
dachshund：Wg と Dpp の中間の濃度で発現し，そのタンパクは腿節や脛節をつくる．
homothorax：Wg と Dpp タンパクの低濃度で発現し，そのタンパクは基節（基部）の構造をつくる．

第 29 講

*mrf*4（*myogenic regulatory factor* 4）：筋肉細胞の分化・形成にあずかる遺伝子．構造上類似のタンパクをコードする遺伝子が多くあり，タンパク質はファミリーをつくる．
Myf 5, MyoD：第 23 講参照．*mrf* がコードする MRF ファミリーに属する転写因子の1つ．
msx 1：胚の肢芽の進行帯の中胚葉の増殖にかかわる遺伝子．
GGF（glial growth factor, neuregulin）：グリア細胞増殖因子．6種のタンパク質が発見されニューレグリンファミリーを構成している．神経細胞への分化を抑制し，グリア細胞への分化を促進する．
FGF 2, FGF 8, FGF 10：第 15, 20 講参照．
shh：第 20 講参照．

Hoxa, Hoxd：第16講参照.

Wnt：第15, 16講参照.

goosecoid：第15講参照. アクチビンの濃い濃度で発現する. Goosecoid タンパクは背側の前方中胚葉誘導と神経板誘導を行う.

brachyury：*goosecoid* 発現濃度より低い濃度のアクチビンによって活性化される遺伝子. Brachyury タンパクは中胚葉誘導因子としてはたらく.

shin guard：ヒドラの足盤の外胚葉に発現する転写因子によって活性化される遺伝子. Shin guard タンパクは足盤に濃く, 胴部に薄い勾配をつくって分布し, チロシンキナーゼ活性をもつ.

manacle：足盤外胚葉で発現する転写因子をコードする遺伝子で, そのタンパクは *shin guard* 遺伝子を活性化する.

HGF（hepatocyte growth factor）：肝細胞増殖因子. 肝細胞の増殖にはたらく因子で, 通常は上皮系細胞, 内皮細胞, 造血細胞などの増殖促進, 運動性亢進, 形態形成促進作用を示す. 肝臓の一部を切除すると, この因子の血中濃度が急激に増加し, もとの大きさになるまで細胞増殖を行う.

第30講

SIR 2（silent information regulator 2）：SIR, 非発現型情報調節因子, またはサイレント情報制御システムといわれる因子の1つ. 通常は発現を抑制されている遺伝子を, 特殊な条件下で発現させる発現調節遺伝子の1つ. その産物は NAD 依存的にヒストンからアセチル基をはずす作用がある. 特にSIR 2はヒストンとの関係で, 核内で染色体複製や遺伝子発現に関与し, 老化にも関係する遺伝子と考えられている. DNA と結合しているヒストンをアセチル化することは, DNA とヒストンの結合を解離し, 遺伝子の活性化につながる. SIR 2タンパクはヒストンのアセチル基を除去する脱アセチル化酸素で, 逆にDNA とヒストンの結合を強固にすることで遺伝子の発現を抑制する. SIR 2はこのような遺伝子発現の不活性化（サイレンシング）によって老化を抑制すると考えられている.

参 考 文 献

星野一正　訳（K. L. Moore, 1977）:「MOORE 人体発生学」医歯薬出版（1979）
石原勝敏:「発生のプログラム」裳華房（1986）
岡田益吉:「昆虫の発生生物学」東京大学出版会（1988）
団　勝磨・関口晃一・安藤　裕・渡辺　裕　共編:「無脊椎動物の発生（上・下）」培風館（1988）
岩尾康宏:卵の多精拒否のしくみ，遺伝，**43**（9）（1989）
岡田節人　編:「脊椎動物の発生（上）」培風館（1989）
白井敏雄　監訳（B. M. Carlson, 1988）:「パッテン発生学」西村書店（1990）
長嶋比呂志:「動物の人工生殖」共立出版（1990）
小林英司・山上健次郎　編:「発生――プロセスとメカニズム」東海大学出版会（1991）
安藤　裕:「昆虫発生学入門」東京大学出版会（1991）
山名清隆:「カエルの体づくり」共立出版（1993）
中村桂子・藤山秋佐夫・松原謙一　監訳（B. Albert, et al., 1994）:「細胞の分子生物学」教育社（1995）
能村哲郎　編:「老化と寿命」――「生物の科学遺伝」別冊，裳華房（1995）
浅島　誠　編著:「（図解生物科学講座 3）発生生物学」朝倉書店（1996）
岡田益吉　編:「発生遺伝学」裳華房（1996）
石原勝敏:「背に腹は変えられるか」裳華房（1996）
石原勝敏　編著:「動物発生段階図譜」共立出版（1996）
東條英昭:「動物をつくる遺伝子工学」講談社（1996）
石原勝敏:「（図解生物科学講座 6）現代生物学」朝倉書店（1998a）
石原勝敏:「図解発生生物学」裳華房（1998b）
山内昭雄　訳（A. Sandra and W. J. Coons, 1997）:「サンドラ発生学コアコンセプト」メディカル・サイエンス・インターナショナル（1998）
平野茂樹・絹谷政江・牛木辰男　訳（M. J. T. FitzGerald and M. FitzGerald, 1994）:「フィッツジェラルド人体発生学」西村書店（1999）
井出利憲　編:「老化研究がわかる」羊土社（2002）
八杉貞雄・西駕秀俊・竹内重夫　訳（R. M. Twyman, 2001）:「発生生物学キーノート」シュプリンガー・フェアラーク東京（2002）
瀬口春道　監訳（K. L. Moore and T. V. N. Persaud, 1998）:「ムーア人体発生学」医歯薬出版（2003）
上野直人・黒岩　厚　編:「生物のボディープラン」共立出版（2004）
上野直人・野地澄晴　編:「発生生物学がわかる」羊土社（2004）
石原勝敏:「（図説生物学 30 講〈動物編〉1）生命のしくみ 30 講」朝倉書店（2004）
上野直人・野地澄晴　編:「発生・再生イラスト・マップ」羊土社（2005）
菅村和夫・宮園浩平・宮澤恵二・田中伸幸　編:「サイトカイン・増殖因子　用語ライブラリー」羊土社（2005）
菊池韶彦・榊　佳之・水野　猛・伊庭秀夫　訳（B. Lewin, 2004）:「遺伝子」東京化学同人（2006）
R. Rappaport : *J. Exp. Zool.* **148**, 81-89（1961）
J. C. Dan : "Fertilization" .Vol. 1, Acrosome Reaction and Lysins, Acad. Press, Inc., New York

　　　　　　　（1967）
D. W. Fawcett, et al.：*Develop. Biol.*, **26**, 220（1971）
S. Kochav and H. Eyal-Giladi：*Science*, **171**, 1027（1971）
J. Lash and J. R. Whittaker："Concepts of Development". Sinauer Associates, Inc., Stamford
　　　　　　　（1974）
W. Bloom and D. W. Fawcett："A Textbook of Histology". Saunders Co., Philadelphia（1975）
R. A. Boolootian and K. A. Stiles："College Zoology". Macmillan Publ. Co., New York（1976）
P. D. Nieuwkoop and L. A. Sutasurya："Primordial Germ Cell in the Chordates". Cambridge
　　　　　　　University Press, Cambridge（1979）
M. Lohs-Schardin：*Wilhelm Roux's Archives*, **191**, 28（1982）
E. D. Robertis, et al.：*Development, Supplement*, **167**（1992）
J. J. Henry, et al.：*Development*, **114**, 931（1992）
A. Ransick and E. H. Davidson：*Science*, **259**, 1134（1993）
Y. Chino, et al.：*Develop. Biol.*, **161**, 1（1994）
H. Rouhola-Baker, et al.：*Trends in Genetics*, **10**, 89（1994）
K. F. Liem, Jr., et al.：*Cell*, **82**, 969（1995）
M. A. Vodicka and J. C. Gerhart：*Development*, **121**, 3505（1995）
L. Wolpert："Principles of Development". Oxford University Press, Oxford（1998-2002）
S. F. Gilbert："Developmental Biology". Sinauer Associates, Inc., Sunderland（1997-2003）
E. Hornstein and C. J. Tabin：*Nature*, **435**, 155（2005）
Y. Kawakami, et al.：*Nature*, **435**, 165（2005）
Y. Tanaka, et al.：*Nature*, **435**, 172（2005）
J. Vermot and O. Pourquie：*Nature*, **435**, 215（2005）

索　引

Act-RIIA　119, 194
AER　156
AMH　28, 143
antennapedia　192
antennapedia 遺伝子群　111, 192
APAF 1　162, 198
A キナーゼ　103

bcd　111
bcl-2　162, 197
bcl-x　162
Bcl-x　197
bicoid　56, 111, 188
bithorax 遺伝子群　111, 192
BMP　93, 95, 122, 125, 135, 146, 150, 160, 191, 195, 197
BMP 2　163
BMP 4　87, 137, 139, 161, 165, 196
BMP 7　138, 163, 196
BMP 8b　29, 187
BMPs　117
brachyury　174, 199

Caspase-3　162, 198
Caspase-8　163, 198
Caspase-9　162, 198
Cbfa 1　135, 196
CD 95　163, 198
Cdc 2　188
Cdc 2 キナーゼ　34
CDK　188
cdxA　195
CdxA　129
ced-3　162, 197
CED-3　197
ced-4　162, 198
CED-4　198
ced-9　162, 198
CED-9　198
cerberus　190
Cerberus　88, 146, 190

chordin　87
Chordin　123, 125, 146, 190
c-mos　34, 188
Crescent　146, 197
CSF　33, 44, 188
C キナーゼ　103

dachshund　167, 198
DAX 1　143
DAX 1　21, 143, 186
delta　24, 126, 187
DHT　143
dicephalic　59, 188
Dickkopf　88, 146
dickkopf-1　190
distal-less　167
dll　198
DNA 合成　65
DNA 修復　180
DNA 修復遺伝子　181
DNA の損傷　180
dorsal　59, 188
Dorsalin 1　126, 194
dpp　167, 198
Dsh　85, 189
dsx　19, 186
Dvl　189

20 E　168
EGL-1　162, 198
embryonic stem cell　176
ems　115, 193
emx　114, 193
en　111
engrailed　111, 192
Eph B 4　150, 197
Ephrin　95
Ephrin-B 2　150, 197
Ephrin タンパク　191
ES 細胞　176

FADD　163, 198
fem　25, 187
FGF　87, 120, 130, 146, 150, 190

FGF 2　138, 172, 196
fgf 8　172
FGF 8　117, 156, 193, 197
FGF 9　21
FGF 9　186
FGF 10　156, 172
fog　25, 187
follistatin　88
Follistatin　125, 190
Frzb　88
frzb-1　190
FSH　28
ftz　110
fushi tarazu　110, 192

G_0 期　61
G_1 期　61
G_2 期　61
GDNF　138, 196
GGF　172, 198
glp-1　187
GLP-1　25
goosecoid　86, 114, 190, 199
Goosecoid　174
gremlin　160, 163, 198
Gremlin　163
GSK-3　85, 189
gurken　188
Gurken　59
G タンパク質　102

hb　110
HGF　175, 199
HOM-C　115
homothorax　167, 198
Hom 遺伝子複合体　114
Hox　95, 112, 123, 129, 135, 156, 173, 195
Hox 遺伝子群　114, 192
Hoxa　156
Hoxd　156
Hox 11　138
Hox 11　196

hunchback 110, 192

inv 118, 119, 194
iv 118, 119, 194
ix 19, 186

lag-2 187
LAG-2 24
lefty 1 117, 193
lefty 2 117, 193
Lefty 2 147
LH 28
Lhx 9 143, 196
LHX 9 196
LIF 138, 196
lrd 120, 194

M 期 61
manacle 175, 199
MIS 33, 44
MPF 33, 44, 188
mrf 4 172, 198
msx 1 172, 198
myf 5 172, 196
Myf 5 137, 198
myoD 137, 196
MyoD 198

nanos 56, 188
N-CAM 189
neuroD 93, 125, 126, 190
neurogenin 89, 93, 125, 126, 190
ngn 3 130, 195
nodal 114, 117, 120, 190, 193
Nodal 85, 147
noggin 87, 135, 163
Noggin 123, 125, 146, 190, 195
notch 187, 195
Notch 25, 126, 135, 150
NT-3 137, 196

otd 115, 193
otx 114, 193
otx 2 194

Pax 1 135, 195
pax 2 137
Pax 2 138, 196
Pax 3 137, 196

pax 6 127
Pax 6 194
pax 8 137
Pax 8 196
pdx 1 130, 131, 195
pitx 2 117, 120, 193
PMZ 114
PZ 156

RGD 100
RNA ワールド 2
rotation 120, 194
Runx 2 135, 196
rx 1 127
Rx 1 194
RXR 166

S 期 61
scleraxis 135
Scleraxis 195
SF 1 21, 143, 196
SF 1 143, 186
shh 117, 120, 123, 165, 193, 194, 195
Shh 126, 127, 129, 135, 157, 173
shin guard 174, 199
siamois 86, 190
silent information regulator 181
SIR 2 181, 199
six 3 127
Six 3 194
snail 117, 120, 194
SOD 181
sonic hedgehog 117
SOX 2 129, 195
SOX 9 143
SOX 9 21, 143, 186
SRY 21, 143, 186
Sxl 19, 186

T 3 166
T 3-TR-RXR 166
T 4 166
TATA ボックス 73
Tbx 156
Tbx 4 131, 195
Tcf 3 86, 190
TGF-β 85, 123
TGF-β 2 139, 196
TGF-β スーパーファミリー 187
TGF-ファミリー 126
TR 166
tra 19, 186
tra 2 186

ubx 111
ultrabithorax 111, 192

VEGF 150, 197
VegT 86, 190
Vg 1 85, 189
Vg 1 遺伝子 114

wg 167, 198
Wnt 146, 156, 174
Wnt 114, 122, 197
Wnt 1 137, 196
Wnt 2b 156
Wnt 3 196
Wnt 3a 137
Wnt 4 143
Wnt 4 22, 138, 143, 186, 196
Wnt 6 95, 138, 196
Wnt 7a 157
Wnt 8 88, 190, 191
Wnt 8c 156
WT 1 138, 143, 196
WT 1 143

Xnr 190

ZPA 156

ア 行

α-アクチニン 101
アクチビン 85, 117, 123, 126, 189
アクチビン β 119
アクチビン受容体 118, 119
アクチン 62
アクロシン 45
アニマルキャップ検定 89
アポトーシス 135, 159, 180
──の誘発 161
アポトーシス小体 161
アラタ体 167
アラトスタチン 168
アラトトロピン 168
アロマターゼ 20, 23
暗域 79

胃　129
イオンチャネル　103
緯割　64
胃間膜　151
異形精子　40
移植手術　176
囲心腔　147
囲心嚢　147
位置依存性　123
一次間充織　105
一次陥入　76
一次血管芽細胞　150
一次性決定　143
一次性徴　21
一次精母細胞　24
一次誘導　128
一次卵母細胞　30
一卵性双生体　55
遺伝子発現　9
遺伝子領域　73
囲卵腔　42, 43
インスリンシグナル経路　181
インスリン分泌細胞　131
インスリン様増殖因子　92, 191
インターロイキン　150, 176
インテグリン　100
咽頭　129
イントロン　73
インヒビン　29
陰門　25

ウォルフ管　138, 141
羽化　166
浮き袋　132
ウニの受精　41
ウニ胚の極性　104
運動神経　126
運動中枢　125
運動能の獲得　39

栄養芽層　71
栄養生殖　12
栄養膜細胞層　71, 112
エクジソン　167
壊死　159
エストロゲン　20
エリスロポエチン　162, 197
沿軸中胚葉　134
延髄　124
エンタクチン　100

黄体形成ホルモン　28
横紋筋　137
　　──の分化　137
岡崎フラグメント　66
オーガナイザー　58, 85, 88, 92
温度依存的性分化　23

カ　行

外腸胚形成　81
外胚葉　8, 83, 105
灰白質　125
化学進化　2
核分裂　61
角膜　128
形づくりの細胞死　159
割腔　70
活性酸素　180, 181
カテニン　101, 116
β-カテニン　85, 98, 189
カテプシン　164
カドヘリン　98
カラザ　108
顆粒膜細胞　142
加齢　179
感覚神経　126
感覚中枢　125
間期　60
環境依存的性分化　23
幹細胞　14, 176
　　──の利用法　176
肝細胞成長因子　175
完全多精拒否　48
完全変態　167
肝臓の発生　130
桿体細胞　128
陥入　75
間脳　124
眼杯　128
眼柄　128
眼胞　124, 128

キアズマ　27
機械論　1
器官　9
気管支芽　132
奇形　104
基底膜　150
基部末端極性　156
基本転写因子　10, 73, 185
キャッピング　73

ギャップ遺伝子　110
ギャップ遺伝子群　192
ギャップ結合　101, 102
求愛行動　38
休止期　60
胸膜腔　146
夾膜細胞　142
極細胞　15
極細胞質　15
極性　9, 53, 60, 104
　　──の連続性　157
　　ウニ胚の──　104
　　四肢の──　154
　　卵の──　53
極性化活性域　156
極性決定遺伝子　112
極性決定遺伝子群　9
極体　30
拒絶反応　176
魚類の受精　42
筋芽細胞　137
筋節　134, 137
近代発生学　5
筋肉　134

口・反口側極性　105
グリア細胞増殖因子　172
グルカゴン分泌細胞　131
グルココーチコイド　161

経割　64
経時的雌雄同体種　20
形成体　85
形態形成運動　8, 61
形態調節　171, 174
形態変化　164
系統発生　10
血液循環説　5
血管　134, 146
　　──の形成　148
血球　134, 146
血球幹細胞　150
血球とリンパ系の発生　150
結節　117, 156
結節小胞　120
血島　150
ゲノム　4
原口　76
原条　79, 108
減数分裂　14, 24, 26
原腸　75
原腸形成　75

後極 54
交叉 27
虹彩 128
後肢 155
後肢域 155
甲状腺ホルモン受容体 166
後腎 138
後成説 3
硬節 134, 135
構造遺伝子群 9
後柱 125
喉頭気管管 132
喉頭気管憩室 132
交尾 37
後部周辺帯 114
抗ミュラー管ホルモン 141
肛門 129
個体差 85
個体発生 10
コーチゾン 34
骨芽細胞 136
骨髄 135, 150
骨髄幹細胞 177
骨粗鬆症 136
骨端成長域 135
骨片 105
ゴナドトロピン放出ホルモン 144
コネキシン 102
コラーゲナーゼ 164
コラーゲン 99, 135
コリオン 42
コルチゾン 123
コンドロイチン硫酸 99

サ 行

サイクリン 34, 188
サイクリンB 44
再生 171
再生医療 171, 175
再生芽 172
細精管 28
サイトカイン 150, 191
再分化 172
再編再生 171, 173
細胞
　　——との結合配列 100
　　——の再配置 77
　　——の分裂回数 179
α細胞 131
β細胞 131

δ細胞 131
細胞外基質 97, 175
細胞外領域 97
細胞間結合 97
細胞骨格 61
細胞死 135, 159
　　形づくりの—— 159
細胞死遺伝子 159
細胞質分裂 61
細胞周期 60
細胞進化 2
細胞成長 60
細胞説 3
細胞接着 97
細胞接着因子 97
細胞内情報伝達 102
細胞内多精拒否 51
細胞内領域 97
細胞分化 13
細胞分裂 60
蛹 167
左右極性 104
左右相称卵割 68
左右相称性の崩壊 120
左右非相称性 116
三次誘導 128

肢域 155
肢芽 155
自家受精 26
子宮円索 145
糸球体 139
子宮内膜上皮 79, 113
軸糸 27, 39
試験管内人工授精 45
始原生殖細胞 13, 24, 141
　　——の移動 16
四肢 134
　　——の極性 154
　　——の形成 154
思春期 24, 31
視神経 128
雌性前核 48
自然発生説 1
実験発生学 5
周縁胞胚 70
集合管 139
収縮環 63
集中的伸長 78
雌雄同体 24
雌雄同体種 20
終脳 124

雌雄の生殖器官 141
周辺束繊維 40
周辺帯 79
絨毛膜 72
受精 3, 31, 36
　　ウニの—— 41
　　魚類の—— 42
　　ヒトの—— 44
　　両生類の—— 44
受精嚢 25, 37
受精能獲得 45
受精能破壊因子 45
受精膜 42
受精膜形成 48
受精抑制因子 45
受精卵 13
出芽部位 174
種特異性 123
寿命 178
寿命制御遺伝子 179
寿命制御機構 181
循環器官の形成 146
消化管
　　——の基本構造 3
　　——の発生 129
消化器官 9
小割球 105
小小割球 106
小腸 129
小脳 124
漿膜 133
静脈 147
静脈管 149
静脈弁の発見 5
食性変化 164
食道 129
植物極 53
人為単為生殖 13
心黄卵 67
心筋層 147
神経管 92, 123, 134
神経冠 95, 123, 126
神経系 122
神経溝 94
神経褶 95, 123
神経節 126
神経胚 92
神経板 123
神経分泌ホルモン 167
神経誘導 88
シンゲン 18
進行帯 156

人工賦活　30
真再生　171
腎節　134, 137
心臓　134, 146
　　――の発生　146
腎臓　137, 138
　　――の発生　137
腎臓上昇　140
心内膜　147
心内膜管　147
真皮　134
真皮節　134, 137
心膜腔　146

水腔　169
水腔嚢　106
水晶体　128
膵臓の発生　130
錐体細胞　128
髄脳　124
スーパーオキシドジスムターゼ　181
スプライシング　73

性
　　――の決定　21
　　――の分化　18
精液　45
生気論　1
正形精子　40
性決定遺伝子　19
精原細胞　13, 24
精原説　3
精細胞　13, 24, 27
性索　141
精索　141
精子形成　24
精子侵入時期　30
精子侵入部位　58
精子変態　24, 27
成熟促進因子　33
成熟分裂　24
成熟誘起因子　33
生殖　4, 12
生殖器官系　134
生殖器官の形成　141
生殖細胞　12, 14
生殖質　15
生殖腺刺激ホルモン　28, 144
生殖腺刺激ホルモン放出ホルモン　144
生殖巣　14

生殖三日月環　16
生殖隆起　15, 24
精巣　137, 141
精巣下降　29, 140, 144
精巣決定領域　21
精巣上体　141
精巣導帯　144
精巣分化　142
生息環境変化　164
成体幹細胞　90, 176
成体器官　165
成虫脱皮　167
性転換　18, 20
精嚢の分泌物　45
生物進化　2
生物発生原則　10
精母細胞　13
性ホルモン　20
生命
　　――の起源　1
　　――の誕生　1
生理活性物質　176
生理的多精　41, 51
脊索　134
脊索前板中胚葉　134
脊索中胚葉　134
脊索突起　94
脊髄　123
脊髄神経　126
　　――の伸長　127
脊柱　134
脊椎骨　134
セグメントポラリティ遺伝子　110
セグメントポラリティ遺伝子群　192
接着帯　101
ゼリー層　44
ゼリー物質　41
セルトリ細胞　21, 27, 28, 141
繊維芽細胞　28
繊維芽細胞増殖因子　172
前胸腺　167
前胸腺刺激ホルモン　167
前極　54
前後極性　104
前肢　155
前肢域　155
染色体削減　15
前腎　137
前成説　3

先体　27, 39
先体反応　39, 41
先体反応誘起物質　44
先体胞　39
前柱　125
前脳　124
全能細胞　13
全能性　176
前立腺の分泌物　45
前若虫　166

走化性　37
造血幹細胞　150
桑実胚　70
臓側中胚葉　146
相同染色体　26
双頭胚　59
早発老化症候群　180
造雄腺　20
側線　165
足盤活性化勾配　174
側板中胚葉　117, 129, 134, 146
足盤抑制勾配　174
組織　9
組織幹細胞　176
組織性幹細胞　90
ソマトスタチン分泌細胞　131

タ　行

帯域　79
大割球　105
対合　27
体腔　134, 146
体腔上皮　141
体腔嚢　106, 169
体腔房　169
α-胎児タンパク　130
代償再生　171
代償肥大　171
体性幹細胞　176
体節　134, 135
体節決定遺伝子群　9
大腸　129
大脳半球　124
胎盤　113
体壁板　146
体壁葉　146
他家受精　26
多極内殖　75

207

多精　37
多精拒否　37, 48
脱受精能　45
脱皮ホルモン　167
脱分化　172
脱分極　48
脱沃素酵素　166
ターナー症候群　21
多分化能　176
単為生殖　13, 36
端黄卵　67
単極内殖　75
単精受精　41, 48
男性ホルモン不感性症候群　144
端脳　124
胆嚢　130

稚ウニ　106, 168
着床　79
中黄卵　67
中割球　105
中間径繊維　102
中間中胚葉　134, 137
中期胞胚遷移　72
中腎　137
中腎域　141
中心管　124
中心体　39, 62
中腎輸管　138
中腸　129
中脳　124
中胚葉　8, 83, 94, 105
　　　——の分化　134
中胚葉誘導　85
中片　27, 39
チューブリン　61
腸管　94
超酸化物不均化酵素　181
頂堤　156
貯精嚢　38
チロキシン　161, 166

対合　27

テストステロン　20, 142
テストステロン不感性症候群　144
デスモソーム　101
テロメア DNA　182
テロメラーゼ　182
転写調節　72

転写調節因子　10, 73, 112, 185
統一性の消失　119
等黄卵　67
動植物極軸　53
動植物極性　53, 58, 104
等全割　68
頭突起　94
頭尾極性　58, 104
頭部活性化勾配　174
頭部間充織　134
胴部中胚葉　134
動物極　53
頭部抑制勾配　174
動脈管　149
動脈管閉鎖　149
透明層物質　42
透明帯　45
透明帯反応　50
トリヨードチロニン　161, 166
トロコフォア　164

ナ 行

内細胞塊　71
内細胞層　57, 112
内殖　75
内臓逆位　119
内臓板　129, 146
内臓葉　146
内胚葉　8, 83, 105, 129
内胚葉板　76
内皮細胞　150
軟骨　134
軟骨細胞　134
軟骨細胞成熟域　136
軟骨細胞増殖域　136
軟骨細胞肥厚域　136
軟骨内骨化　135

二次間充織　105
二次陥入　76
二次血管芽細胞　150
二次性徴　21, 143
二次精母細胞　24
二次誘導　128
二次卵母細胞　30
乳び槽　150
ニューコープセンター　58, 86

尿管芽　138
尿漿膜　133
尿生殖隆起　141
尿素合成　165
尿膜　133
ニンフ　166

ネクローシス　159
ネフロン　139

脳・脊髄の形成　123
濃度勾配　57
ノックアウトマウス　45, 185

ハ 行

胚　60
　　——の活性化　72
　　——のタンパク合成　67
肺の発生　131
肺芽　132
肺呼吸　132
胚性幹細胞　90, 176
胚体外膜　133, 134
胚盤　44, 57, 71, 108
胚盤下腔　71, 79
胚盤胞　113
胚盤胞期　72
胚盤胞腔　57
胚盤胞着床部位　113
胚盤葉　71, 79
胚盤葉下層　79
背腹極性　57, 59, 104
胚膜　133
肺葉　132
胚葉の形成　83
バインディン　41, 98
白質　125
破骨細胞　136
パターン形成　9, 154
発生
　　——の設計図　85
　　——のプログラム　85
　　肝臓の——　130
　　血球とリンパ系の——　150
　　消化管の——　129
　　心臓の——　146
　　腎臓の——　137
　　膵臓の——　130
　　肺の——　131

膀胱の―― 139
　　骨の―― 135
発生運命 9
発生学 4
発生機構学 5
腹八分 182
盤割 68
盤状胞胚 71
半胚 5
半保存的複製 182

ヒアロウロニダーゼ 45
ヒアロウロン酸 45, 99
皮質性索 142
菱脳 124
微小管 62
微小管形成中心 62
微小繊維 62
脾臓 151
左巻き 69
ビテロゲニン 35
ヒトの受精 44
20-ヒドロキシエクジソン 168
泌尿器系 134
ビピンナリア幼生 109
被覆 75
皮膚の形成 123
表割 68
表層回転 58, 85
表層胞 43
表層粒 42, 49
表層粒崩壊 50
表皮系 122
瓶細胞 78

ファシクリン 99
部位特異性 123
フィブロネクチン 100, 135
孵化 164
付加再生 171
不完全多精拒否 48
不完全変態 167
複製開始点 65
複製眼 65
副精巣 141
腹大動脈 147
腹膜腔 146
不等黄卵 67
不等全割 68
不妊症 47
部分割 68

フラスコ細胞 78
孵卵 79
プリズム胚 106
プルテウス幼生 106
ブロアクロシン 45
プロゲステロン 33, 34, 44
プログラム細胞死 159
プロセシング 73
プロテアーゼ 49
プロテオグリカン 99
プロトカドヘリン 98
プロニンフ 166
プロモーター部位 73
分化転換 176
分節遺伝子群 110
分裂期 60
分裂寿命 179
分裂装置 62
分裂促進因子 33
分裂停止因子 33
分裂の位置 52

ペアルール遺伝子 110
ペアルール遺伝子群 192
平滑筋 129
平均寿命 178
並体結合 16
壁側中胚葉 146
ヘミデスモソーム 101
ベリジャー 164
ペルオキシダーゼ 49
ヘンゼン結節 79
変態 164
変態脱皮 167

哺育細胞 55
膀胱三角 139
膀胱の発生 139
放射卵割 68
抱接 37
膨大部 47
胞胚 70
胞胚腔 57, 71, 74, 113
ホスビチン 35
ホスファチジルイノシトール 103
母性遺伝子 112
ホックス遺伝子 112
骨 134
　――の発生 135
ボーマン嚢 139
ホメオティック遺伝子 111

ホメオティック遺伝子群 9, 192
ホメオドメイン 112
ホメオボックス 112
ポリA鎖 73
ポルフィロプシン 165
ホルモン受容体 102
翻訳調節 72

マ 行

膜貫通領域 97
末端細胞 24

右巻き 69
密着結合 101
未分化幹細胞 90, 171
未分化細胞 13
未分化生殖腺除去 21
未分化生殖隆起 143
ミュラー管抑制因子 28

無腔胞胚 70
無性生殖 12
無尾両生類 44
無変態 166

明域 79
1-メチルアデニン 34
免疫グロブリンスーパーファミリー 99
免疫反応 176

網膜 128
モータータンパクダイニン 120
モネラ 10
モネラル 11

ヤ 行

遊泳胞胚 76
有腔胞胚 70
有性生殖 12
雄性前核 48
誘導 9, 84, 85
輸管 137
輸精管 138, 141
輸尿管 138

幼若ホルモン 167
羊水 81, 113, 120, 133

幼生　164
幼生器官　165
幼虫　164
羊膜　81, 95, 133
羊膜陥　106, 169
羊膜腔　170
羊膜類　133
葉裂　75

ラ 行

ライシン　39
ライディッヒ細胞　21, 28, 142
ラギング鎖　65
らせん卵割　64, 68
　　――の遺伝子　69
ラミニン　100
卵
　　――の活性化　72
　　――の極性　53
　　――の区画化　60
　　――の肥大成長　35
卵円孔　149
卵円孔閉鎖　149
卵黄　108
卵黄嚢　81, 95, 150

卵黄膜　133
卵殻　107
卵核胞　31, 35
卵殻膜　108
卵割　60, 65
　　――の位置　64
卵割腔　70
卵形成　30, 32
卵原細胞　13, 30
卵原説　2
卵細胞　30
卵軸　53
卵室　55
卵巣　137
卵巣下降　144
卵巣索　145
卵巣小管　55
卵巣導帯　145
卵白アルブミン　107
ランプブラシ染色体　35
卵胞　142
卵母細胞　13
卵膜　42
卵門　42

リーディング鎖　65
リポビテリン　35

両性生殖腺　143
両生類の受精　44
リンパ管　150
リンパ幹細胞　150
リンパ節　150
リンパ嚢　150

霊魂説(論)　1, 5
レチノイド　172
レチノイド受容体　166
レチノイン酸　89, 120, 156, 173, 190
連鎖的誘導　127
レンズ　128

老化　178
老化遺伝子　179
老化抑制遺伝子　179
肋骨　135
ロドプシン　165
濾胞細胞　45, 55
濾胞刺激ホルモン　28

ワ 行

若虫　166

著者略歴

石原勝敏（いしはら・かつとし）

1931年　島根県に生まれる
1953年　島根大学文理学部卒業
1957年　東京大学大学院博士課程退学
1976年　埼玉大学理学部教授
現　在　埼玉大学名誉教授
　　　　理学博士
著　書　『動物発生段階図譜』（編著，共立出版，1996）
　　　　『図解 発生生物学』（裳華房，1998）
　　　　『現代生物学』（朝倉書店，1998）
　　　　『生物学データ大百科事典』（共編，朝倉書店，2002）
　　　　『生命のしくみ30講』（朝倉書店，2004）

図説生物学30講〔動物編〕3
発生の生物学30講　　　　　　　　定価はカバーに表示
2007年3月25日　初版第1刷

著　者　石　原　勝　敏
発行者　朝　倉　邦　造
発行所　株式会社　朝倉書店
　　　　東京都新宿区新小川町6-29
　　　　郵便番号　162-8707
　　　　電　話　03(3260)0141
　　　　FAX　03(3260)0180
　　　　http://www.asakura.co.jp

〈検印省略〉

©2007〈無断複写・転載を禁ず〉　　中央印刷・渡辺製本

ISBN 978-4-254-17703-9　C 3345　　Printed in Japan

シリーズ《図説生物学 30 講》

B5 判　各巻 180 ページ前後

◇本シリーズでは，生物学の全体像を〔動物編〕〔植物編〕〔環境編〕の 3 編に分けて，30 講形式でみわたせるよう簡潔に解説
◇生物にかかわるさまざまなテーマを，豊富な図を用いてわかりやすく解説
◇各講末に Tea Time を設けて，興味深いトピックスを紹介

〔動物編〕

●生命のしくみ 30 講	石原勝敏著	184 頁	本体 3800 円
●動物分類学 30 講	馬渡峻輔著	192 頁	本体 3400 円
●発生の生物学 30 講	石原勝敏著	216 頁	
●生物の情報と伝達 30 講	馬場昭次著		
●生命のはたらき 30 講	馬場昭次著		
●バイオテクノロジー 30 講	浅島　誠著		
●老化と寿命 30 講	能村哲郎著		

〔植物編〕

●植物と菌類 30 講	岩槻邦男著	168 頁	本体 3800 円
●植物の利用 30 講	岩槻邦男著	208 頁	本体 3500 円
●植物の栄養 30 講	平澤栄次著		近　　刊
●エネルギー代謝と環境応答 30 講	大森正之著		

〔環境編〕

●生物の系統・進化 30 講	岩槻邦男著
●生物の多様性 30 講	馬渡峻輔著
●進化生物学 30 講	馬渡峻輔著
●生物集団と環境 30 講	岩槻邦男著

上記価格（税別）は 2007 年 2 月現在